集成电路新兴领域"十四五"高等教育教材

U0725724

人工智能边缘计算芯片与系统设计

主　编　钟世达　黄　磊

副主编　张沛昌　黎　冰　向路平

电子工业出版社

Publishing House of Electronics Industry

北京·BEIJING

内 容 简 介

本书系统阐述了人工智能边缘计算在边缘端场景下的数字芯片设计与 SoC 系统集成设计。全书以"算法—芯片—系统"协同优化为主线,重点解析了轻量化深度神经网络的设计方法及其在硬件架构中的映射实现,内容涵盖卷积神经网络专用电路模块的设计原理、面向 AI 计算特征的数据存储架构优化策略,以及基于 SoC 的神经网络加速器集成技术。此外,基于软硬件协同设计方法论,本书深入探讨了如何通过量化实现算法轻量化,并保持硬件计算的准确性。在应用层面,结合人脸口罩识别和农作物病虫害识别的典型场景,解析了人工智能边缘计算芯片在功耗约束下的性能优化方案。本书融合了深度学习算法轻量化、卷积神经网络加速器设计、加速器 SoC 系统集成等前沿技术,构建了从理论算法到数字芯片设计的完整知识体系,为人工智能边缘计算芯片与系统的设计提供了重要参考。

本书适合作为高等院校电子信息、集成电路、计算机、自动化等专业的高年级本科生及研究生教材或实践项目指导书,也可为相关行业工程技术人员的入门参考书。

图书在版编目(CIP)数据

人工智能边缘计算芯片与系统设计 / 钟世达,黄磊主编. -- 北京 : 电子工业出版社,2025. 7. -- ISBN 978-7-121-50613-0

Ⅰ . TP389.1

中国国家版本馆 CIP 数据核字第 2025TY6885 号

责任编辑:张小乐　　文字编辑:张淮舸
印　　刷:河北鑫兆源印刷有限公司
装　　订:河北鑫兆源印刷有限公司
出版发行:电子工业出版社
　　　　　北京市海淀区万寿路 173 信箱　邮编:100036
开　　本:787×1 092　1/16　印张:16　字数:410 千字
版　　次:2025 年 7 月第 1 版
印　　次:2025 年 7 月第 1 次印刷
定　　价:72.00 元

前言

人工智能技术与边缘计算的深度融合，正在掀起一场智能终端设备的革命。随着物联网设备数量的指数级增长、5G通信技术的普及，以及行业对实时性、隐私性和低延迟的迫切需求，传统的云计算模式已难以满足边缘智能终端对高效能、高响应速度和安全性的要求。在这一背景下，边缘计算与人工智能芯片的协同设计，成为突破算力瓶颈、实现"智能下沉"的关键技术路径。本书立足于这一交叉领域，旨在为读者构建从理论算法到数字芯片设计的完整知识体系。

边缘智能的实现并非简单的算法移植或硬件堆砌，而需要算法、芯片架构与系统设计的深度协同。本书系统梳理了边缘计算芯片设计中的核心挑战：如何在功耗、面积和成本受限的硬件芯片设计中，实现复杂神经网络的高效能推理与系统任务适配。为此，全书内容贯穿三个设计维度：在算法层面，详解轻量化网络模型压缩、剪枝、量化与知识蒸馏等技术；在硬件架构层面，深入剖析面向卷积神经网络的不同计算模块、数据流存储与权重读取等硬件电路的设计；在系统集成层面，重点讨论神经网络加速器与SoC系统集成的总线接口设计、常用外设使用及加速器软硬件集成等。

全书共8章，内容编排遵循"基础理论—关键技术—工程实践"的逻辑脉络。前两章建立边缘计算与人工智能芯片的基础知识框架，介绍人工智能芯片的种类及其发展现状；第3章至第5章聚焦于算法轻量化与硬件电路设计技术，结合剪枝、量化等方法介绍硬件加速器的软硬件协同设计方法，详细介绍从卷积层模块设计到数据流存储及权重读取等内容；第6章至第8章进阶至SoC系统集成设计，详细介绍系统总线协议、常用系统外设及加速器软硬件一体化集成等，并通过人脸口罩识别、农作物病虫害识别两个典型案例，揭示算法—芯片—场景的闭环设计方法。

本书既注重基础理论的严谨性，又强调工程实践的可行性。内容融合了神经网络算法轻量化前沿的研究方法、先进数字电路模块设计方法，以及基于商业和开源处理器芯片的SoC系统集成架构解析，力求为读者呈现先进、实用的技术图谱。本书适合作为高等院校电子信息、集成电路、计算机、自动化等专业的高年级本科生及研究生教材或实践项目指导书，也可为相关行业工程技术人员的入门参考书。

人工智能边缘计算正处于爆发式创新的前沿，其技术演进日新月异。希望本书能为读者打开一扇通往智能终端设计的大门。在算法与硬件的交互中，共同探索边缘智能时代的无限可能。

钟世达和黄磊策划了本书的编写思路，指导全书的编写，并对全书进行统稿。张沛昌、黎冰和向路平为本书的编写和文字校对做了大量工作。深圳大学的梁辉鸿、贾东轩、倪家哲和邹泓高为本书的例程设计和代码验证提供了大量技术支持。在此一并致以衷心的感谢！

由于编者水平有限，本书虽经过反复修改，书中难免有不妥和错误之处，恳请读者批评指正。读者对本书有任何建议或意见，欢迎发邮件至邮箱：edgechip@163.com。

编　者
2025年5月

目录

第1章
边缘计算与人工智能

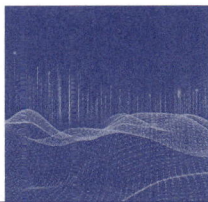

　　随着互联网的发展，网络数据呈现出爆炸性增长的趋势，与此同时，应用程序对低延迟的追求也成为普遍的用户需求。传统的云计算通过将数据上传到云端来解决终端设备资源不足的问题，但无法满足大数据时代人们对计算效率的需求。因此边缘计算（Edge Computing）应运而生。通过在靠近数据源的设备上预先处理数据，边缘计算不仅减少了网络传输成本，降低了响应延迟，而且有利于数据的隐私保护。

　　人工智能（Artificial Intelligence，AI）是计算机科学的一个重要分支，致力于开发能够执行复杂智能任务的机器和软件系统，这些任务包括语言理解、视觉感知、决策制定和翻译等。人工智能系统通过模拟人类大脑的功能，利用算法和数据进行学习和推理，以执行复杂任务。深度学习（Deep Learning，DL）和机器学习（Machine Learning，ML）是人工智能中两个重要的子领域，它们使用大量的数据和复杂的算法模型来训练智能系统，完成模式识别和决策制定。随着技术的进步，人工智能已成为创新和提高效率的关键驱动力，广泛应用于医疗、金融、自动驾驶、智能家居设备和客户服务等多个领域。

　　边缘计算技术的产生是物联网、分布式计算、数据安全等相关技术改进的结果，这些技术的结合决定了边缘计算的发展趋势。其中，人工智能技术与边缘计算的结合是一个重要的发展方向，无论是智能边缘（Intelligent Edge）还是边缘智能（Edge Intelligence），未来都有巨大的发展空间。

1.1　边缘计算

1.1.1　边缘计算简介

　　随着智能计算和存储设备从云数据中心的服务器集群（云端）到个人计算机（PC）和智能手机，再到可穿戴设备和其他物联网（Internet of Things，IoT）设备（边缘端/终端）的普及，我们正步入一个以信息为中心的时代，计算无处不在，计算服务正从云端向边缘端扩展。数据显示，截至2020年，有500亿个物联网设备连接到互联网；另外，每年有近850 ZB的数据在云端之外产生，而全球数据中心流量仅为20.6 ZB。这表明大数据的数据来源也正在经历一种转变：从大规模的云数据中心转向越来越广泛的边缘设备。然而，现有的云计算技术逐渐难以管理这些大规模分布的算力设备并分析其数据，主要原因包括：

　　（1）大量的计算任务需要传送到云端进行处理，这对网络容量和云计算基础设施的计算能力提出了严峻挑战；

　　（2）许多新型应用（如自动驾驶）对延迟时间有极其严苛的要求，而云端由于远离用户，难以满足这些要求；

（3）用户对数据安全和隐私的关注日益增加，通过在边缘端进行数据的初步处理，可以减少敏感信息向云端的传输，从而降低数据被截取或非法访问的风险。

因此，边缘计算作为一种云计算的替代方案应运而生。边缘计算是一种分布式计算架构，其核心理念是将计算和数据处理能力从中心化的数据中心下沉到靠近数据源和用户的位置，即网络的边缘。边缘计算的范式可概括如下。

1. 边缘计算的关键特征

低延迟：边缘计算通过在靠近数据源的位置处理数据，显著减少了数据传输所需的时间，这对于需要实时响应的应用（如自动驾驶、实时视频分析等）至关重要。

网络带宽优化：由于大量数据在本地处理，只有必要的信息被传输到中心服务器，边缘计算有效降低了对网络带宽的需求，节省了传输成本。

可扩展性：边缘计算采用分布式架构，易于根据需求增加或减少边缘节点，具备良好的可扩展性，满足不同规模的应用需求。

隐私保护：通过在本地处理敏感数据，边缘计算减少了数据在网络上传输的次数，降低了被拦截或攻击的风险，增强了数据安全性，实现了对用户隐私的保护。

2. 边缘计算的典型应用场景

物联网：边缘计算使智能家居和可穿戴设备等物联网终端能够在本地处理数据，实现设备间的快速响应，如语音助手的即时反应、家电的自动控制、健康监测设备对用户生理数据的实时分析等。

自动驾驶和车联网：车辆需要对传感器数据进行毫秒级时间尺度的处理，以做出驾驶决策，而边缘计算允许车辆在本地处理数据，减少对云端的依赖，并且可以实时分析交通流量数据，优化交通信号控制，缓解交通拥堵。

工业自动化（工业4.0）：生产线上的设备和机器人通过边缘计算实现实时监控和自我调节，提高生产效率和产品质量；此外，利用边缘设备可以监测机器的运行状态，预测故障并进行预防性维护，减少宕机时间。

智慧城市：边缘节点负责收集和分析空气质量、水质等环境数据，及时发现和应对环境问题；此外，利用边缘计算可进行视频监控分析，快速识别异常行为和安全威胁。

3. 边缘计算与云计算的区别

计算资源的位置：云计算的计算资源集中在远程的大型数据中心，这些数据中心位于全球各地，距离终端用户较远，用户通过互联网访问和使用这些资源；边缘计算将计算资源部署在靠近数据源或用户的位置，如本地服务器、网关、路由器或手机等终端设备，便于在本地处理数据，缩短数据传输距离。

计算和存储能力：云计算拥有强大的计算和存储能力，能够处理复杂的计算任务并满足海量的数据存储需求；边缘设备的计算和存储能力相对有限，主要用于处理本地的、实时的数据任务。

数据处理的延迟：对于云计算，由于数据需要传输到远程的云端进行处理，网络延迟可能较高，这对需要实时响应的应用可能造成影响；边缘计算通过在本地处理数据，显著降低了延迟，适用于需要即时响应的场景。

可靠性和可用性：云计算高度依赖网络连接和云服务提供商的可用性，一旦网络中断或云服务发生故障，用户可能无法访问所需的服务；对于边缘计算来说，即使在网络连接不稳定或中断的情况下，边缘设备也能继续运行和处理任务，这提高了系统的可靠性和可用性。

数据安全和隐私：云计算对数据进行集中存储和处理，可能面临数据泄露、未经授权访问等安全风险，数据在传输过程中也可能被截获或攻击；边缘计算将敏感数据放在本地进行处理，减少了数据在网络上传输的次数，降低了数据被拦截或攻击的风险，提高了数据的安全性和隐私保护的有效性。

当然，边缘计算和云计算并不是相互排斥的，恰恰相反，边缘计算对云计算进行了补充和扩展。与仅使用云计算相比，边缘计算与云计算相结合的主要优势如下。

减轻主干网络负担：分布式的边缘计算节点可以处理大量计算任务，无须与云端交换相应的数据，从而减轻了网络的流量负载。

敏捷的服务响应：边缘托管的服务可以显著降低数据传输的延迟并提高响应速度。

强大的云备份：当边缘设备的算力和存储容量不足时，云端可以提供强大的运算能力和海量的存储空间，确保系统持续运行。

1.1.2 边缘计算的发展趋势

边缘计算的兴起和发展得益于新一轮技术变革的机遇，这些新兴技术加速了边缘计算从架构到工业落地的进程，同时边缘计算技术的成熟和标准化也反过来促进了这些新兴技术的完善和发展。因此，边缘计算未来将与其他技术深度融合，其潜在发展趋势总结如下。

（1）异构计算。异构计算通过协同使用不同性能和结构的设备来满足多样化的计算需求，并通过算法改进在异构平台上实现整体性能的最大化。这种方法能够应对未来异构计算平台和多样化数据处理的需求。通过在边缘计算中引入异构计算，可以更好地满足边缘服务中处理碎片化数据和差异化应用的需求，并更好地实现基于计算资源利用率的灵活调度，从而提升资源使用效率。

（2）边缘智能。边缘智能利用边缘计算将人工智能技术推向边缘端，是人工智能的一种应用形式。随着终端硬件计算能力的提升，人工智能在越来越多的终端应用场景中得以部署。一方面，部署在边缘节点的人工智能可以更快地获取更丰富的数据，这不仅节省了通信成本，还降低了响应延迟，极大地扩展了人工智能的应用场景；另一方面，边缘计算可以利用人工智能技术优化边缘端的资源调度决策，帮助边缘计算扩展业务范围，并为用户提供更高效的服务。

（3）边缘云协同。边缘计算是云计算的延伸，二者相辅相成。云计算擅长全球性、非实时、长周期的大数据分析，边缘计算则擅长现场级、实时、短周期的智能分析。在面对与人工智能相关应用时，可以将计算密集型任务部署在云端，而需要快速响应的任务放置在边缘端。同时，边缘端还可以对需发送至云端的数据进行预处理，进一步减少网络带宽消耗。通过边缘端与云端的协同计算，可以满足多样化的需求，降低计算成本和网络带宽成本。因此，边缘计算和云计算的协同发展不仅极大地推动了这两种技术的进步，还为边缘智能、物联网等其他技术的发展提供了动力。

（4）5G+边缘计算。5G具有超高速、大连接带宽和超低延迟三大特性，而这些特性的实现依赖包括边缘计算在内的多种相关技术。5G与边缘计算紧密相关：一方面，边缘计算是5G网络的重要组成部分，有效缓解了5G时代数据爆炸的问题；另一方面，5G为边缘计算产业的工业部署和发展提供了强大的网络基础。因此，5G与边缘计算的发展是互补的，二者在支持5G定义的三大应用场景及其网络能力发展上具有广阔的合作空间。

1.1.3 智能边缘与边缘智能

基于深度学习的智能服务和应用已经改变了人们生活的许多方面，这主要得益于深度学习在计算机视觉（Computer Vision，CV）和自然语言处理（Natural Language Processing，NLP）领域的显著优势。深度学习取得的成功不仅源于人工智能技术的演进，还得益于数据量和算力的持续增长。然而，对于更广泛的应用场景（如智能城市、车联网等），由于网络传输成本、延迟、可靠性和数据隐私等原因，智能服务的普及仍较为有限。

由于边缘端比云端更靠近用户，边缘计算在解决许多问题上更具优势。实际上，边缘计算正逐渐与人工智能融合，共同实现"边缘智能"和"智能边缘"，如图 1-1 所示。边缘智能是指在边缘设备或节点上集成人工智能和机器学习技术，使其能够在本地进行数据处理、分析和决策，它强调的是通过在靠近数据源的位置部署智能算法，实现实时、高效的数据处理，从而减少对云端计算资源的依赖。智能边缘是指由具备智能感知、计算、存储和通信能力的边缘基础设施组成的整体系统，它强调的是边缘设备、网络和云端的协同工作，通过集成先进的硬件和软件，实现边缘环境的智能化。边缘智能和智能边缘并非彼此独立，边缘智能是目标，而智能边缘中的 AI 服务也是边缘智能的一部分；反过来，智能边缘可以为边缘智能提供更高的服务吞吐量和资源利用率。两者的共同目标是通过提升边缘计算的能力，为用户提供更优质的服务。

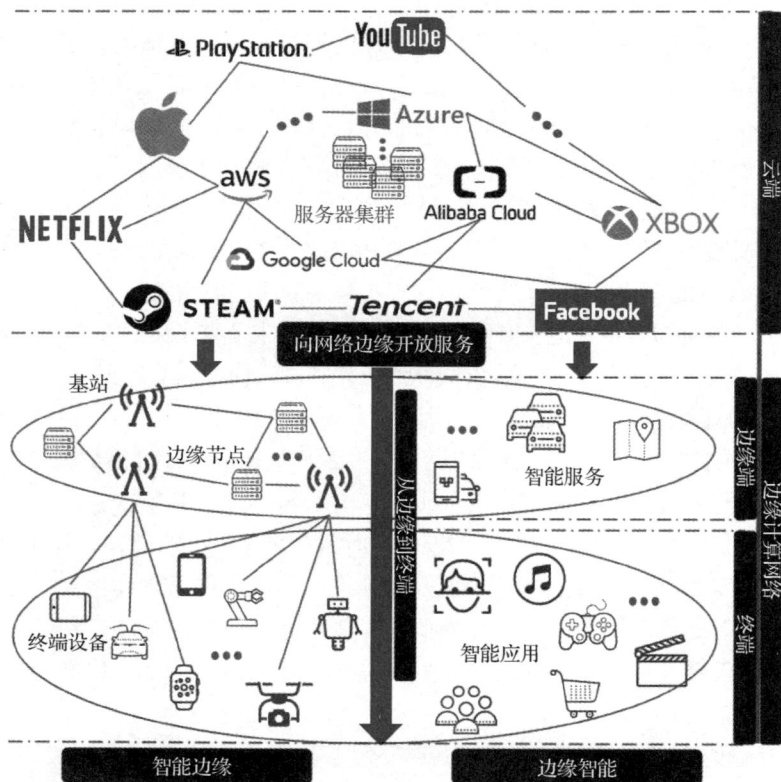

图 1-1 智能边缘与边缘智能示意图

边缘智能的目标是尽可能将 AI 计算从云端推向边缘端，从而实现分布式、低延迟和可靠的智能服务。如图 1-2 所示，边缘智能的优势包括：AI 服务部署在靠近用户的位置，仅在需要额外处理时才将数据发送到云端，显著降低了数据传输的延迟和成本；由于 AI 服务所需的原始数据存储在边缘端或用户设备上，而非云端，用户隐私得到了更好的保护；分层计算架构为 AI 计算提供了更高的可靠性。

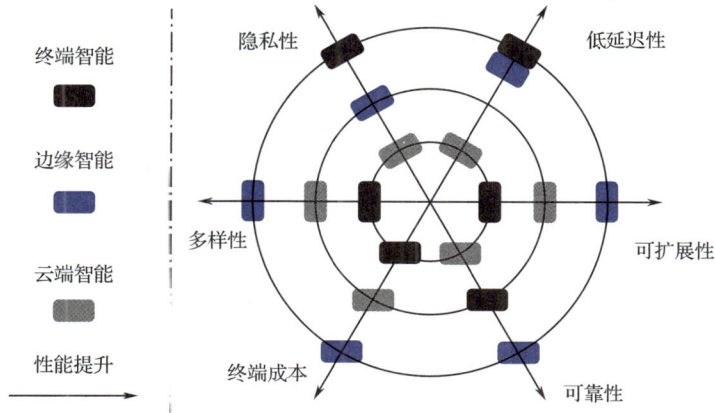

图 1-2 云端、边缘端和终端智能应用的特点对比

　　智能边缘的目标是将 AI 融入边缘，以实现动态、自适应的边缘维护和管理。随着通信技术的发展，网络接入方式变得更加多样化。边缘计算基础设施作为中间媒介，使得终端设备与云端之间的连接更加可靠和持久。因此，终端、边缘端和云端逐渐融合成一个共享资源的架构。然而，维护和管理这种大型且复杂的整体架构涉及无线通信、网络、计算和存储等多方面问题，是一个严峻的挑战。典型的网络优化方法往往依赖固定的数学模型，难以准确模拟变化迅速的边缘网络环境。深度学习作为 AI 的一项重要技术，在解决这一问题上具有显著优势。在面对复杂和烦琐的网络信息时，深度学习凭借其强大的学习和推理能力，能够从数据中提取有价值的信息并做出自适应决策，从而实现智能维护和管理。

　　因此，基于边缘智能和智能边缘共同构建的边缘人工智能范式所面临的挑战和实际问题，总结出以下五项对边缘人工智能至关重要的技术。

　　（1）边缘端上部署 AI 应用：用于系统化组织边缘计算和人工智能服务的技术框架。

　　（2）边缘端上执行 AI 推理：专注于在边缘计算架构中部署和运行 AI 算法，以满足不同指标的要求（如准确性、低延迟等）。

　　（3）为 AI 服务的边缘计算：根据网络架构、硬件和软件调整边缘计算平台以支持 AI 计算。

　　（4）边缘端上执行 AI 训练：在分布式边缘设备上，在资源和隐私要求的限制下训练 AI 模型，用于边缘智能。

　　（5）用于优化边缘的 AI：应用 AI 技术维护和管理边缘计算网络及系统的各项功能，如边缘缓存、计算卸载等。

　　如图 1-3 所示，"边缘端上部署 AI 应用"和"用于优化边缘的 AI"分别对应边缘智能和智能边缘的理论目标。为了实现这些目标，首先需要通过密集计算对各种深度学习模型进行训练，相关研究可以归纳为"边缘端上执行 AI 训练"。其次，为了启用并加速边缘 AI 服务，在边缘计算框架和网络中高效执行深度学习模型推理的各种技术可归纳为"边缘端上执行 AI 推理"。最后，所有适应边缘计算框架和网络以更好地服务边缘 AI 的技术可归纳为"为 AI 服务的边缘计算"。

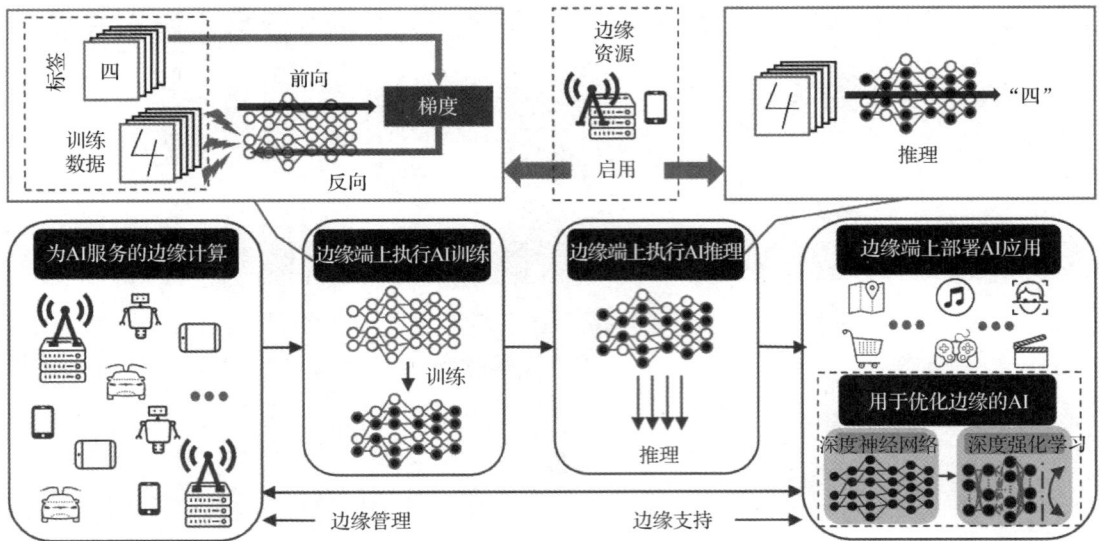

图 1-3　边缘 AI 技术分布示意图

1.2　人工智能与深度学习

1.2.1　人工智能分类

　　人工智能首次被提出是在 1956 年的达特茅斯会议上，当时，该领域的先驱们预见到类似于人类智能的机器将在不远的未来出现。从狭义上讲，AI 是一种能够很好地替代某些人类功能的机器，如图像识别或语音识别应用。机器学习是实现 AI 的一种方式，通过训练算法使机器具备学习和推理的能力。以识别一张图像中是否有猫为例：首先将大量标记过的图像输入算法中，机器学习算法根据这些图像数据训练模型参数，最终生成一个能够准确判断图像中是否有猫的模型。深度学习和强化学习（Reinforcement Learning，RL）都是机器学习的重要分支。深度学习适合处理大量数据，其受到人脑结构和功能的启发，通过多层连接的神经元来提取数据特征并完成学习；而强化学习更适合赋予机器强大的自我决策能力。

　　如图 1-4 所示，人工智能、机器学习和深度学习的关系如下。

　　（1）人工智能是一个相对宽泛的研究领域，侧重于研究类似于人类智能的解决方案。

　　（2）机器学习是人工智能的一种重要实现方式，可以使机器在与环境互动的过程中获得学习能力。

　　（3）深度学习作为机器学习的一个子集，通过使用神经网络模拟人脑的连接性，对数据集进行学习、分类并挖掘数据之间的相关性。

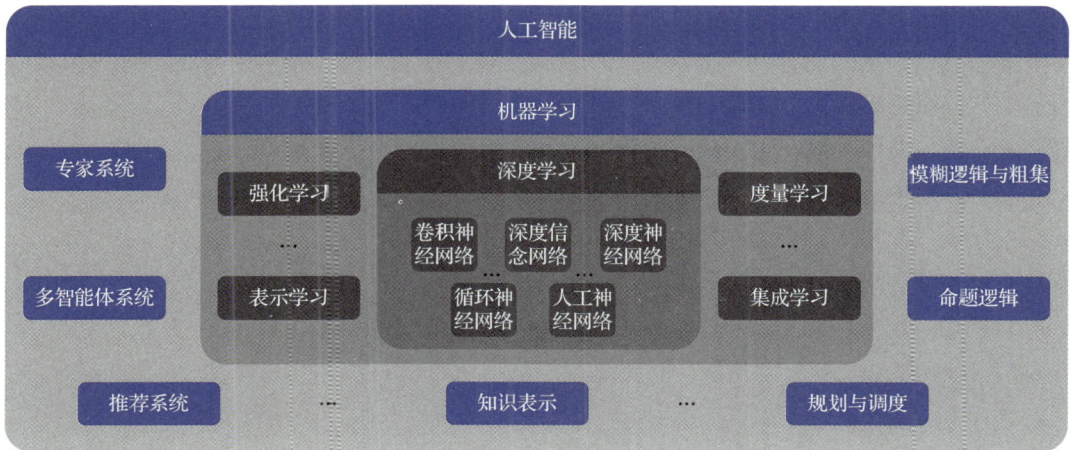

图 1-4　人工智能、机器学习和深度学习的关系图

　　根据算法对数据标签的依赖程度和学习模式，机器学习算法可以进一步划分为四个更广泛的类别：监督学习（Supervised Learning）、半监督学习（Semi-Supervised Learning）、无监督学习（Unsupervised Learning）和强化学习，如图 1-5 所示。

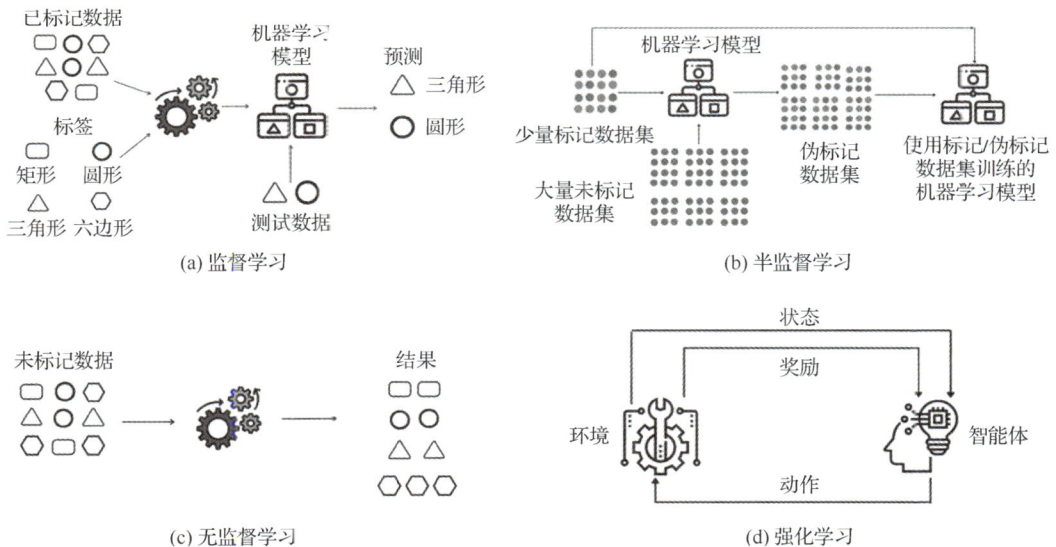

(a) 监督学习　　　　　　　　　　　　(b) 半监督学习

(c) 无监督学习　　　　　　　　　　　(d) 强化学习

图 1-5　机器学习算法分类

　　监督学习：该方法使用已标记的数据集来训练算法。在训练过程中，模型尝试识别具有相同标签数据的特征，从而在推理时将特定输入分类到正确的类别中。

　　半监督学习：该方法适用于仅有少数标记数据集和大量未标记数据集的情况。通过少量标记数据集，半监督学习方法尝试对未标记数据集进行伪标记，然后使用标记和伪标记数据集对机器学习模型进行训练，使算法能够通过学习到的特征预测新样本。

　　无监督学习：该方法在没有定义类别或给定标签的情况下对项目进行聚类，通过学习数据集内样本之间存在的相似性，并根据其相似特征对数据集进行聚类。

　　强化学习：该方法使智能体在与环境的交互中学习决策策略。当智能体执行正确的决策时，获得正向奖励，而在执行错误的决策时获得负向奖励，从而帮助智能体逐步学习决策策略，最终做出最佳决策。在此算法中不存在数据集，而是通过使智能体在模拟环境中的试错来找到最佳策略，以达成目标。

1.2.2　人工智能应用

当今是人工智能的时代，产业界和学术界都在以不同的形式集成 AI 应用。图 1-6 展示了人工智能广泛的应用场景，具体包括：在航空航天领域，AI 用于飞行自动驾驶、天气监测等功能；在体育领域，AI 用于可穿戴技术、智能售票、自动化视频集锦及各种基于计算机视觉的应用；在移动通信领域，智能手机通过集成 AI 来增加其应用程序的智能性；在娱乐、新闻媒体、游戏、教育、零售、交通、金融、网络安全、智能家居、国防、社交网络、农业、医疗保健等领域，AI 技术以各种形式得到广泛应用。

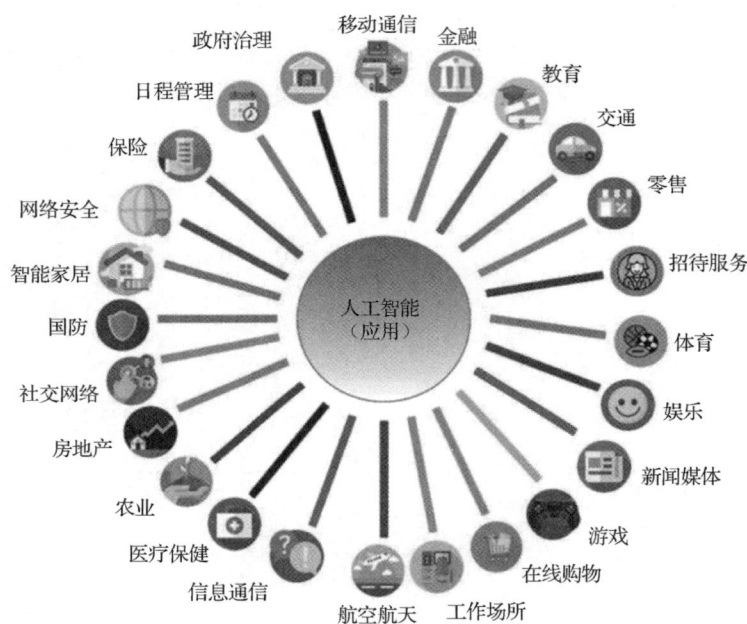

图 1-6　人工智能应用场景

总的来讲，目前 AI 的代表性应用领域包括以下几个方面。

计算机视觉（CV）。CV 是当前 AI 技术应用最广泛的领域，进一步可细分为机器视觉、视频 / 图像识别等。视频数据是大数据中占比最大的部分，占据了互联网流量的 70% 以上。CV 技术对于从视频中提取有意义的信息至关重要，而 AI 技术显著提高了图像分类、物体定位和检测、图像分割及行为识别等任务的准确性。这些技术的进步不仅提高了信息处理效率，还拓宽了计算机视觉在安全监控、自动驾驶和其他领域的应用范围。

自然语言处理（NLP）。NLP 是人工智能应用的核心版块之一，涵盖了从基本的文本处理到复杂的语言理解和生成技术。NLP 技术的进步推动了人机交互技术的革新，使 AI 能更加智能化和人性化。NLP 的典型应用包括机器翻译、聊天机器人、语音识别、内容生成和内容 / 语义识别等。

专家系统（Expert Systems）。专家系统是一种基于知识的智能系统，可以通过知识推理解决复杂问题，模拟人类专家的决策能力，主要应用于需要复杂决策支持的领域，如医疗诊断、金融分析和法律咨询等。

推荐引擎（Recommendation Engines）。推荐引擎通过数据挖掘分析用户的历史行为和偏好，使用机器学习算法预测并推荐用户可能感兴趣的内容，广泛应用于电商、流媒体和内容平台，以增强用户体验并提高销售转化率。典型的推荐系统包括 Netflix、YouTube、Amazon、美团、网易云音乐等。

机器人技术（Robotics）。机器人技术用于设计和生产能够模拟人类动作的机器，以替代部分重复烦杂的人类工作。而 AI 算法可以帮助机器人实现高度智能化，典型的机器人任务包括机械臂抓取，地面机器人的运动规划、视觉导航，四旋翼飞行器的稳定控制，以及自动驾驶车辆的驾驶策略等。

医疗和健康护理（Medicine and Health Care）。深度神经网络在基因组学中发挥了重要作用，帮助人们深入了解自闭症、癌症和脊髓性肌肉萎缩症等疾病的遗传学原理。此外，AI 技术还广泛应用于医学成像领域，如皮肤癌、脑癌和乳腺癌的检测等。

1.2.3 深度学习发展历史

深度学习技术作为机器学习的一个重要分支，近年来的发展已经深刻地改变了人们的生活方式。最新的大模型技术更是有望给人类社会带来颠覆性的改变。

深度学习专注于使用神经网络算法来模拟人类大脑处理和建模复杂数据的方式。这些神经网络包含多个层级，每一层都由多个简单但相互连接的节点（或称神经元）组成，每个节点都能够处理简单的运算任务。通过各层的深入连接，深度学习能够从大量未标记或非结构化的数据中学习复杂的模式和特征。

如图 1-7 所示，纵观神经网络的简要发展历程，尽管神经网络早在 20 世纪 40 年代就被提出，但直到 20 世纪 80 年代末才出现了第一个采用多层数字神经网络的实用应用——用于手写数字识别的 LeNet 网络，该系统也被广泛用于自动取款机（ATM）上的支票数字识别。21 世纪 10 年代初期，深度神经网络（Deep Neural Network，DNN）的广泛应用推动了深度学习的繁荣，其中包括 2011 年微软的语音识别系统和 2012 年的 AlexNet 深度神经网络图像识别系统。

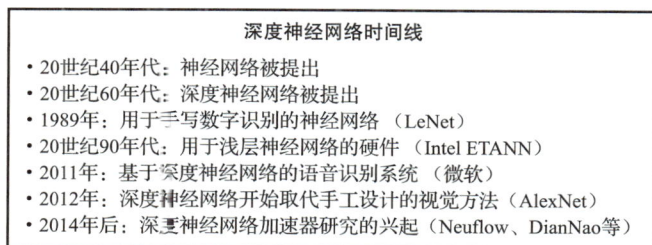

深度神经网络时间线

- 20世纪40年代：神经网络被提出
- 20世纪60年代：深度神经网络被提出
- 1989年：用于手写数字识别的神经网络（LeNet）
- 20世纪90年代：用于浅层神经网络的硬件（Intel ETANN）
- 2011年：基于深度神经网络的语音识别系统（微软）
- 2012年：深度神经网络开始取代手工设计的视觉方法（AlexNet）
- 2014年后：深度神经网络加速器研究的兴起（Neuflow、DianNao等）

图 1-7 神经网络的简要发展历程

21 世纪 10 年代深度学习的成功主要归因于以下三个要素。

（1）大量可用于训练网络的数据。让神经网络学习到强大的泛化能力需要大量的训练数据。例如，Facebook 每天接收超过十亿张图像，沃尔玛每小时生成 2.5PB 的客户数据，YouTube 每分钟上传超过 300 小时的视频。这些海量数据为企业训练算法提供了基础。

（2）不断提高的算力。半导体技术和计算机架构的进步显著提升了智能设备的算力，使其能够提供深度神经网络训练或推理过程中大量乘加运算所需的算力。

（3）算法的进步。早期深度神经网络的成功推动了算法的发展，催生了多个开源算法框架，这些框架使研究人员和从业者可以更容易地开发和使用深度神经网络。

作为计算机视觉领域一项享有盛誉的竞赛，ImageNet 挑战赛见证了深度学习的发展与成功。ImageNet 挑战赛其中一个赛道是图像分类任务，参赛算法需要识别给定图像中的内容。训练集包含 120 万张图像，每张图像都标记有可能包含的 1000 种物体类别之一。在算法评估阶段，参赛者的算法必须准确地识别测试集图像，而测试集图像是算法未曾见过的。往届 ImageNet 挑战赛中部分最佳参赛者的表现如图 1-8 所示，参赛算法的错误率最初在 25% 以上。2012 年，多伦多大学的一个团队采用了名为 AlexNet 的深度神经网络，并使用图形处理单元（Graphics Processing Unit，GPU）进行高性能计算，将错误率降低了约 10%。AlexNet 的成功也引发了一系列深度学习算法（如 VGG、GoogleNet 和 ResNet 等）的涌现，这些算法不断地刷新着 ImageNet 挑战赛的记录。2015 年，ImageNet 挑战赛的获胜作品 ResNet 的前五项错误率低于 5%，超过了人类的识别准确率。从那时起，图像分类错误率进一步降至 3% 以下，而关注点也转向了更具挑战性的赛道，如物体检测和定位。ImageNet 挑战赛中深度神经网络的成功，成为深度学习技术被广泛应用于各个领域的重要推动力。

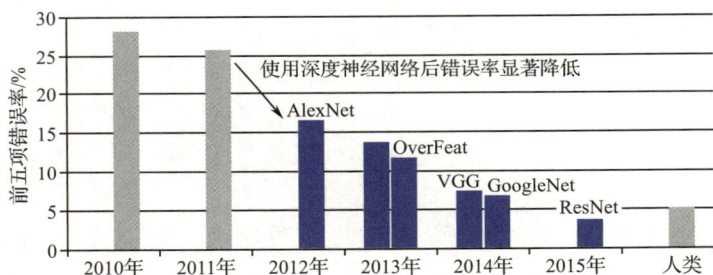

图 1-8　往届 ImageNet 挑战赛中部分最佳参赛者的表现

1.3　深度神经网络

深度学习模型由多种类型的深度神经网络组成，最基本的神经网络架构包括输入层、隐藏层和输出层：输入层负责接收输入数据；隐藏层是网络的核心部分，包含多个层级，每一层由大量的神经元组成，这些神经元通过激活函数处理数据；输出层负责生成网络的最终输出结果。深度神经网络是指在输入层和输出层之间具有足够数量的隐藏层的网络，能够捕捉到数据中更抽象和更高级的特征，从而得到更为复杂的数据表示。深度神经网络通过增加网络的深度来提高学习能力，能够有效解决计算机视觉、自然语言处理等领域的复杂问题。

1.3.1　多层感知机

多层感知机（Multi-Layer Perceptron，MLP）又称全连接神经网络（Fully Connected Neural Network，FCNN），是人工神经网络（Artificial Neural Network，ANN）中最基础的前馈神经网络（Feedforward Neural Network，FNN）结构。MLP 由三个主要的层级组成：输入层、一个或多个隐藏层、输出层。每层的神经元与前后层的神经元全连接，前一层的输出直接作为后一层的输入，如图 1-9 所示。对于相邻层（包括输入层和隐藏层）之间的神经元，前一层的输出通过激活函数处理后，结果被直接传递给后一层的神经元，并由其进行激活。这种全连接结构使得 MLP 在处理数据时能够逐层提取和学习更深层次的特征。

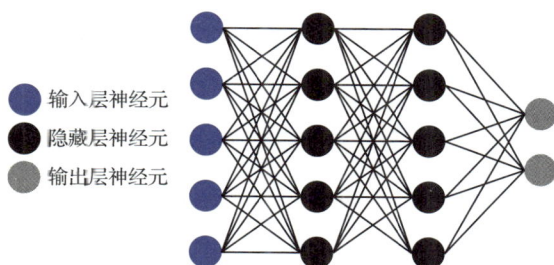

图 1-9　多层感知机示意图

在多层感知机中，网络模型通过前向传播进行推理，通过反向传播进行训练和学习。

前向传播：数据从输入层开始依次通过每一层的神经元，每个神经元对输入数据进行加权求和，并应用一个非线性激活函数（如 ReLU 或 Sigmoid 函数），函数输出逐层传递直至输出层，最终生成模型的预测结果。

反向传播：先计算输出层的误差（预测值与实际值的差异），然后利用误差计算每一层的误差梯度，并通过梯度下降（Gradient Descent，GD）等优化算法更新网络中每个连接的权重。

多层感知机被广泛应用于特征提取和函数逼近任务，然而其网络架构也存在一定的局限性，如参数量大、模型复杂度高、训练效率低下和收敛速度慢等问题。

1.3.2　卷积神经网络

卷积神经网络（Convolutional Neural Network，CNN）是一种常见的深度神经网络，主要由多个卷积层（CONV Layer）结合其他类型的层构成。在卷积神经网络中，每一层根据输入数据逐级生成更高层次的抽象表示，称为特征图（feature map，fmap），它保留了必要而独特的信息。现代卷积神经网络（见图 1-10）往往通过使用非常深的层次结构来实现卓越的泛化性能，例如，用于图像分类任务的卷积神经网络模型通常包含 5 ～ 1000 个的卷积层。在卷积层之后，通常会使用少量（如 1 ～ 3 个）全连接层（FC Layer）进行特征整合和分类。卷积神经网络广泛用于图像分类、图像检测、图像分割、机器人控制等任务。

除了卷积层和全连接层，卷积神经网络通常还包含激活层（Activation Layer）、池化层（Pooling Layer）、归一化层（Normalization Layer）、随机失活层（Dropout Layer）等。

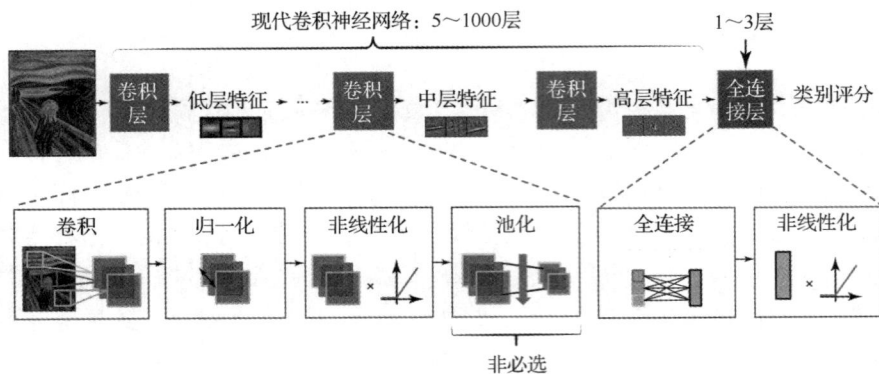

图 1-10　现代卷积神经网络示意图

卷积层。卷积层的目标是完成特征提取。它将输入特征图（ifmap）与堆叠的滤波器（Filter，又称卷积核）进行卷积，以提取所有通道上的特征，得到输出特征图（ofmap）。多个输入特征图可以作为一个批次一起处理，这样可以提高滤波器权重的重用率。某些网络模型还引入了额外的偏置偏移（Bias Offset）。零填充（Zero-padding）可以对边缘滤波而不减小输出特征图尺寸。滤波器的步幅（Stride）是指滤波器在输入特征图上每次滑动的幅度，该参数直接影响输出特征图的尺寸。卷积层的运算机制如图 1-11 所示，定义如下：

$$y = x * w \tag{1-1}$$

$$y_{i,j,k} = \sum_{k=0}^{K-1}\sum_{m=0}^{M-1}\sum_{n=0}^{N-1} x_{si+m,sj+n,k} \times w_{m,n,k} + \beta_{i,j,k} \tag{1-2}$$

$$W' = \left(\frac{W - N + 2P}{S}\right) + 1 \tag{1-3}$$

$$H' = \left(\frac{H - M + 2P}{S}\right) + 1 \tag{1-4}$$

$$D' = K \tag{1-5}$$

其中，y 为卷积后的输出特征图，x 为输入特征图，w 为卷积核权重；$y_{i,j,k}$ 是使用第 k 个滤波器得到的输出特征图在第 i 行第 j 列的数据；输出特征图的宽度（水平方向尺寸）为 W'，高度（垂直方向尺寸）为 H'，深度（通道数）为 D'；$x_{m,n,k}$ 是与第 k 个滤波器作卷积的输入特征图在第 m 行第 n 列的数据；输入特征图的宽度为 W，高度为 H，深度为 D；$w_{m,n,k}$ 是第 k 个滤波器在第 m 行第 n 列的权重，滤波器大小由 M（垂直方向）和 N（水平方向）表示；$\beta_{i,j,k}$ 是第 k 个滤波器在第 i 行第 j 列上的偏置数据；P 为零填充的尺寸；S 为滤波器的步幅。

全连接层。全连接层通常位于卷积神经网络的最后几层，用于进行最终的决策输出。全连接层的每个神经元与前一层的每个神经元都有连接，这允许它从输入数据中捕获全局信息。全连接层的运算可定义如下：

$$y_i = \sum_{m=0}^{M-1}\sum_{n=0}^{N-1} w_{i,m,n} x_{m,n} \tag{1-6}$$

其中，y_i 是全连接层输出的第 i 个元素的数据；$x_{m,n}$ 是全连接层的输入在第 m 行第 n 列的数据，输入的宽度为 N，高度为 M；$w_{i,m,n}$ 为 y_i 与 $x_{m,n}$ 之间的连接权重。

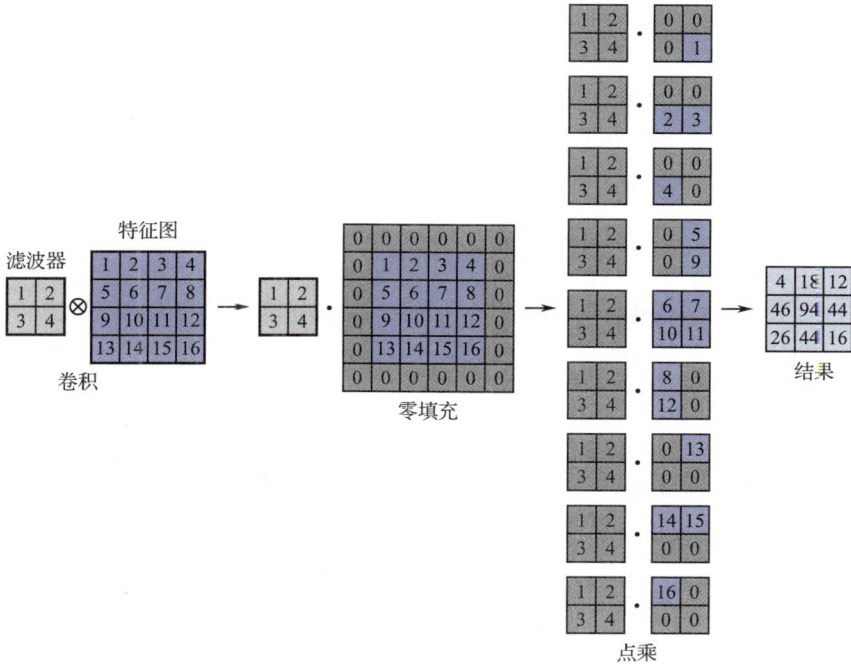

图 1-11　卷积层的运算机制

激活层。通常在卷积层或全连接层之后设置一个非线性激活层，在网络中引入非线性特性，使得网络能够捕捉并学习输入数据中的复杂模式和关系。目前使用较广的非线性激活函数如图 1-12 所示。

传统非线性激活函数：

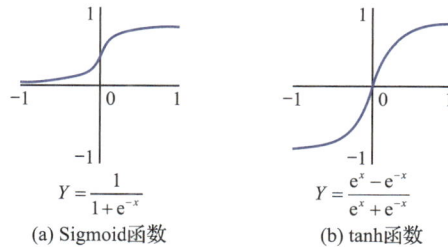

$$Y = \frac{1}{1+e^{-x}}$$
(a) Sigmoid函数

$$Y = \frac{e^x - e^{-x}}{e^x + e^{-x}}$$
(b) tanh函数

现代非线性激活函数：

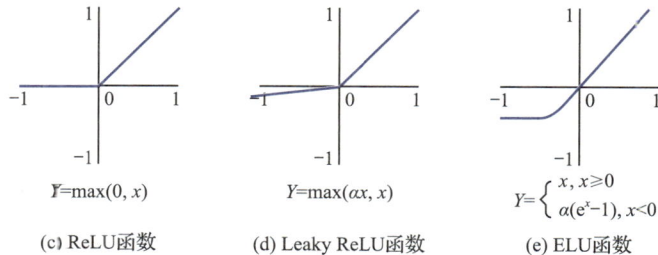

$Y=\max(0, x)$
(c) ReLU函数

$Y=\max(\alpha x, x)$
(d) Leaky ReLU函数

$$Y=\begin{cases} x, & x \geq 0 \\ \alpha(e^x-1), & x < 0 \end{cases}$$
(e) ELU函数

图 1-12　非线性激活函数

（1）Sigmoid 函数将输出范围压缩至 0 到 1 之间，类似于突触的抑制状态和兴奋状态，常用于二分类问题的输出层。然而，由于其在深层网络中容易导致梯度消失，目前已较少用于隐藏层。函数表达式如下：

$$Y = \frac{1}{1+e^{-x}} \tag{1-7}$$

（2）tanh（Hyperbolic Tangent）函数与 Sigmoid 函数相似，输出范围在 -1 到 1 之间，以零为中心。相比 Sigmoid 函数，tanh 函数在某些情况下的效果更好，但同样可能导致梯度消失。函数表达式如下：

$$Y = \frac{e^x - e^{-x}}{e^x + e^{-x}} \tag{1-8}$$

（3）ReLU 函数将负数输出置零，可使网络对噪声更具鲁棒性。它通过符号判断的方式简化硬件复杂度，同时为网络引入了稀疏性。函数表达式如下：

$$Y = \max(0, x) \tag{1-9}$$

（4）Leaky ReLU 函数作为 ReLU 函数的一个变体，旨在解决 ReLU 函数中的"死神经元"问题，主要改进之处在于允许负输入有一个非零的输出，即使是非常小的值。函数表达式如下：

$$Y = \max(\alpha x, x) \tag{1-10}$$

（5）ELU 函数通过引入指数项以实现更平滑的非线性变换。这种设计不仅提高了神经网络的学习速度和性能，而且缓解了梯度消失的问题。函数表达式如下：

$$Y = \begin{cases} x, & x \geq 0 \\ \alpha(e^x - 1), & x < 0 \end{cases} \tag{1-11}$$

池化层。池化层也称为下采样层，用于减小特征图的尺寸，从而降低参数量和计算量，同时保持重要的特征信息。池化操作有助于增强网络对输入数据中微小变化和位置偏差的鲁棒性。池化操作的主要类型包括最大池化（Max Pooling）和平均池化（Average Pooling），如图 1-13 所示。

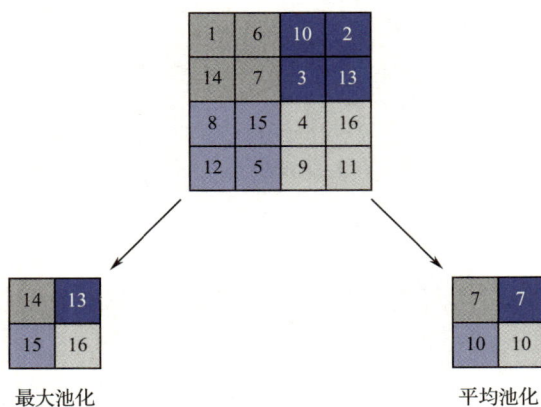

图 1-13　池化层运算机制

池化层的运算定义如下。

最大池化：

$$y_{i,j,k} = \max_{m,n \in R_{M,N}} (x_{m,n,k}) \tag{1-12}$$

平均池化：

$$y_{i,j,k} = \frac{1}{M \times N} \sum_{m}^{M-1} \sum_{n}^{N-1} x_{si+m,sj+n,k} \tag{1-13}$$

$$W' = \frac{W - N}{S} + 1 \tag{1-14}$$

$$H' = \frac{H - M}{S} + 1 \tag{1-15}$$

其中，$y_{i,j,k}$ 是在 i,j,k 位置的池化输出，输出的宽度为 W'，高度为 H'；$x_{m,n,k}$ 是在 m,n,k 位置的池化输入，输入的宽度为 W，高度为 H；M,N 表示池化窗口的大小，窗口高度为 M，宽度为 N；S 是池化窗口的移动步幅。

归一化层。归一化层主要用于改善网络的训练过程，通过对层输入进行归一化，可以调整和统一各层输入的数据分布，有助于网络更快速、更稳定地学习。

批量归一化（Batch Normalization，BN）是最常用的归一化方法之一，在每个小批量数据上通过调整和缩放激活函数的输出，确保输出的均值接近 0，方差接近 1。该方法减少了内部协变量偏移（层输入分布的变化），有助于加速训练并减少对初始权重设定的依赖。在网络中引入批量归一化层后，可以使用较高的学习率进行训练，而不会导致网络训练过程中的发散。采用批量归一化层的运算可以定义为

$$y_i = \frac{x_i - \mu}{\sqrt{\sigma^2 + \epsilon}} \gamma + \alpha \tag{1-16}$$

$$\mu = \frac{1}{n} \sum_{i=0}^{n-1} x_i \tag{1-17}$$

$$\sigma^2 = \frac{1}{n} \sum_{i=0}^{n-1} (x_i - \mu)^2 \tag{1-18}$$

其中，y_i 是深度为 n 的批量归一化输出，x_i 是深度为 n 的批量归一化输入，μ 和 σ 是在训练期间计算的统计学参数，α、ϵ 和 γ 是训练设置的超参数。

随机失活层。随机失活层用于防止神经网络训练过拟合，通过在每个训练步骤中以预设的概率随机"丢弃"（将输出设置为零）网络中部分神经元的输出，达到减弱神经元之间复杂共适应关系的目的。随机失活层的效果如图 1-14 所示。

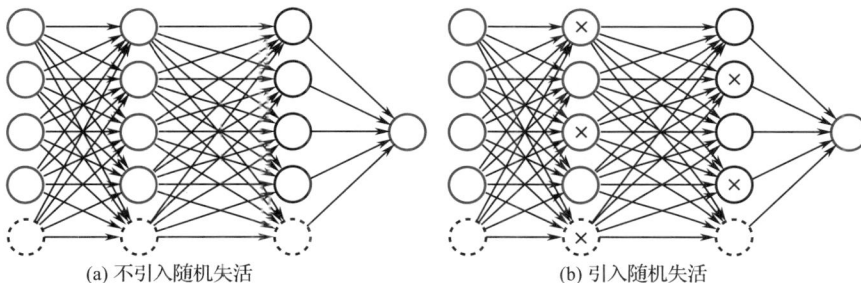

(a) 不引入随机失活　　　　　(b) 引入随机失活

图 1-14　随机失活层的效果示意图

上文介绍了卷积神经网络中常见的网络层类型。以图 1-15 所示的经典网络 AlexNet 中的一部分为例，可以看出，现代卷积神经网络通常是将这些网络层以不同的配置和尺寸堆叠而成的，

通过增加网络的深度来提高学习能力，从而表现出出色的性能。

网络层类型	网络层维度	卷积核大小	卷积核数量	卷积核步幅	填充大小
1维卷积 + ReLU	3×227×227	11×11	96	4	
最大池化	96×55×55	3×3		2	
归一化	96×27×27				
2维卷积 + ReLU		5×5	256	1	2
最大池化	256×27×27	3×3		2	
归一化	256×13×13				
卷积3+ ReLU		3×3	384	1	1
卷积4+ ReLU	384×13×13	3×3	384	1	1
卷积5+ ReLU	384×13×13	3×3	256	1	1
最大池化	256×13×13	3×3		2	
随机失活（丢弃率0.5）	256×6×6				
随机失活（丢弃率0.5）	4096				
8维全连接层+ ReLU	4096				

图 1-15　AlexNet 网络结构（部分）

1.3.3　循环神经网络

循环神经网络（Recurrent Neural Network，RNN）是一种专门用于处理序列数据的人工神经网络，常用于有序的或与时间相关的问题，如机器翻译、文本生成、语音识别等。循环神经网络也被集成到诸如 Siri、语音搜索和谷歌翻译等流行应用中。与多层感知机和卷积神经网络一样，循环神经网络也需要使用训练数据进行学习，而其特征在于具有"记忆"功能，能够利用之前的输入信息来决定当前的输出。循环神经网络的另一个特征是每层之间共享参数，而前馈神经网络（FNN）在每个节点上具有不同的权重。循环神经网络的基本结构如图 1-16 所示。

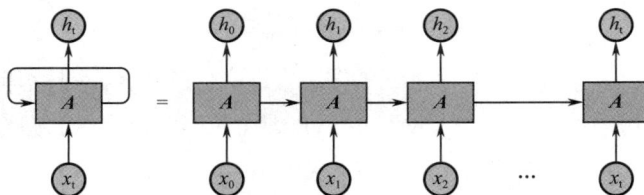

图 1-16　循环神经网络的基本结构

循环神经网络使用"通过时间的反向传播"（Backpropagation Through Time，BPTT）算法来确定梯度和更新权重。BPTT 算法是专为序列数据设计的，与传统的反向传播算法略有不同，主要区别在于，BPTT 在每个时间步累加误差，而适用于前馈神经网络的反向传播算法不需要累加误差，因为前馈神经网络并不会在每层之间共享参数。在这一训练过程中，循环神经网络容易遇到两个问题，即梯度消失和梯度爆炸。

梯度消失是指训练时网络中的梯度变得非常小，接近于零。这使得网络权重的更新非常缓慢，甚至停滞，导致网络训练过程极度缓慢或完全无法收敛到期望的误差水平。通过改进激活函数、使用批量归一化等技术可缓解梯度消失问题。

梯度爆炸是指在训练过程中梯度变得异常大，这会导致模型权重大幅度更新，使模型变得不稳定，甚至发散。使用梯度截断、权重正则化（Regularization）等技术可缓解梯度爆炸问题。

长短期记忆网络（Long Short-Term Memory，LSTM）由 Sepp Hochreiter 和 Juergen Schmidhuber 于 1997 年提出，旨在解决传统循环神经网络在处理长序列数据时遇到的梯度消失问题。长短期记忆网络的核心是细胞状态（Cell State），它类似于传送带，能够在时间维度上无损地传递信息，解决了传统循环神经网络中的长期依赖问题。长短期记忆网络的结构如图 1-17 所示，在每个时间步中，细胞状态可以通过 3 种类型的门进行更新，分别是遗忘门（Forget Gate）、输入门（Input Gate）和输出门（Output Gate），具体如下。

遗忘门决定哪些信息应该从细胞状态中被丢弃，它通过一个 Sigmoid 函数来实现。遗忘门通过查看当前输入和前一个时间步的输出，为每个数在细胞状态中生成一个介于 0 和 1 之间的数，0 表示完全遗忘，1 表示完全保留。

输入门决定哪些新的信息将被添加到细胞状态中。输入门包含两部分：一个 Sigmoid 函数层，它决定哪些值将要更新；一个 tanh 函数层，它产生一个新的候选值向量，该向量将被加入细胞状态中。

输出门决定下一个隐藏状态的值。隐藏状态包含先前输入的信息，用于预测或决定下一步的操作。首先由 Sigmoid 函数层决定哪些部分的细胞状态将被输出，然后将细胞状态通过 tanh 函数处理（得到一个介于 -1 和 1 之间的值），再将 tanh 函数的输出与 Sigmoid 函数的输出相乘，得到最终的输出。

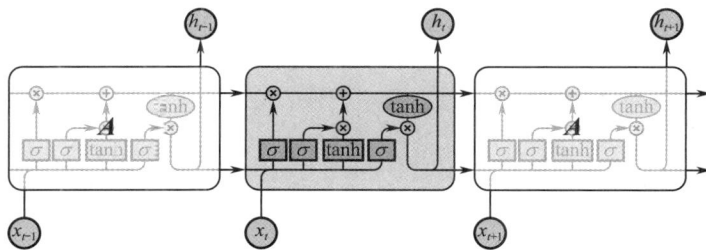

图 1-17　长短期记忆网络的结构

1.3.4　生成对抗网络

生成对抗网络（Generative Adversarial Network，GAN）是由 Ian Goodfellow 于 2014 年提出的一种深度学习模型，其核心思想基于博弈论，主要用于无监督学习，在生成模型领域显示出巨大的潜力。GAN 的工作原理如图 1-18 所示，其结构包括两个核心组件：生成器（Generator）和鉴别器（Discriminator）。这两个组件在训练过程中相互竞争、相互促进。生成器的任务是生成尽可能逼真的数据来"欺骗"鉴别器，它接受一个随机噪声向量（符合某种概率分布，如高斯分布）作为输入，并生成符合目标数据分布的新数据实例；鉴别器的任务是判断接收到的样本是"真实的"（来自训练数据集）还是"伪造的"（来自生成器），它是一个二分类模型，输出一个概率值，表示输入数据为"真实的"的概率。

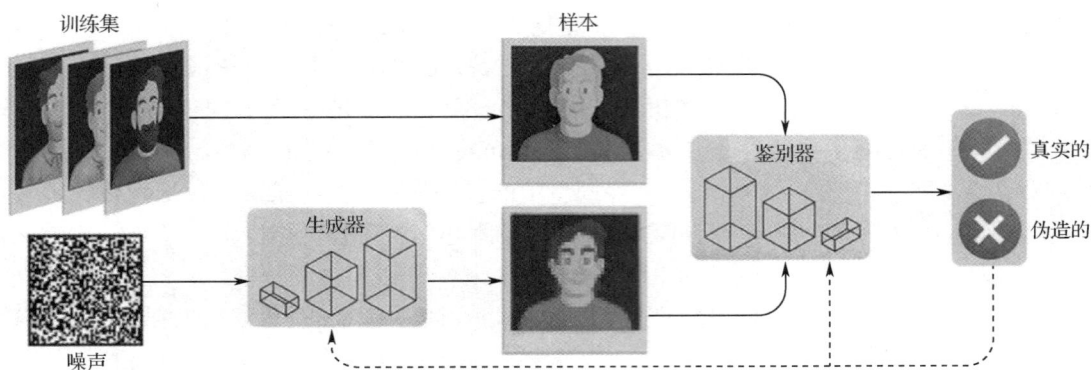

图 1-18　GAN 的工作原理

GAN 的训练是一个动态平衡过程，生成器和鉴别器在这个过程中不断地进行优化和对抗：生成器尽力生成越来越逼真的数据，而鉴别器则努力变得更擅长区分真伪。整个训练过程通过交替训练来进行：先固定生成器，训练鉴别器若干步；再固定鉴别器，训练生成器若干步。GAN 的工作原理简单描述如下：初始值有随机变量 Z 和真实数据 T；将 Z 输入生成器中，生成器训练的输出 $G(Z)$ 应尽可能地符合真实数据 T 的分布；然后，将 $G(Z)$ 和 T 输入鉴别器中进行鉴别，其中来自真实样本 T 的数据标记为 1，伪造样本数据 $G(Z)$ 标记为 0；生成器根据鉴别器的反馈（鉴别器对生成数据的判断）来更新其参数，使生成的数据更加逼真，难以被鉴别器正确分类；整个过程反复进行，通过多轮迭代训练，生成器和鉴别器不断地优化更新，直到鉴别器无法区分真实数据与生成数据，便认为 GAN 训练达到了纳什均衡。

GAN 在图像视频生成、图像修复、图像风格迁移、数据增强、超分辨率等多个领域得到了广泛的应用，展示了其在创造性和生成性任务中的强大能力。

1.3.5　迁移学习

随着深度神经网络越来越"深"，训练模型对算力和能源的需求也越来越高；同时，许多应用（如语音识别、图像处理等）需要大量的标注数据，而标注数据本身就是一项烦琐且成本高昂的任务。那么，能否对训练好的网络进行改进，以解决新的问题呢？例如，可否基于一个识别自行车的卷积神经网络，通过微调训练得到一个可以识别摩托车的网络，而不是从头开始训练？这样可以大大降低开发成本。

迁移学习（Transfer Learning，TL）是一种机器学习方法，其工作原理如图 1-19 所示，目标是利用从一个任务中获得的知识来解决相关但不完全相同的另一个任务。这种学习策略已在多个领域显示出巨大的潜力，特别是在数据不足或计算资源有限的情况下。迁移学习的核心思想是知识迁移，即学习新任务时可以借鉴已有的知识，而不必从零开始。在机器学习领域，这意味着可以将从一个或多个源任务中学到的模型参数或特征迁移到新的、相关的目标任务上。

近年来出现了一种新的模型压缩方法，也可看作迁移学习的一种特殊形式，即知识蒸馏（Knowledge Distillation，KD）。该方法由 Hinton 等人在 2015 年提出，目的是将大模型（教师模型）的知识迁移到小模型（学生模型）中，从而提高小模型的性能，同时减少计算资源的消耗。知识蒸馏的工作原理如图 1-20 所示，主要包括以下几个步骤。

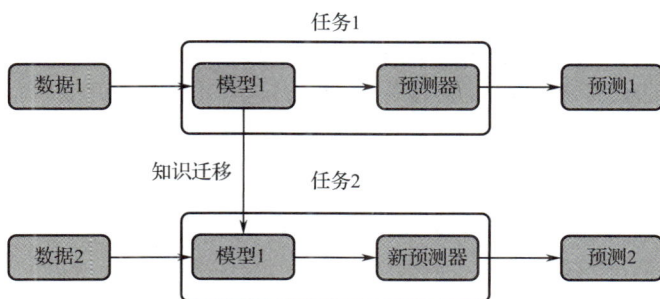

图 1-19 迁移学习工作原理

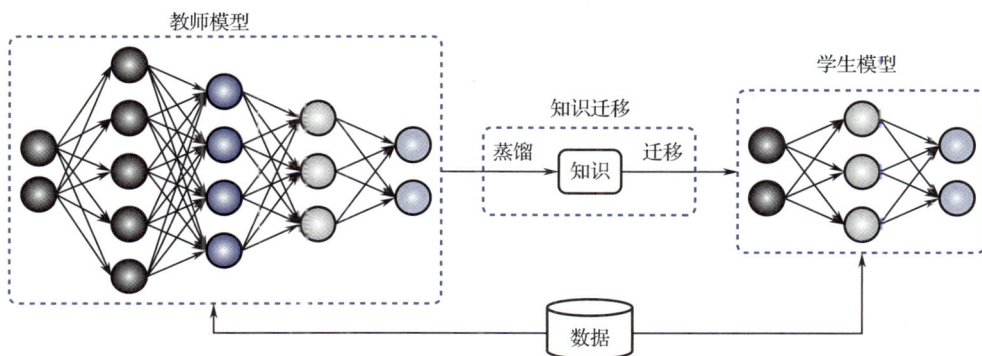

图 1-20 知识蒸馏的工作原理

（1）训练教师模型：首先训练一个复杂的大模型，即教师模型。该模型通常有较高的性能，能够从大量数据中学习到丰富的特征。

（2）生成软标签：使用教师模型对训练数据或新的数据进行预测，生成"软标签"。与"硬标签"（直接的类别标签）不同，软标签包含模型对每个类别的预测概率，这些概率提供了关于类别之间关系的更多信息。

（3）训练学生模型：使用软标签来训练简化的小模型，即学生模型。学生模型不仅要学习预测正确的类别，还要模仿教师模型的预测概率分布。

（4）调整目标函数：训练过程中使用的损失函数包含标准交叉熵损失和一个额外的项（如 KL 散度），这个额外的项用来衡量学生模型输出与教师模型输出之间的差异。

通过蒸馏过程，小模型可以学习到大模型复杂决策边界的近似表示，从而在保持轻量级的同时实现比直接训练更高的准确率。此外，通过知识蒸馏得到的小模型所需要的计算资源更少，更适合部署到资源受限的边缘设备（如手机和嵌入式系统）上。

1.4 任务及习题

1. 边缘计算如何提升物联网设备的效率和性能？相较于传统的云计算，边缘计算有何优势？
2. 边缘计算在数据隐私和安全性方面面临的主要挑战是什么？

3．边缘智能和边缘计算有何区别？它们在现代 AI 应用中如何互补？

4．5G 技术的发展对边缘计算解决方案的部署和效果有何影响？

5．深度学习如何影响自动驾驶、金融、零售和医疗等行业？

6．卷积神经网络和强化学习的根本区别是什么？

7．深度学习算法的训练和推理有哪些不同的要求？

8．人工智能与边缘计算的结合在未来有哪些发展方向？

第2章 人工智能芯片与系统

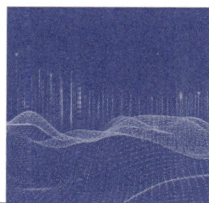

在人工智能和神经网络快速发展的背景下，计算资源正面临巨大的需求。其中，AI 芯片扮演着至关重要的角色，它们用于加速人工智能应用，尤其在人工神经网络、机器可视化和机器学习等方面。AI 芯片以各种形式出现，具代表性的有 Intel CPU、NVIDIA GPU、Google TPU 和 Microsoft NPU 等国际产品，以及华为昇腾、地平线 BPU（Brain Processing Unit）等国产芯片。每种 AI 芯片都有其特定的设计理念和应用领域，但它们的共同目标是提高计算效率，推动人工智能技术的发展。本章将详细介绍 AI 芯片的发展历程和国内外发展现状，并展开分析几种具有代表性的芯片架构。

2.1 AI 芯片发展现状介绍

2.1.1 发展历程

AI 芯片的发展经历了多次起伏和演变，如图 2-1 所示。

在早期阶段，AI 芯片行业尚未形成成熟的格局，由于网络模型较小，对算力要求不高，中央处理器（CPU）足以满足基本的运算需求，AI 芯片因此也并未得到重视。然而，随着高清视频、人机交互、虚拟现实等技术的兴起，网络模型和数据量越来越大，对算力的要求也越来越高，图形处理器（GPU）恰好满足了深度学习算法和大数据并行计算的需求，被应用于深度学习算法，开启了 AI 芯片应用的新篇章。

进入云计算时代后，研究人员在云计算平台组建大量 CPU 和 GPU，通过异构计算，使处理性能取得了进一步的飞跃，各类 AI 芯片开始蓬勃发展。然而，随着深度学习算法的不断发展和神经网络层的不断增加，GPU 的性能和功耗逐渐成为制约因素，促使业界开始研发针对人工智能应用的专用芯片。这些专用 AI 芯片在硬件架构和数据流上做了优化，提高了计算效率，降低了计算能耗，成为代表性的人工智能计算新引擎。

整个发展历程反映了 AI 芯片行业的技术进步和市场需求的变化，也预示着 AI 芯片将在人工智能和深度学习的未来继续扮演重要角色。

Hinton在《科学》发表文章首次证明了大规模深度神经网络学习的可行性。NVIDIA推出计算统一设备体系结构（CUDA）使得GPU具有方便的编程环境，可以直接编写程序。

IBM首次发布类脑芯片原型，该原型模拟大脑结构，具有感知认知能力和大规模并行计算能力。

Google Brain用1.6万个GPU核的并行计算平台训练深度神经网络模型，在语音和图像识别等领域获得巨大成功。

GPU开始广泛应用于AI领域，高通发布Zeroth。

NVIDIA推出Tegra，作为最早的可用于人工智能的GPU，如今已成为NVIDIA最重要的AI芯片之一，用于智能驾驶领域。

NVIDIA发布首个为深度学习设计的GPU架构Pascal。IBM发布二代TrueNorth。

TPU2.0发布，加强了训练效能。NVIDIA发布Volta架构，GPU的效能大幅提升。麒麟970成为首个手机AI芯片。

寒武纪研发出DIANNAO，现场可编程门阵列（FPGA）芯片在云计算平台得到广泛应用。

Google首次公布专用集成电路（ASIC）芯片TPU1.0。

NVIDIA发布A100 GPU，专为AI和高性能计算设计。地平线发布征程三代。

Google推出TPU3.0。NVIDIA发布Turing架构GPU。华为发布首款面向边缘计算场景的AI芯片昇腾310。

寒武纪发布面向边缘计算场景的思元290。地平线推出支持高等级自动驾驶计算需求的征程5芯片。

NVIDIA推出AI工具包CUDA-X。地平线发布征程二代车规级AI芯片。

NVIDIA推出基于Blackwell架构的B200超高性能GPU，针对万亿参数级的大模型训练与推理。

Google推出Cloud TPU v5e，专为大语言模型和生成式AI模型打造。Amazon发布AI量子芯片Trainium2。

NVIDIA发布H100高性能GPU。寒武纪推出新一代MLU370芯片。OpenAI发布ChatGPT大语言模型。

AI芯片发展历程

2006年 — 2008年 — 2010年 — 2012年 — 2013年 — 2014年 — 2015年 — 2016年 — 2017年 — 2018年 — 2019年 — 2020年 — 2021年 — 2022年 — 2023年 — 2024年

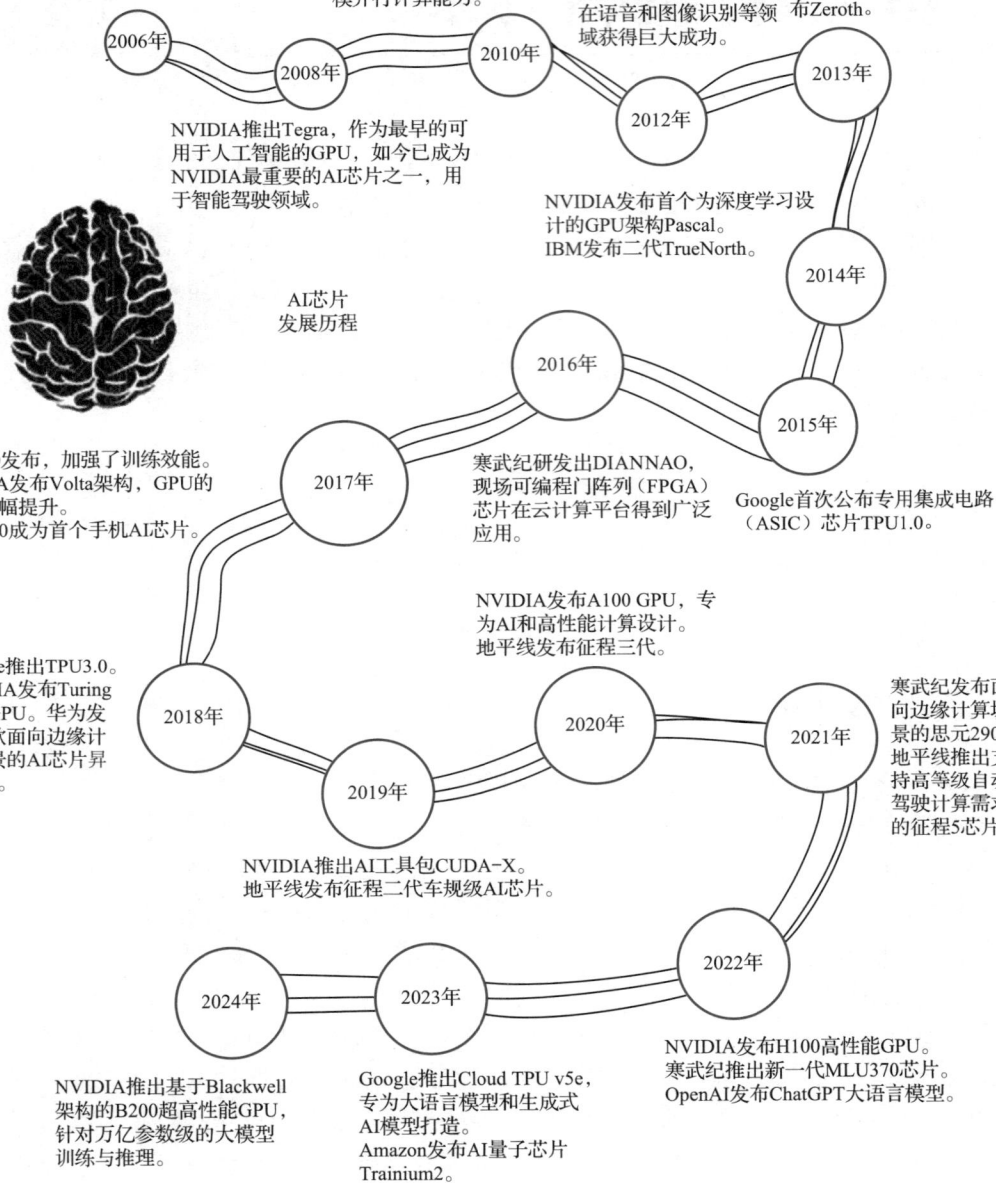

图 2-1　AI 芯片的发展历程

2.1.2　国内外发展现状

目前，AI 芯片领域在全球正处于百花齐放的状态，其产业链图谱如图 2-2 所示。在芯片设计领域，国内外代表性企业有寒武纪、地平线、百度、NVIDIA、Google、Xilinx、Intel 等。

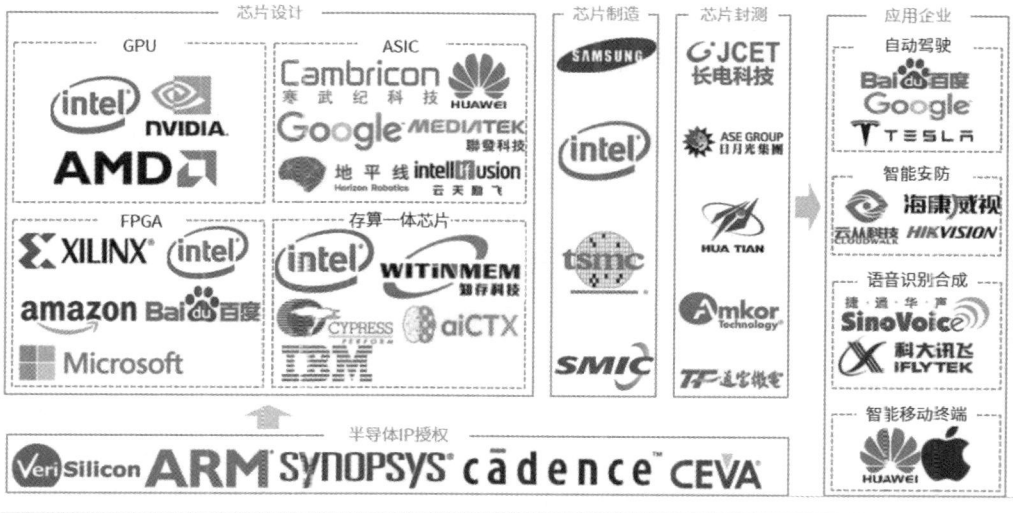

图 2-2　AI 芯片产业链图谱

NVIDIA 凭借其高性能 GPU 及 CUDA、cuDNN、TensorRT 等深度学习软件工具链，目前在深度学习训练芯片市场占据绝对主导地位。NVIDIA 在人工智能训练和推理方面实现了软硬件高度耦合，从而构建了强大的生态壁垒。目前，NVIDIA 的核心产品有 V100、A100、H100 等高性能 GPU，以及 2024 年推出的 Blackwell 架构 B200 超高性能 GPU。

Google 在 2015 年的 I/O 开发者大会上推出了计算神经网络专用芯片"张量处理单元"（TPU），专为 TensorFlow 深度学习框架而设计，主要用于 AlphaGo 系统、Google 地图、Google 相册和 Google 翻译等应用，进行搜索、图像、语音等模型和技术的处理。自此，TPU 被广泛部署到 Google 内部的数据中心。在 TPU v1 之后，Google 在 2017 年至 2021 年期间相继推出了 TPU v2、TPU v3、Edge TPU 和 TPU v4 产品，极大地推动了深度学习在数据中心的应用和发展。区别于 GPU，Google TPU 是一种 ASIC（专用集成电路）芯片方案。

除了 GPU 和 ASIC 领域，近年来 FPGA 也逐渐参与到 AI 加速的发展和应用中。AMD 旗下的 Xilinx 在 2018 年提出了"数据中心优先"战略，随后发布了自适应计算加速平台（ACAP）——Versal。这一产品形态已经脱离了传统的 FPGA 范畴，它通过内部的可编程引擎和 AI Core 来承载 AI 等数据密集型运算。Versal 整合了标量处理引擎、自适应硬件引擎和智能引擎，以及前沿的存储器和接口技术，使其异构加速性能得以提升。与 Xilinx 不同，Intel 的 FPGA 技术将嵌入在 FPGA 内部的 DSP 模块直接升级为 AI 张量模块，该模块依然是 FPGA 内部的组成模块之一。2020 年，Intel-Altera 推出了首款采用张量模块的 FPGA——Stratix 10 NX，其张量模块架构主要针对 AI 计算中常用的矩阵－矩阵或向量－矩阵乘法和加法运算进行了优化，可支持 INT8 和 INT4 数据计算，并通过共享指数支持 FP16 和 FP12 块浮点的数字格式。目前，以 Xilinx（AMD）和 Altera（Intel）为代表的 FPGA 技术和产品已经广泛应用于云端、边缘端和终端的人工智能场景。

目前，国产 CPU、GPU、FPGA 与国际领先水平仍有差距，我国企业在 AI 芯片的发展主要聚焦于 ASIC 领域。以寒武纪、华为昇腾、地平线等为代表的 AI 芯片龙头企业在先进制程和算力性能上已具备与国际企业竞争的实力。其中，寒武纪作为 AI 芯片领域的"独角兽"，成立于 2016 年，拥有终端 AI 处理器 IP 和云端高性能 AI 芯片两条产品线。2016 年发布的寒武纪 1A（Cambricon-1A）是世界首款商用深度学习专用处理器，面向智能手机、安防监控、无人机、可穿戴设备及智能驾驶等终端设备，其在运行主流智能算法时的能耗比全面超越了传统处理器。在高性能计算产品上，寒武纪的思元系列产品（如思元 270、思元 290 和思元 370 等）适配 TensorFlow、Pytorch、Caffe 等深度学习框架，其中的思元 590 有望成为最早实现商业应用的接近 NVIDIA A100 性能的国产 AI 训练芯片。

华为公司的昇腾系列芯片在国内人工智能领域也扮演着非常关键的角色。2021 年，华为发布了昇腾 910 和昇腾 310 两款新芯片。其中，昇腾 910 是一款业界领先的云端 AI 高性能训练芯片，其性能已超越了 NVIDIA V100，成为当时全球最强大的 AI 处理器之一；昇腾 310 则是一款面向边缘计算的 AI 芯片，有更高的推理速度和更低的能耗，适用于物联网设备的部署。

地平线公司成立于 2015 年，专注于人工智能技术和加速芯片在智能驾驶的商业化应用。其自主设计研发的 BPU 架构支持 ARM/GPU/FPGA/ASIC 实现，广泛用于自动驾驶、人脸图像辨识等专用领域。2017 年，地平线发布首款面向智能驾驶的智能芯片"征程"和面向机器人平台的智能芯片"旭日"；2019 年先后宣布量产首款车规级智能芯片"征程 2"并发布新一代 AIoT 智能应用加速引擎"旭日 2"；2021 年发布高性能大算力全场景整车智能中央计算芯片"征程 5"，进一步巩固了其在智能驾驶 AI 芯片领域的领先地位。

2.1.3 发展趋势与展望

目前，人工智能芯片的发展呈现出几大趋势。

趋势一：先进制程的应用。随着制程技术的不断进步，AI 芯片的性能和能效得到了显著提升。先进制程的应用大大提高了晶体管密度，可以在更小的芯片面积上部署更多的计算单元，从而提高了 AI 计算的速度；先进制程的应用还可以降低功耗，使得 AI 芯片在相同的能耗下可以实现更高的性能，有助于延长设备的续航时间并降低散热成本。自 2017 年 NVIDIA 发布 12 nm 工艺的 Tesla V100 芯片以来，AI 芯片制程从 16 nm 逐步推进至 4 nm 或 5 nm 水平，例如，NVIDIA 发布的 Blackwell 架构 B200 超高性能 GPU 便采用了 4 nm 工艺。

趋势二：Chiplet 封装技术开始出现在 AI 芯片的舞台。一般来说，封装形式越复杂，封装成本和封装缺陷成本在总成本中的占比越大；芯片面积越大，芯片缺陷成本和封装缺陷成本的占比越大；制程越先进，芯片缺陷成本占比越大。Chiplet（小芯片）封装能有效降低芯片缺陷率，使总成本低于单芯片（System on Chip，SoC）封装的成本。另外，制程越先进、芯片组面积越大、小芯片数量越多，Chiplet 封装在成本上的优势越明显。鉴于当前 AI 芯片正朝高算力、高集成度方向演进，制程越来越先进，Chiplet 封装有望成为未来 AI 芯片封装的主要形式。2022 年，NVIDIA 发布 H100 高性能 GPU，其芯片主体为单芯片架构，但其 GPU 与 HBM3 存储芯片的连接采用了 Chiplet 封装。在此之前，NVIDIA 通过 NVLink-C2C 低延迟互联技术实现了芯片之间的高速连接，且连接标准可与 Chiplet 业界的统一标准 Ucle 兼容。AMD 在 2023 年发布的 Instinct MI300 系列 APU 芯片，号称"AMD 迄今最复杂的芯片"，集成了 1460 亿个晶体管，包含 9 块 5 nm 工艺芯片和 4 块 6 nm 工艺芯片，采用 3D 封装技术，是业界首次在 AI 芯片上采用底层 Chiplet 架构，实现了 CPU 与 GPU 之间的高速互联。

趋势三：深度学习框架与 AI 芯片的高效融合。深度学习框架在实现算法的高效训练和推理时起着关键作用，而 AI 芯片作为硬件平台，在加速深度学习任务的同时，也面临着更高的性能和能效要求。因此，深度学习框架与 AI 芯片的高效融合能够显著提高人工智能算法设计和部署的效率和性能。NVIDIA 在人工智能芯片领域的成功，很大程度上得益于其软硬件高度耦合所构建的生态壁垒。华为在 2019 年发布的昇腾 910 与 NVIDIA 在 2020 年发布的 A100 性能相当，但由于华为缺乏对 Tensorflow 和 Pytorch 两大主流深度学习训练框架的特定优化，上述两大训练框架的特定算法在昇腾 910 上的实际性能不如 A100。目前，华为仅对自研的深度学习框架 MindSpore 在昇腾 910 和昇腾 310 上做了特定优化，但由于 MindSpore 的优势体现在对昇腾芯片的算子支持和优化上，对 NVIDIA GPU 的支持还不够，因此，只有同时使用 MindSpore 框架和昇腾芯片才能发挥出两者的最佳性能，这种模式限制了华为的深度学习框架和 AI 芯片在业界的推广和影响力。

　　*趋势四：轻量化深度学习和边缘计算的兴起。*在许多应用场景中，尤其是物联网设备、智能家居、自动驾驶和移动设备等，实时处理和低延迟是至关重要的。针对这些需求，有必要将复杂的 AI 计算从云端转移到设备本地，从而降低数据传输延迟，提高隐私保护和实时响应能力。轻量化深度学习模型的参数量、计算量大幅减少，非常适合资源受限的边缘应用。近年来，量化、剪枝、知识蒸馏等技术在轻量化深度学习中得到广泛应用。例如，Google 提出的 MobileNet 系列模型，通过设计高效的深度可分离卷积，大幅降低了计算成本，使得 AI 模型能够在移动设备上高效运行。边缘 AI 芯片（如 NVIDIA 的 Jetson 系列、华为的昇腾 310、Intel 的 Movidius Myriad 系列等）专为边缘计算场景设计，具备高能效和低功耗的特点。这些芯片通过集成专用加速单元，如神经网络处理器（NPU）、视觉处理单元（VPU）等，可以显著提升边缘设备的 AI 处理能力。随着轻量化深度学习算法和 AI 芯片的同步发展，软硬件协同设计的理念应运而生，通过硬件和软件算法的紧密耦合来实现更佳的性能和功耗优化，已经成为 AI 芯片发展的重要趋势。

2.2　GPU 架构

2.2.1　概述

　　GPU 的开发始于 20 世纪 90 年代，主要用于图形相关操作，支持实时渲染。图形计算中包含许多重复的浮点运算，因此 GPU 中采用了大量并行计算单元。与 GPU 不同的是，CPU 的大部分资源分配给控制单元和存储单元以支持各种复杂的操作和调度。CPU 与 GPU 的特点对比如图 2-3 所示。2000 年后，人们开始考虑将 GPU 的大量运算资源应用于图形操作以外的领域。于是，通用 GPU（General-Purpose GPU，GPGPU）的概念被提出，业界利用 GPU 高性能和并行化的优势来执行以往由 CPU 处理的高密集度计算任务。

　　GPGPU 技术的核心思想是将那些由大量重复的简单操作组成的复杂任务进行分解和并行化，从而实现显著的运算加速。神经网络本质上由大量简单的神经元操作组成，因此非常适合在 GPU 平台上进行计算。近年来，深度学习算法的研究和 GPU 的研究紧密结合，许多公共的深度学习库都支持使用 GPGPU 的应用程序接口（Application Programming Interfaces，API）来训练、优化和部署神经网络。在通用计算领域，NVIDIA 的 GPU 产品极具代表性，其架构和相关技术将在下文详细讨论。

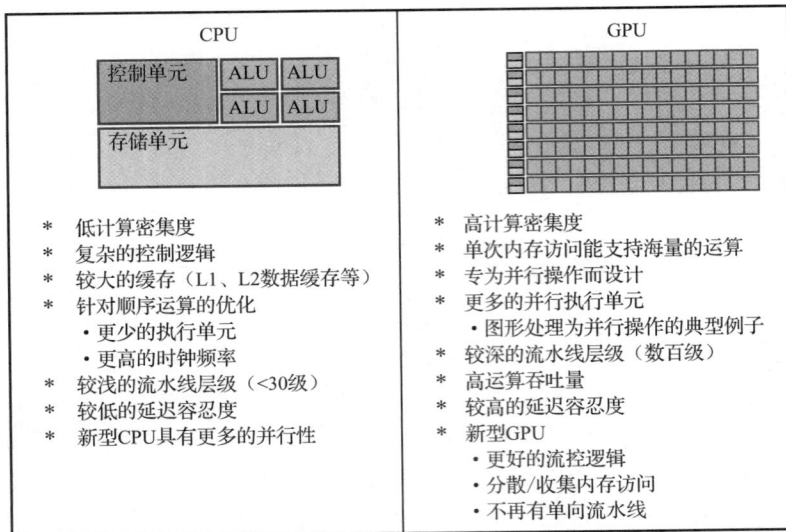

图 2-3　CPU 与 GPU 的特点对比

2.2.2　具体架构

GPU 具有非常高的运算吞吐量，而充分利用其性能的关键方法之一是通过循环展开来优化基于循环的顺序代码。CPU 对非标量数据（如向量、矩阵和张量）执行通常通过串行循环来实现，如图 2-4 所示。若向量维度为 n，在单核 CPU 上执行简单的向量加法需要进行 n 次操作。而对于 GPU 来说，若数据间没有依赖关系，则可以通过循环展开进行并行运算。如果处理器具有 n 个以上计算核心，整个操作可以在单个周期内完成。通用计算往往包含大量类似的数据并行任务，因此，GPGPU 可以通过循环展开来加速非标量数据的处理。

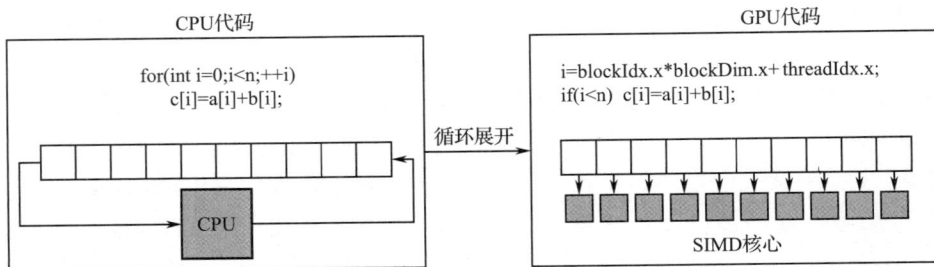

图 2-4　GPU 使用的循环展开方法

由于硬件结构的差异，GPU 的编程模型与 CPU 有很大不同。为了最大化 GPU 上层应用程序的吞吐量，同时降低编程复杂度，GPU 支持一系列 API，如 CUDA 和开放计算语言（Open Computing Language，OpenCL）。其中，CUDA 是由 NVIDIA 基于并行编程模型设计和开发的通用计算框架，于 2006 年发布。CUDA 的工作流程如图 2-5 所示。

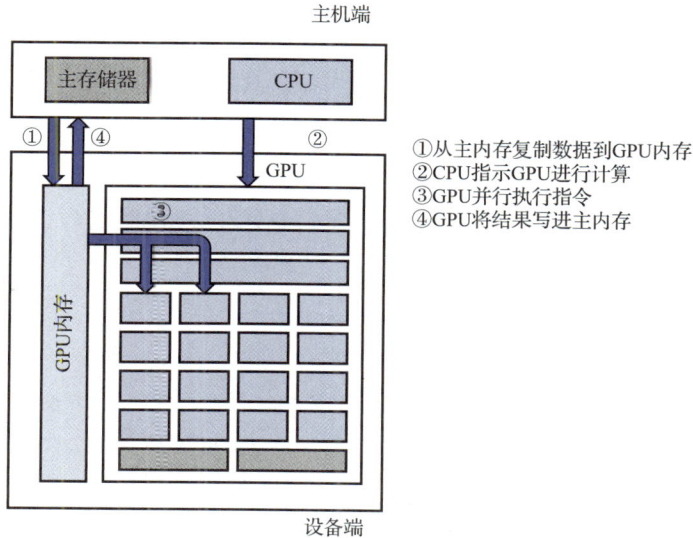

主机端

①从主内存复制数据到GPU内存
②CPU指示GPU进行计算
③GPU并行执行指令
④GPU将结果写进主内存

图 2-5　CUDA 的工作流程

为了高效管理大量线程，NVIDIA GPU 采用网格（Grid）、线程块（Thread Block）、线程束（Warp）和线程（Thread）的分层结构来管理线程，如图 2-6 所示。其中，CUDA 应用程序可以调用多个 GPU 内核来完成，一个网格对应一个内核，每个网格包含对应内核中的所有线程，并且可以分为多个线程块。每个线程块包含多个线程束（在 GPU 硬件层面，线程束是最小单元），每个线程束又包含 32 个线程，多个线程并行处理同一条指令上的不同数据。在 GPU 的硬件层面，每个线程束都在流式多处理器（Streaming Multiprocessor，SM）上执行。每个 SM 可以同时执行最多 2048 个线程（或 64 个线程束），这使得 NVIDIA GPU 往往可以并行执行数十万个线程。通过利用大量并行的线程和强大的 API 支持，GPU 可以有效地对程序中的非标量数据进行循环展开并加速运算。

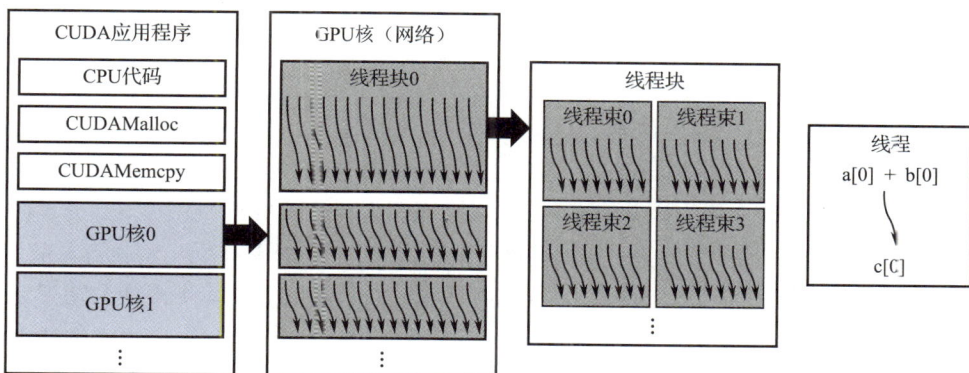

图 2-6　NVIDIA GPU 的分层式线程管理模式

现代 GPU 通过数千个 CUDA 核心来最大化吞吐量，同时并行处理数十万个线程。为了高效地管理 CUDA 核心，NVIDIA GPU 将多个 CUDA 核心组合到了一个 SM 中。例如，NVIDIA 的 Ampere 架构 A100 GPU 有 108 个 SM，而每个 SM 有 64 个 CUDA 核心，因此 A100 GPU 共有 6912 个 CUDA 核心。在最新的 GPU 中，每个计算核心都可以执行独立的线程，这种模式称为单指令多线程（Single Instruction, Multiple Threads，SIMT），与单指令多数据（Single Instruction, Multiple Datas，SIMD）的执行模式不同。

SM 是构成 GPU 硬件的基本单元，其内部结构如图 2-7 所示。通常将 32 位单精度浮点核心的数量等同于 CUDA 核心的数量，每个 SM 由 64 个 CUDA 核心组成。这些 CUDA 核心被分为 4 组，每组有 16 个 CUDA 核心及其他单元模块（如 L0 指令缓存、线程束调度单元、分配单元、寄存器文件、张量核心、访存单元和特殊功能单元等）。此外，SM 中的所有 CUDA 核心共享 L1 指令缓存和 L1 数据缓存 / 共享内存。

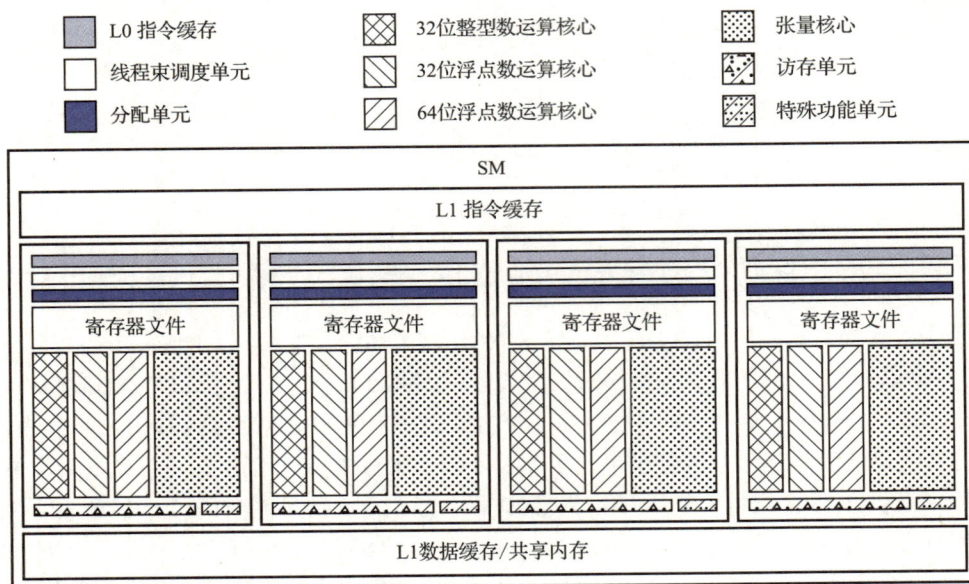

图 2-7　SM 单元的内部结构

SM 的具体工作过程如下。线程束指令首先从 L1 和 L0 指令缓存发送到线程束调度单元，然后线程束调度单元决定指令间的处理顺序，使用调度策略最大化流水线的利用率，并减少因长延迟指令（如全局访存指令）导致的流水线停滞。当线程束调度单元确定要执行的指令后，分配单元接收指令信息并将指令发送到当前可用的功能单元。分配单元还负责监视这些功能单元的状态，若目标功能单元正忙于执行其他任务，则分配单元将线程束指令排队等待，直到当前任务执行完毕。通常来说，SM 内部的功能单元包括 32 位整型数、32 位浮点数、64 位浮点数运算核心，以及访存单元、特殊功能单元、张量核心和寄存器文件。其中，运算核心负责执行向量的算术运算（如加、减、乘、除），访存单元负责与内存进行数据交互，特殊功能单元负责执行复杂运算（如正弦、余弦和平方根等）。在 NVIDIA Ampere 架构中，功能单元还支持更多的数据类型运算，如 FP16 和 BF16 等，张量核心负责执行 INT4、INT8 和 FP32 等张量运算。GPU 通过大量处理核心并行运行来达到高吞吐量，而寄存器文件则负责提供大量核心并行运行所需的数据。共享内存是一块可以供同一个线程块中所有线程访问的快速内存空间。与传统缓存不同的是，共享内存的存储内容由软件进行编程，无法被硬件控制逻辑刷新。L1 数据缓存的工作模式类似于传统的片上缓存，当某个功能单元通过访存单元发出内存请求时，全局内存空间中的数据会先后经过 L2 数据缓存、L1 数据缓存和寄存器文件，再到达发出请求的功能单元。在 NVIDIA GPU 中，L1 数据缓存和共享内存往往是在一起实现的，通常可以互换使用，并通过 CUDA 的 API 分别配置大小。

图 2-8 对比了过去十年 NVIDIA 各系列 GPU 的片上内存分布：从 Fermi 到 Pascal 架构期间，寄存器文件占据了片上内存的主要部分；从 Volta 架构开始，NVIDIA GPU 专注于深度学习和高性能计算的应用，并引入了张量核心，由于这些应用需要大型数据集的支撑，因此大幅增加了 L1 和 L2 数据缓存大小，以满足大型数据集的需求。

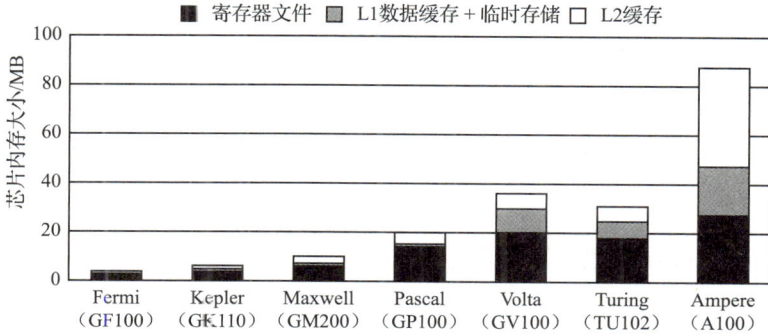

图 2-8　NVIDIA 各系列 GPU 的片上内存分布

在 NVIDIA GPU 中，2 个 SM 构成 1 个纹理处理集群（Texture Processing Cluster，TPC），而 8 个 TPC 又构成一个图形处理集群（Graphics Processing Cluster，GPC），如图 2-9 所示。L2 数据缓存位于 GPC 之外，供所有 GPC 共享，因此所有 SM 都可以访问 L2 数据缓存。L2 数据缓存与内存控制器相连，后者负责管理和访问主内存模块。为了给 SM 中的计算核心提供充足的内存访问带宽，NVIDIA GPU 的主内存模块采用 GDDR（Graphics DDR DRAM）或高带宽内存（High Bandwidth Memory，HBM）。若系统中部署了多个 NVIDIA GPU，NVLink 模块可以实现 GPU 设备间的互联与高速数据传输。

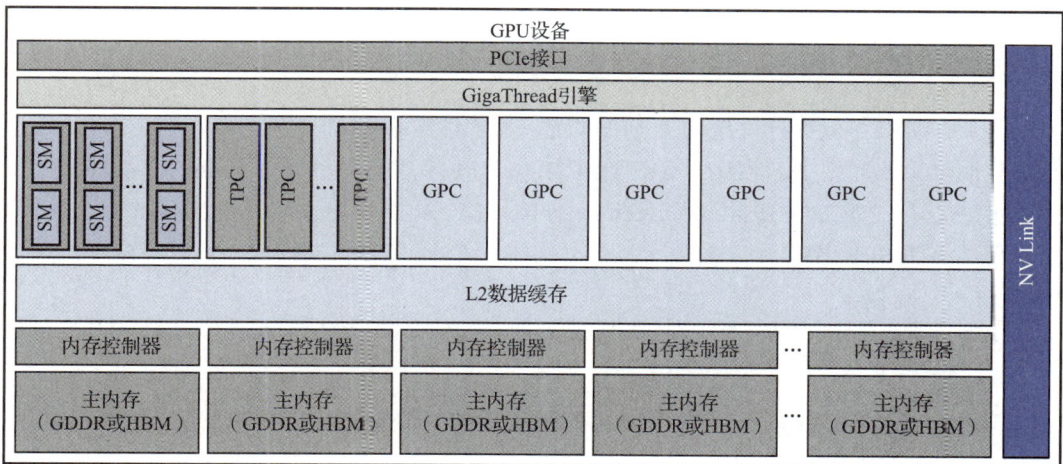

图 2-9　NVIDIA GPU 的整体架构

经过十余年的发展，GPU 的性能［如每秒浮点运算次数（Floating Point Operations Per Second，FLOPS）］得到了显著提高，为了应对深度学习领域的高密集度计算任务，引入了定制的计算单元（如张量核心），其计算效率远远超过传统的矢量运算。以 NVIDIA GPU 为例，表 2-1

展示了从 Fermi 架构（2010 年）到 Ampere 架构（2020 年）的 GPU 芯片规格的提升。可以看出，十年间 GPU 的 FLOPS 性能提升了近 20 倍，内存带宽提升了近 11 倍，但是功耗仅增加约 1.8 倍。此外，得益于芯片制造工艺的进步和芯片尺寸的增加，单颗 GPU 芯片上的晶体管数量增长了约 17 倍。

表 2-1　NVIDIA 各代 GPU 架构的芯片规格对比

规格	Fermi（GF100）	Kepler（GK110）	Maxwell（GM200）	Pascal（GP100）	Volta（GV100）	Turing（TU102）	Ampere（A100）
FP32 CUDA 核心数量	448	2880	3072	3584	5120	4608	6912
FP32 Tera FLOPS	1.0	5.2	6.8	10.6	15.7	16.3	19.5
内存接口	384 bit GDDR5	384 bit GDDR5	384 bit GDDR5	4096 bit HBM2	4096 bit HBM2	384 bit GDDR6	5120 bit HBM2
内存大小 / GB	6	12	12	16	32 或 16	24	40
内存带宽 / （GB·s^{-1}）	144	288	317	720	900	672	1555
热设计功耗 / W	225	225	250	300	300	260	400
晶体管数量 / 亿个	31	70	80	153	211	186	542
GPU 芯片面积 /mm^2	529	561	601	610	815	754	826
制程技术 /nm	40	28	28	16	12	12	7

2.2.3　软件支持

近年来，GPU 不仅在硬件架构上不断改进，其软件生态在深度学习强有力的推动下也不断进步。前面也简单介绍了 NVIDIA GPU 的 CUDA API 及其硬件 CUDA 核心的软硬件协同工作模式。除此之外，NVIDIA 还推出了 Deep Learning SDK 来加速深度学习应用在 GPU 上的部署。下面将简单介绍 SDK 中包含的软件库，有了这些软件库的支持，在 GPU 上进行模型的训练和推理也变得更加高效。

数学库。SDK 提供了一系列与 CUDA 关联的数学库，可以利用 CUDA 核心来加速基础数学运算，具体如下。

（1）cuBLAS：一种用于加速基本的线性代数运算（包括矩阵乘法、矩阵求逆和矩阵对角化等）的子程序库。

（2）cuFFT：一种用于在 GPU 上执行高效的 FFT 算法（包括一维和二维 FFT 运算）的快速傅里叶变换库。

（3）cuSOLVER：一种用于加速密集和稀疏线性方程组求解（包括特征值计算和奇异值分解等）的求解器库。

（4）cuSPARSE：一种用于稀疏矩阵求解的 BLAS 库，提供针对稀疏矩阵的操作实现（包括矩阵乘法和矩阵分解等）。

（5）cuTENSOR：一种用于张量的线性代数库，提供针对张量操作的高效实现（包括张量的创建、变换和运算等）。

cuDNN。CUDA 深度神经网络库（cuDNN）是一个用于深度神经网络的 GPU 加速原语库，提供了在深度神经网络中广泛使用的数学函数的高度优化实现（包括卷积、池化、归一化和激活函数等）。目前 cuDNN 已被广泛用于流行的深度学习框架中。

TensorRT。TensorRT 是一个用于优化深度学习推理的软件开发工具包，通过优化训练好的神经网络来实现低延迟和高吞吐量的推理。TensorRT 支持多种提升推理性能的技术，包括 FP16 或 INT8 量化等，还可以通过复用张量和内核中的节点来优化 GPU 内存使用。在 Ampere 架构的 GPU 中，TensorRT 还可以利用稀疏张量核心来进一步提升推理性能。

NCCL。NVIDIA 集合通信库（NVIDIA Collective Communication Library，NCCL）是一个用于加速多 GPU 之间通信的软件库，能够实现集合通信和点对点通信。NCCL 能够在同一节点内或不同节点间提供快速的 GPU 通信服务，并支持多种互联技术，在同一节点内支持 NVLink、PCIe、Shared Memory、GPU Direct P2P 等互联技术，在不同节点间支持 GPU Direct RDMA、Infiniband、Socket 等互联技术。

DALI。NVIDIA 数据加载库（DALI）是一个开源软件库，用于加速深度学习应用中的数据加载和预处理。DALI 构建了一个数据处理流水线，包括数据加载、解码、裁剪和数据增强等操作。借助 DALI 的支持，可以将数据加载和预处理任务从 CPU 卸载到 GPU 运行，提升处理速度和吞吐量。

2.3　TPU 架构

2.3.1　概述

Google 在 2015 年推出的 TPU 是专为 TensorFlow 深度学习框架设计的，主要用于应时云端日益增长的语音识别等应用的需求。自此，TPU 被广泛地部署到 Google 内部的数据中心。在 TPU v1 之后，Google 相继推出了 TPU v2、TPU v3、Edge TPU 等产品，推动了深度学习在数据中心的应用和发展。与 NVIDIA GPU 不同，Google TPU 是一种典型的 ASIC 人工智能芯片方案。

TPU v1 的主要特点如下。

（1）256×256 个 8 位的乘法累加运算（Multiply and Accumulate，MAC）单元；

（2）4 MB 片上累加器内存；

（3）24 MB 统一缓冲区（存放激活值）；

（4）8 GB 片外 DDR3 DRAM 内存（存放权重）；

（5）2 个 2133 MHz 的 DDR3 通道。

Google 使用 6 种不同的神经网络应用作为测试基准对 TPU v1 的性能进行了验证，具体网络类型包括多层感知机（MLP）、卷积神经网络（CNN）和长短期记忆网络（LSTM，循环神经网络的一种）。这些神经网络覆盖了 Google 数据中心 95% 的日常工作场景和负载。具体性能表现如表 2-2 所示。

表 2-2　TPU v1 部署不同神经网络应用的性能表现

| 名称 | 层数 | | | | | 非线性函数 | 权重参数数量 | TPU 操作/权重字节 | TPU 批处理大小 | 2016 年 7 月部署的 TPU 占比 |
	全连接层	卷积层	向量	池化层	总数					
MLP0	5				5	ReLU	20M	200	200	61%
MLP1	4				4	ReLU	5M	168	168	
LSTM0	24		34		58	Sigmoid, tanh	52M	64	64	29%
LSTM1	37		19		56	Sigmoid, tanh	34M	96	96	
CNN0		16			16	ReLU	8M	2888	8	5%
CNN1	4	72		13	89	ReLU	100M	1750	32	

2.3.2　具体架构

TPU v1 的整体硬件架构如图 2-10 所示，其中 TPU v1 使用矩阵乘法单元（Matrix Multiply Unit，MMU）执行矩阵运算。MMU 由 256×256 个 MAC 单元组成，支持 8 位有符号或无符号整型数的乘加操作。MMU 每个周期产生 256 个部分和（partial sums，psums）结果，这些结果存储在 32 位的 4 MB 累加器内存中。由于 MAC 单元是基于 8 位设计的，对于 8 位和 16 位的混合乘加操作，运算性能会减半；而对于纯 16 位操作，运算性能会降至原来的四分之一。另外，TPU v1 不支持稀疏矩阵乘法。

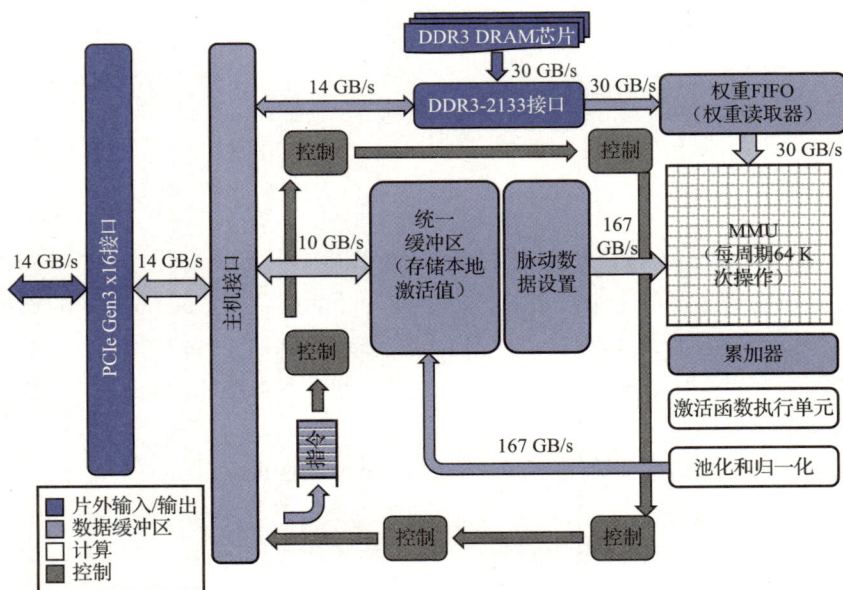

图 2-10　TPU v1 的整体硬件架构

TPU v1 的 Floorplan 布局如图 2-11 所示。运算时，权重 FIFO 从片外 8GB DDR3 DRAM 中读取矩阵权重。完成矩阵运算、激活函数处理、池化和归一化操作后，中间结果存储在 24 MB

本地统一缓冲区中，并输入 MMU 进行下一轮计算。

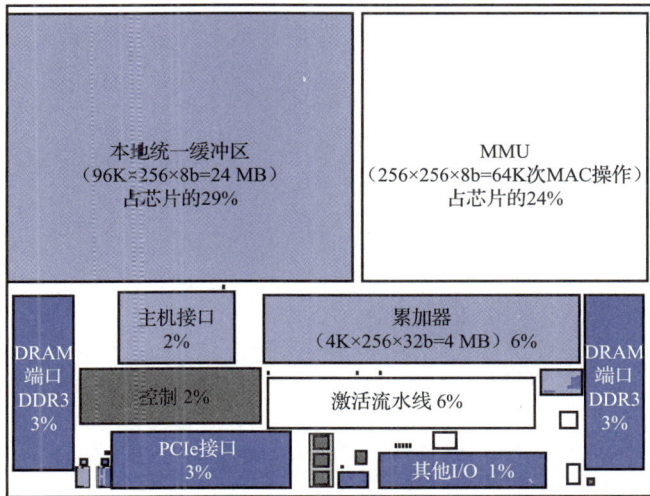

图 2-11　TPU v1 的 Floorplan 布局

TPU v1 的运算核心是一个由 256×256 个 MAC 单元组成的脉动阵列结构，其运算数据流如图 2-12 所示。它是一个 SIMD 类型的高度流水线化的计算网络，具有高吞吐量和低延迟的特点。脉动阵列的设计灵感来自血液在生物心脏中节奏性的流动方式，在脉动阵列中，数据以类似的节奏从存储器传递到处理单元（Processing Element，PE）。所有数据都在全局时钟控制下进行偏移和同步，输入脉动阵列进行计算，结果以流水线方式输出，非常适用于矩阵乘法。在脉动阵列上实现矩阵乘法的运算机制如图 2-13 所示。然而脉动阵列的缺点是，较大的 PE 阵列同时执行运算操作会导致功耗较高。因此，TPU 是部署到数据中心执行 AI 应用的理想选择。

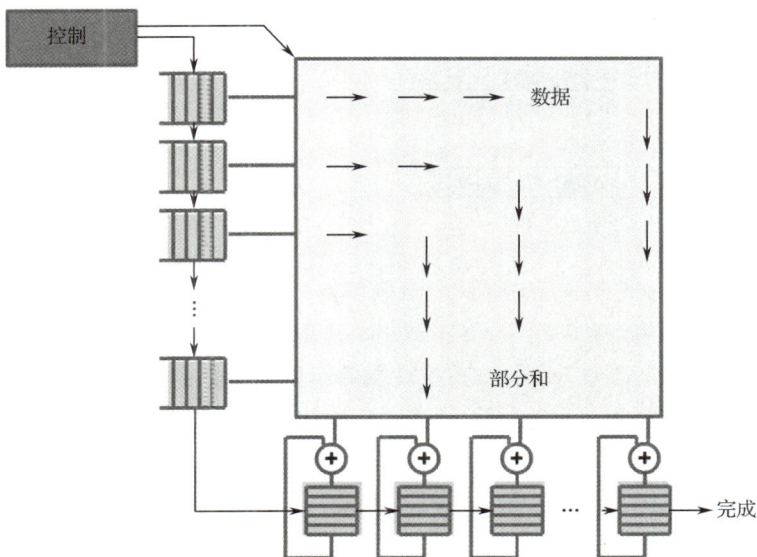

图 2-12　TPU v1 脉动阵列运算数据流

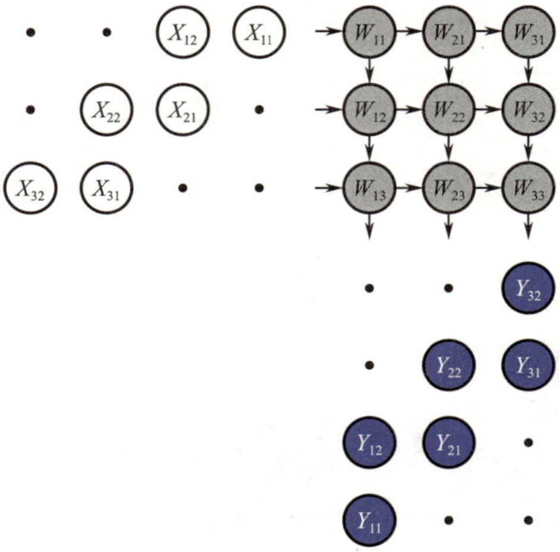

$$\begin{bmatrix} Y_{11} & Y_{12} \\ Y_{21} & Y_{22} \\ Y_{31} & Y_{32} \end{bmatrix} = \begin{bmatrix} W_{11} & W_{12} & W_{13} \\ W_{21} & W_{22} & W_{23} \\ W_{31} & W_{32} & W_{33} \end{bmatrix} \times \begin{bmatrix} X_{11} & X_{12} \\ X_{21} & X_{22} \\ X_{31} & X_{32} \end{bmatrix}$$

$$Y_{11}=W_{11}X_{11}+W_{12}X_{21}+W_{13}X_{31}$$

$$Y_{12}=W_{11}X_{12}+W_{12}X_{22}+W_{13}X_{32}$$

$$Y_{21}=W_{21}X_{11}+W_{22}X_{21}+W_{23}X_{31}$$

$$Y_{22}=W_{21}X_{12}+W_{22}X_{22}+W_{23}X_{32}$$

$$Y_{31}=W_{31}X_{11}+W_{32}X_{21}+W_{33}X_{31}$$

$$Y_{32}=W_{31}X_{12}+W_{32}X_{22}+W_{33}X_{32}$$

图 2-13 脉动阵列上实现矩阵乘法的运算机制

通过硬件实现数学运算时，相比整型运算，浮点运算需要有额外的指数对齐、归一化、舍入和长进位传播等操作。TPU v1 的数据机制是将输入数据从 FP32 量化为 INT8，从而获得了速度、面积和功耗方面的优势。然而，量化的主要缺点是整型数的截断误差和数值不稳定性。为了解决数值不稳定的问题，Google 在 TPU v2 中引入了 BFP16（Brain FP16），取代了 FP16，BFP16 较小尾数的设计能显著减小 MAC 单元的面积和功耗，而且可以实现与 FP32 相同的数据动态范围。因此，使用 BFP16 可以在不引入缩放损失的情况下保持与 FP32 相同的精度，同时减少了内存容量和带宽需求。上述 3 种数据的格式如图 2-14 所示。

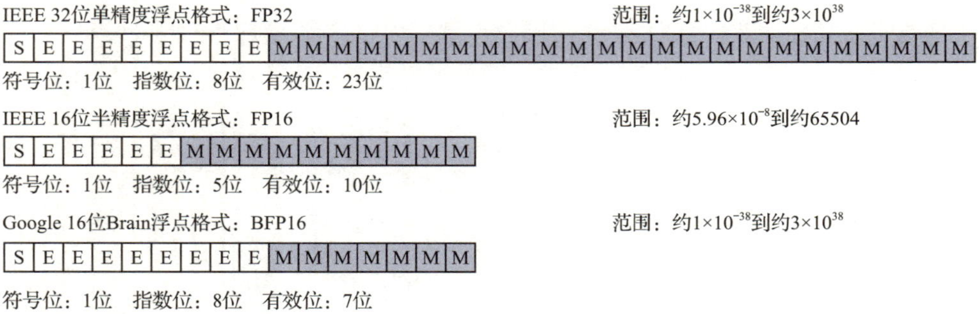

图 2-14 FP32、FP16、BFP16 数据的格式

Google 使用 Roofline 模型对比了 CPU、GPU 和 TPU 的性能，其结果如图 2-15 所示。Roofline 是一种用于可视化和分析计算机系统性能的模型，以图 2-15 为例，横轴表示以每字节浮点操作数计量的计算密集度（运算强度），纵轴表示以 TOPS（每秒万亿次运算次数）计量的计算效率（算力）。Roofline 中线的“平坦”部分表示系统的峰值性能，中线以下的点表示实际应用程序的性能表现。从 Roofline 模型分析结果看出，当计算密集度较高时，TPU v1 的峰值性能高于 CPU（Intel Haswell）和 GPU（NVIDIA K80），部分原因是 CPU 和 GPU 中支持通用计算的架构设计受到内存带宽的限制。TPU v1 专注于深度学习算法中的张量计算，简化了硬件设计，不需要复杂的微架构、内存转换和多线程支持，进一步提升了计算带宽。

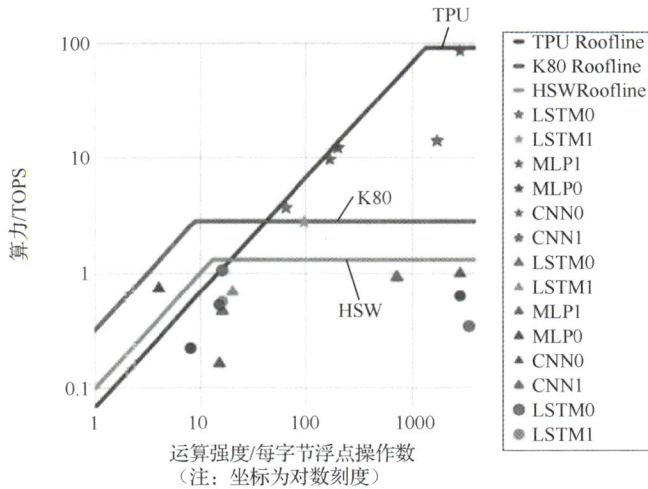

图 2-15 CPU、GPU 和 TPU 性能对比

在 TPU v1 之后，Google 对架构进行了扩展，并在 2017 年和 2018 年相继推出了适用于数据中心模型训练的 TPU v2 和 v3，三代 TPU 的结构如图 2-16 ～图 2-18 所示，资源和性能对比如表 2-3 所示。在 TPU v2 和 v3 中，Google 使用 HBM 替代了 TPU v1 中的 DDR3 内存，以解决内存访问瓶颈问题。另外，TPU v2 和 v3 采用新的 128×128 矩阵单元（Matrix Unit，MXU），每个周期可执行 16 000 次 MAC 操作。MXU 的输入和输出均使用 FP32 格式，但 MXU 内部执行的是 BFP16 格式的乘法运算，每个 TPU v2 核心搭载一个 MXU 单元，而每个 TPU v3 核心搭载两个 MXU 单元。

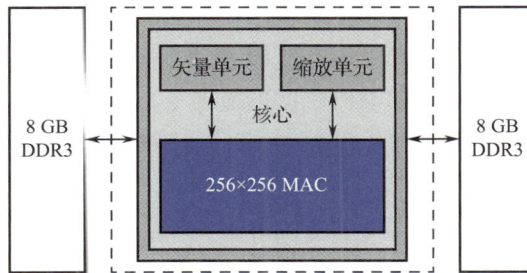

图 2-16 TPU v1 的结构示意图

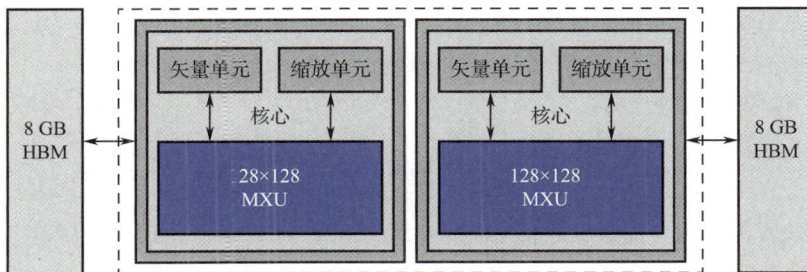

图 2-17 TPU v2 的结构示意图

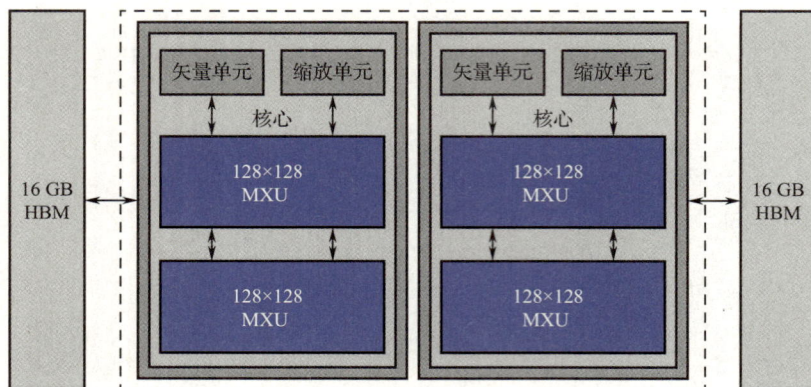

图 2-18　TPU v3 的结构示意图

表 2-3　各代 TPU 资源和性能对比

版本	TPU v1	TPU v2	TPU v3
设计时间（年份）	2015 年	2017 年	2018 年
核心内存	8 GB DDR3/TPU	8 GB HBM/TPU	16 GB HBM/TPU
处理器单元	单个 256×256 MAC/TPU	单个 128×128 MXU/TPU	两个 128×128 MXU/TPU
CPU 接口	PCIe 3.0×16	PCIe 3.0×8	PCIe 3.0×8
性能	92 TOPS	180 TOPS	420 TOPS
集群	/	512 TPU 和 4 TB 内存	2048 TPU 和 32 TB 内存
应用	推理	训练与推理	训练与推理

在 Cloud TPU 集群（TPU Pod）配置中，可以通过专用高速网络将多个 TPU 核心连接起来，以提升整体的模型训练和推理性能。TPU 核心间的连接无须依赖主机 CPU 和网络接口。TPU v2 Pod 包含 512 个 TPU v2 核心，搭载 4 TB HBM 内存；而 TPU v3 Pod 包含 2048 个 TPU v3 核心，搭载 32 TB HBM 内存，性能得到了显著提升。

2.3.3　软件支持

为了充分发挥 AI 芯片的性能，完整且高效的软件生态支持是必不可少的。Google 为 TPU 云计算开发了全新的软件架构。首先，通过 TensorFlow 将神经网络模型转化为计算图，然后根据以下步骤在 TensorFlow 服务器上分配可用于计算的 TPU 核心资源。

（1）从云端存储中加载 TensorFlow 计算图作为输入；

（2）将计算图划分为不同部分（多个子图）；

（3）为子图运算符生成相应的加速线性代数（Accelerated Linear Algebra，XLA）操作；

（4）调用 XLA 编译器将高级优化器（High-Level Optimizer，HLO）的操作转换为二进制代码，它会对运行时的类型和维度进行优化，融合多个操作，并生成高效的本地代码；

（5）在分布式的 Cloud TPU Pod 上运行代码。

例如，Softmax 激活函数可以被分解为多个基本操作（指数、归约和逐元素除法）。XLA 编译器可以通过融合多个操作进一步优化 TensorFlow 子图，每个子图通过高效循环的方式实现，从而最大限度地减少内核资源的消耗，且无须额外的内存分配。与 GPU 的计算方法相比，TPU 的性能可以提高 50%。

2.4　适用于边缘计算的人工智能芯片架构

人工智能算法模型的训练过程需要大算力计算设备的支持，因此多在云端或数据中心进行。由于边缘计算应用的需要，完成训练后，需要将算法模型部署到边缘设备中，在边缘端或终端完成算法的实时运算推理。前面介绍的 GPU 和 TPU 具有高能耗的特点，通常被部署在云端，负责深度学习模型的训练或推理。针对边缘计算和物联网的应用场景，NVIDIA 和 Google 分别推出了 Jetson 系列嵌入式 GPU 和 Edge TPU，这两款芯片都针对边缘计算场景进行了优化，以达到更高的能效。接下来以这两款芯片为例，分析边缘 AI 芯片的主要特点。

2.4.1　Jetson GPU

GPU 在深度学习的发展中发挥了至关重要的作用，得益于其在深度神经网络训练和推理任务中表现出来的高并行性能和高吞吐量。然而，大多数 GPU 都是高性能计算设备，功耗为数百瓦量级，显然不适合边缘系统。为此，NVIDIA 推出了 Jetson 系列嵌入式 GPU，功耗最低仅约为 5 W。虽然这个功耗水平对于传感器设备或由电池供电的物联网设备来说仍然不低，但可以将 Jetson GPU 安装在由电网供电的边缘服务器上，加速边缘端的智能应用。由于在追求实时性的推理任务中无法进行批处理操作，终端节点无法充分利用 GPU 的高度并行性。相比之下，边缘服务器通常需要从多个数据源（如多个传感器）收集数据，应用批处理也更为容易和合理，可以充分发挥嵌入式 GPU 的并行性能。

NVIDIA 的 Jetson Xavier NX 提供了一种高效的移动端低功耗集成图形加速解决方案，于 2020 年发布。该设备基于 12 nm 工艺的 Volta GV10B GPU 设计并制造，支持 DirectX 12 编程。Jetson Xavier NX 系列包括 16 GB 和 8 GB 两个版本，可以实现 21 TOPS（INT8）的 AI 性能。Jetson Xavier NX 设备搭载的 SoC 架构如图 2-19 所示，SoC 中集成了 NVIDIA Volta 架构 GPU、6 核 NVIDIA Carmel ARM v8.2 64-bit CPU、2 个深度学习加速器和视频编码 / 解码器等，搭配 8 GB/16GB 带宽为 59.7 GB/s 的 LPDDR4x 内存，设备运行功耗为 10 ~ 20W。Jetson Xavier NX 搭载的 Volta GV10B GPU 工作频率最高可达到 1100MHz，包含 384 个 CUDA 核心和 48 个张量核心，用于加速各种机器学习应用。但是 Jetson Xavier NX 只能支持 INT8 密集矩阵运算，不支持稀疏性运算。

除了低功耗的 Jetson Xavier NX 系列，NVIDIA 于 2023 年推出了更高端的 Jetson AGX Orin 系列边缘 GPU 解决方案，可以实现高达 275 TOPS（INT8）的 AI 性能，并提供 64 GB 和 32 GB 两个版本。Jetson AGX Orin 设备是基于 NVIDIA Orin SoC 设计的，其架构如图 2-20 所示。SoC 中集成了 NVIDIA Ampere 架构 GPU、12 核 ARM Cortex-A78AE CPU、NVDLA v2.0 深度学习加速器、PVA v2.0 视觉加速器和视频编码 / 解码器，设备运行功耗为 15 ~ 60 W。Jetson AGX Orin 设备配备了高速 I/O 及 32 GB/64 GB 带宽为 204 GB/s 的 LPDDR5 内存，使得多个 AI 应用程序

可以流水线并行运行。

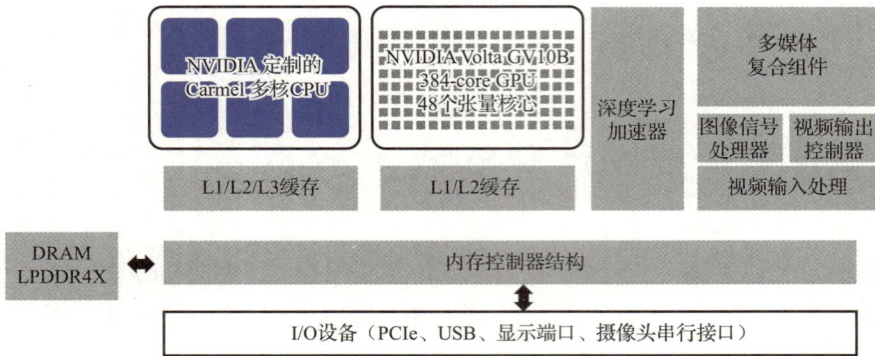

图 2-19　Jetson Xavier NX 设备搭载的 SoC 架构

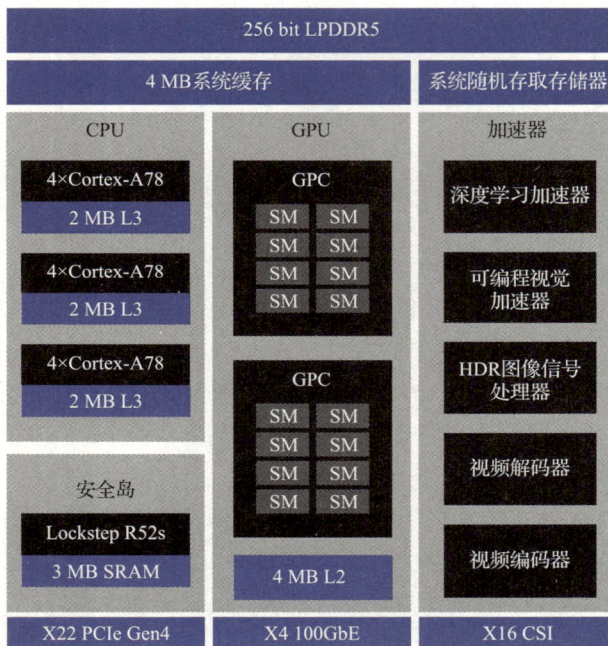

图 2-20　NVIDIA Orin SoC 架构

NVIDIA Orin SoC 中的 Ampere GPU 由 2 个 GPC、最多 8 个 TPC、最多 16 个 SM 组成，每个 SM 配备了 192 KB 的 L1 缓存和 4 MB 的 L2 缓存，如图 2-21 所示。其中，Jetson AGX Orin 64 GB 拥有 2048 个 CUDA 核心和 64 个张量核心，在处理稀疏数据时最多可实现 170 TOPS 的 INT8 张量计算，而 Jetson AGX Orin 32 GB 拥有 1792 个 CUDA 核心和 56 个张量核心，在处理稀疏数据时最多可实现 108 TOPS 的 INT8 张量计算。此外，与 Jetson Xavier NX 系列的密集矩阵运算相比，NVIDIA 对 Ampere GPU 中的张量核心做了改进，可以支持稀疏矩阵计算，能够使吞吐量加倍并减少内存的使用量。张量核心协同可编程的融合矩阵乘法 MAC 单元与 CUDA 核心并行执行。Ampere GPU 实现了浮点半精度矩阵乘加（HMMA）指令和整型数矩阵乘加（IMMA）指令，以加速密集线性代数计算、信号处理和深度学习推理任务。

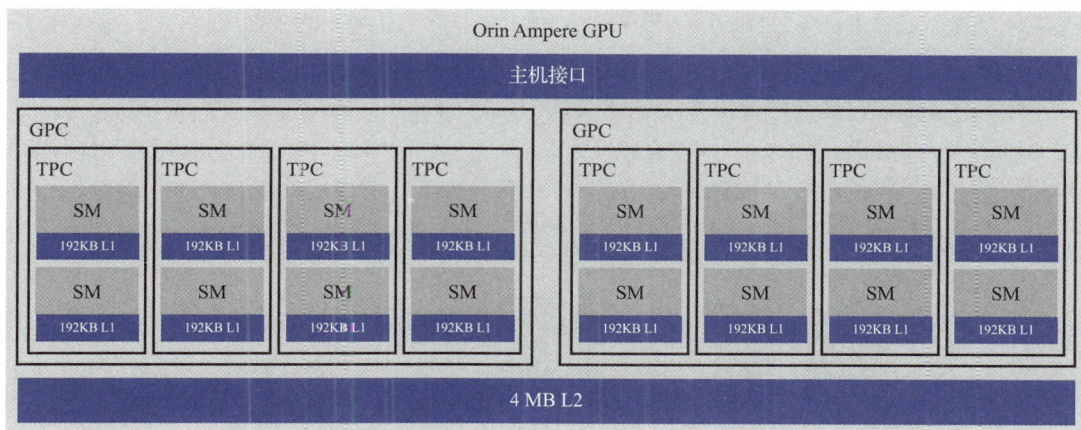

图 2-21　NVIDIA Orin SoC 中的 Ampere GPU 的基本架构

在软件生态支持方面，NVIDIA 为嵌入式 GPU 配备了相关的软件库和工具链，能够充分利用其硬件在深度神经网络处理方面的能力。NVIDIA 推出的 JetPack SDK 软件套件，能够加速用户在 Jetson 平台上的应用开发，此外，cuDNN 和 TensorRT 等工具包也完全兼容 Jetson 系列嵌入式 GPU，可将来自各种高级深度学习框架（如 TensorFlow、PyTorch 等）的深度神经网络层映射到基于 CUDA 的硬件优化实现，并通过权重剪枝、层融合和量化等优化技术，进一步提升模型在边缘端的推理性能。

2.4.2　Edge TPU

在 Cloud TPU 取得巨大成功的驱动下，Google 于 2018 年 7 月推出了 Edge TPU，这是一款专为边缘端神经网络低功耗加速设计的芯片，也称 Cloud TPU 的迷你版，成为具有代表性的边缘人工智能芯片方案。单个 Edge TPU 的算力高达 2 TOPS，但功耗仅为 1 W。此外，Edge TPU 能够高效运行最新的移动端视觉模型（如 MobileNet V2），处理速度约为 400 帧 / 秒。

Edge TPU 可以装配在多种形式的终端产品上，包括单板机、PCIe/M.2 接口处理卡，以及用于原型机定制和生产设备的接口安装模块。Edge TPU 支持使用 TensorFlow、Keras 构建的模型架构，还可以通过将多个模型在共享内存中共同编译来实现在单个 Edge TPU 上同时运行多个模型的推理任务。如果系统中部署了多个 Edge TPU，可以将每个模型分配到单独的 Edge TPU 上运行，以增强性能。Edge TPU 还支持模型流水线处理，可以在不同 Edge TPU 上执行同一模型的不同部分，因此非常适合部署到对吞吐量和实时性能要求较高的应用场景。尽管 Edge TPU 主要是为推理任务设计的，但用户还可以利用它通过基于 Python API 的预训练模型加速迁移学习，在训练过程中将模型的主干部分放在 Edge TPU 上执行。

Google 并未公开 Edge TPU 的内部细节，具体架构可参考图 2-22 所示的加速器架构。Edge TPU 采用基于模板的设计，具有高度参数化的微架构组件，高度参数化的设计使其可以针对不同的目标应用探索不同的架构配置，以达到最高的运行效率。如图 2-22 所示，加速器主要由二维 PE 阵列组成。每个 PE 以 SIMD 的方式执行一组算术计算。片上控制器则完成片外内存和 PE 阵列间的数据传输，包括读取需要在 PE 阵列上执行的低级指令（如卷积等），并将计算过程中的激活值和参数暂存到片上缓冲区。每个 PE 都由单个或多个核心组成，每个核心具有多个运算通道，整体以 SIMD 的方式执行算术操作。PE 内部拥有一个所有核心共享的存储单元，主要用于存储模型激活值、部分和结果及输出值。PE 内的每个核心拥有独立的存储单元，主要用于存储模型参数。每个核心都拥有多个运算通道，每个通道具有独立的多路 MAC 单元。核心内的存储单元采用高度多 Bank 设计（多存储体设计），以满足并行运算通道及其 SIMD MAC 单元的计算吞吐量。在每个周期内，一组激活值输入 PE 的运算通道，然后每个运算通道调用多路 MAC 单元执行激活值和模型参数的乘加运算。计算完成后，可以将结果存入 PE 存储单元以供进一步计算，或者将其写回片外 DRAM。

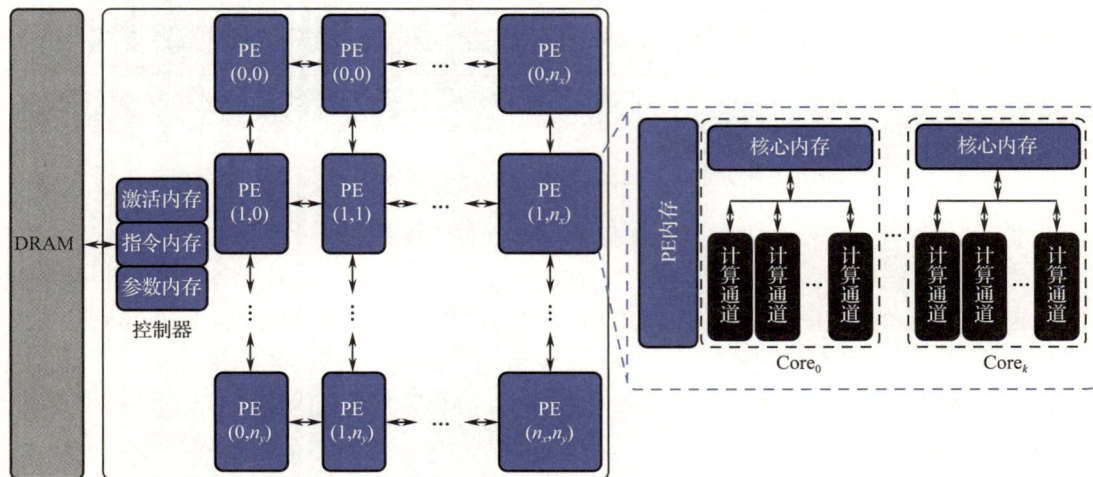

图 2-22　用于架构探索的基于模板设计的机器学习加速器架构

在软件生态支持方面，Google 开发了 TensorFlow Lite，这是一个针对移动和嵌入式设备的轻量级深度学习推理框架。TensorFlow Lite 提供了简单易用的部署工具和 API，使开发人员可以轻松地将训练好的 TensorFlow 模型转换为 TensorFlow Lite 模型，并在 Edge TPU 上进行部署和推理。TensorFlow Lite 还支持模型量化和剪枝等技术，可以进一步优化模型的性能和大小。此外，Google 提供了 Coral API，这是一组用于与 Edge TPU 通信的 API 工具，开发人员可以使用 Coral API 来配置 Edge TPU 设备、加载模型、执行推理及处理结果等。

2.5　其他芯片类型

除了前面介绍的 GPU 和 TPU 等通用 AI 计算芯片，学术界和工业界还在其他领域对高效加速 AI 计算进行探索，主要包括高能效 ASIC 加速器、存内计算加速器和神经形态加速器。本节重点介绍这些领域的人工智能加速器的设计理念和具体架构。

2.5.1　高能效 ASIC 加速器

目前对深度学习加速器的研究主要聚焦于 ASIC 领域、面向边缘端或终端的神经网络推理应用，最终目标是实现较高的能效表现。

在众多 ASIC 加速器中，麻省理工学院（MIT）开发的 Eyeriss 加速器以其卓越的能效表现和创新的架构设计脱颖而出。为了解决深度学习中卷积运算的瓶颈问题，Eyeriss 加速器提出了行固定（Row Stationary，RS）数据流，通过重新配置空间架构以最小化数据访问量，其关键特性如下：

（1）开发了具有顺序处理配置的新型空间架构；

（2）实现 RS 数据流，利用数据模式最小化内存访问次数；

（3）采用四级内存层次结构以解决内存瓶颈问题——充分利用了 PE 暂存区〔Scratchpad〕，优化了 PE 间的通信，并且最小化全局缓冲区（Global Buffer）和片外内存的数据传输数量；

（4）支持点对点和多路广播网络芯片（Network-on-Chip，NoC）架构；

（5）采用游程长度压缩（Run-Length Compression，RLC）格式来减少无效的零运算。

Eyeriss 加速器的系统架构如图 2-23 所示。Eyeriss 将系统划分为两个时钟域：数据处理核心时钟（Core Clock）和通信链路时钟（Link Clock）。其中，数据处理核心时钟控制着 12×14 PE 阵列、全局缓冲区、RLC 编 / 解码器和 ReLU 单元。它使得 PE 可以利用本地的暂存区进行计算，或通过 NoC 与相邻的 PE 或全局缓冲区进行数据通信。系统采用四级内存层次结构，包括通过异步 FIFO 实现的全局缓冲区与片外 DRAM 之间的数据传输、PE 与全局缓冲区之间通过 NoC 进行的数据交换、ReLU 和 RLC 编 / 解码器之间的通信，以及使用暂存区存储本地临时数据。得益于分离控制的设计，在同一数据处理核心时钟下，PE 可以独立运行。通信链路时钟则通过 64 位双向数据总线控制与外部存储器之间的数据传输。

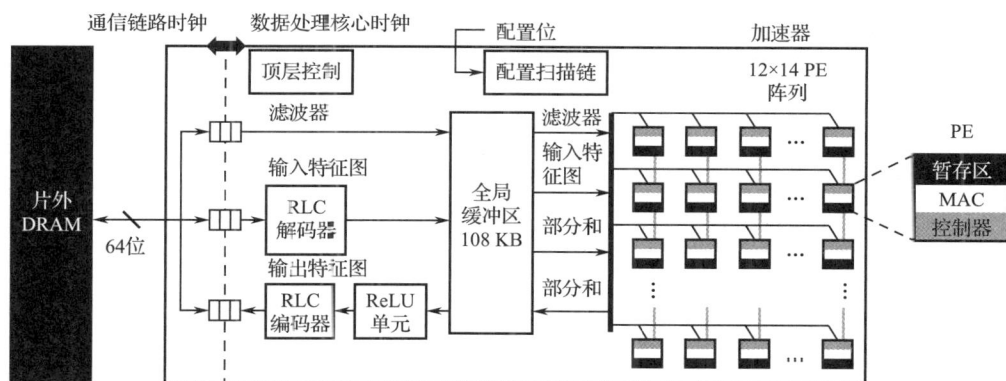

图 2-23　Eyeriss 加速器的系统架构

在处理流程上看，Eyeriss 加速器逐层处理卷积神经网络。首先根据每层的功能和大小配置 PE 阵列，然后映射并确定数据传输模式。输入特征图和滤波器图从外部存储器加载到 PE 中进行计算，计算完成后，输出特征图将被写回外部存储器。

为了充分利用硬件资源，Eyeriss 加速器通过 Toeplitz 矩阵将二维卷积映射成一维向量乘法，其转换关系如图 2-24 所示。首先将二维滤波器图转换成一维向量，并将二维输入特征图转换成 Toeplitz 矩阵；然后执行滤波器图向量与输入特征图矩阵的乘法，生成部分和；然后通过累加部分和生成输出特征图；最后将输出向量重新排列成二维矩阵。这种方法还可以进一步扩展到多通道卷积操作。

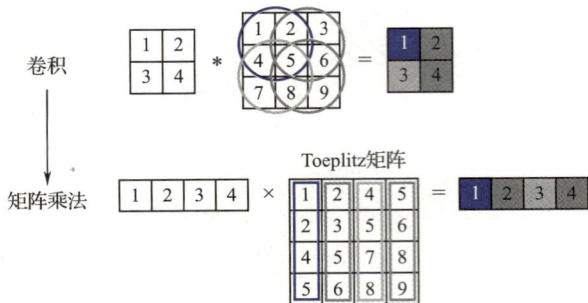

图 2-24　二维卷积和一维向量乘法的转换映射

为了使用一维乘法来执行二维卷积，Eyeriss 加速器使用了 RS 数据流来优化数据移动，如图 2-25 所示。RS 数据流的具体特征如下：

（1）滤波器的行在 PE 之间水平重用；

（2）输入特征图的行在 PE 之间对角重用；

（3）部分和的行在 PE 之间垂直重用。

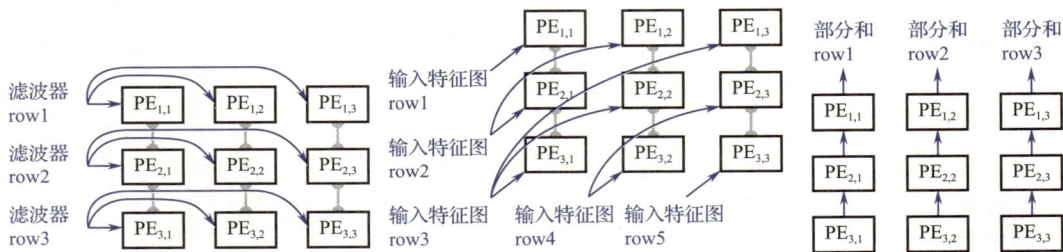

图 2-25　Eyeriss 的 RS 数据流

RS 数据流将数据存储在 PE 内进行计算，最大限度地减少了全局缓冲区与片外 DRAM 之间的数据移动。通过时间上交错的方法，滤波器图和输入特征图在同一时钟周期内被重用进行计算。直到操作完成，部分和结果才会发送到相邻的 PE 进行下一步操作。数据重用和本地累加的策略显著减少了内存访问次数，减小了加速器的运行功耗。

2.5.2　存内计算加速器

深度学习加速中的速度和功耗瓶颈主要在于内存访问。为了解决这一挑战，提出了存内计算（In-Memory Computation）加速器这一概念，其核心思想是将计算过程嵌入到存储器中，实现计算和内存操作的结合，从而避免因数据在计算单元与存储器之间频繁传输而导致的延迟和能耗。接下来，以 Neurocube 加速器为例介绍以内存为中心的存内处理器（Processor-in-Memory，PIM）架构。

Neurocube 加速器由佐治亚理工学院提出，用于将并行神经处理单元与高密度的 3D 内存封装混合内存立方体（Hybrid Memory Cube，HMC）相结合，以解决内存瓶颈问题。Neurocube 加速器支持数据驱动的可编程内存，并通过以内存为中心的神经计算（Memory-Centric Neural Computing，MCNC）来优化算法内存访问模式。与传统的指令方法相比，Neurocube 的数据直接从堆叠内存中加载到 PE 中进行计算，显著减少了延迟。此外，可编程神经序列生成器（Programmable Neurosequence Generator，PNC）可以通过对系统进行配置来支持不同的神经网络模型。

Neurocube 加速器的架构如图 2-26 所示。HBM 将多个内存模具堆叠在一起，并通过中介层（Interposer）连接到高性能处理器，堆叠的内存芯片和处理器都是单独设计的。HMC 则在 HBM 的基础上，将多个内存模具堆叠在逻辑模具的顶部，并通过硅通孔（Through-Silicon Via）技术进行连接。内存模具被分为 16 个分区，与存储库控制器共同组成一个存储库。每个存储库连接到一个 PE，所有存储库独立运行，以加快整体操作速度。

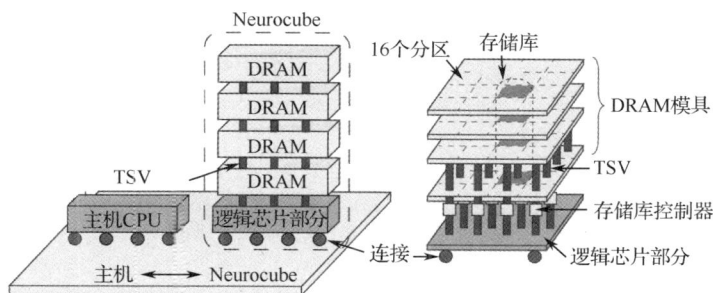

图 2-26 Neurocube 加速器的架构

Neurocube 加速器由全局控制器、PNC、2D mesh 网络和 PE 阵列组成。工作时，Neurocube 加速器首先将神经网络模型、权重和状态映射到内存堆栈中，主机向 PNC 发送初始化命令，启动状态机，将数据从内存中读出，以流式传输的方式发送到 PE 进行计算。

Neurocube 加速器的 PE 组成如图 2-27 所示。每个 PE 由 8 个 MAC 单元、一组 Cache（高速缓存）、一个临时缓冲区（Temporal Buffer）和一个用于存储权重的内存模块组成。PE 使用 16 位定点数（1 个符号位、7 个整数位和 8 个小数位）进行计算，简化了硬件设计并减小了运算误差。对于一个包含 8 个神经元且输入层为 3 个神经元的神经网络层，Neurocube 加速器可以在 3 个周期内完成计算：在第 1 个周期，每个 MAC 单元从第 1 个输入计算总和，然后在第 2 个周期计算第 2 个输入与权重计算的总和，最后 8 个神经元的数据都在第 3 个周期中进行更新。

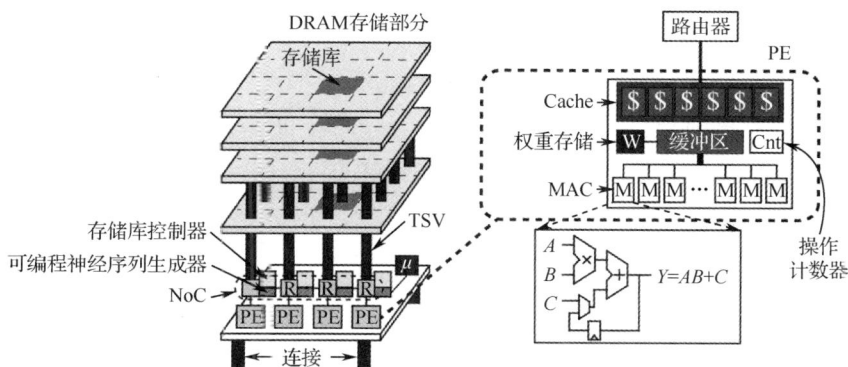

图 2-27 Neurocube 加速器的 PE 组成

所有 PE 通过一个具有 6 个输入通道和 6 个输出通道的路由器连接到 2D mesh 网络（网络结构如图 2-28 所示），其中路由器的 4 个通道用于邻近路由器的连接，两个通道用于 PE 和内存的连接。每个通道有 16 个深度包缓冲区（Depth Packet Buffer），每个数据包包含一个用于指示序列顺序的操作标识（OP-ID）和一个用于控制数据包序列的操作计数器。乱序的数据包会被缓存在 SRAM 中，当所有输入准备好后，再将数据包移动到临时缓冲区中参与计算。

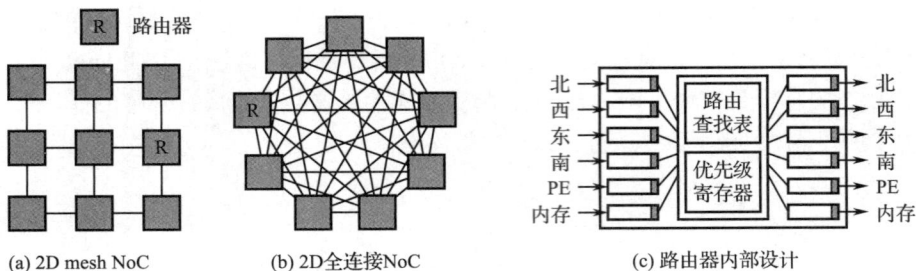

(a) 2D mesh NoC　　　　(b) 2D全连接NoC　　　　(c) 路由器内部设计

图 2-28　Neurocube 加速器的 2D mesh 网络结构

2.5.3　神经形态加速器

自 20 世纪初以来，神经科学家、心理学家和人工智能研究人员已经开发出用于解决复杂任务的"神经启发式"（Neural-Inspired）算法，这类算法通常被称为神经网络算法，它们是对大脑中实际神经连接的简化近似表示。神经启发式算法的典型代表是 Rosenblatt 于 1958 年提出的感知机，在其基础上发展出了一个新的子领域——深度学习。然而，当前计算机是基于传统冯·诺依曼架构设计的，计算机中存储器和处理器的分离使两者之间的数据传输限制了算法处理的性能，即冯·诺依曼瓶颈（Von Neumann Bottleneck）。

与神经启发式计算不同，神经形态计算（Neuromorphic Computing）直接从生物神经系统获得灵感，其利用神经元、突触和大脑中的脉冲活动的概念来模拟生物神经元。由神经形态计算进一步衍生出了脉冲神经网络（Spiking Neural Network，SNN），其计算模式如图 2-29 所示。与传统的人工神经网络（ANN）有所不同，SNN 通过将信息编码成脉冲序列进行存储和处理，进而能够处理时间和空间信息，这与动物大脑的信息处理方式相似。

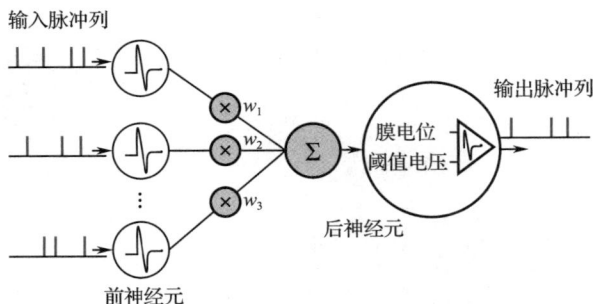

图 2-29　SNN 的计算模式

图 2-30 展示了冯·诺依曼架构和神经形态架构之间的根本区别，与冯·诺依曼架构不同的是，神经形态架构使用单个总线在神经元之间传输信息，从而允许神经元之间进行并行通信。从理论上讲，这种设计通过减少处理器和存储器之间的传输时间开销，消除了冯·诺依曼瓶颈。

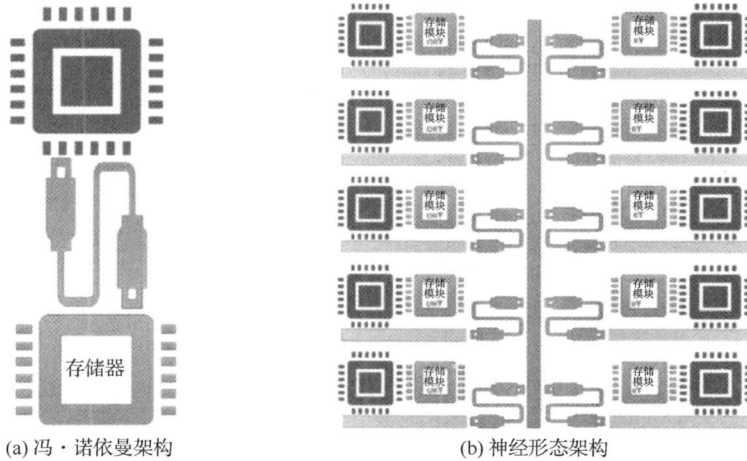

(a) 冯·诺依曼架构　　　　(b) 神经形态架构

图 2-30　冯·诺依曼架构和神经形态架构的区别

近年来，越来越多的研究聚焦于神经形态计算系统的硬件加速——神经形态硬件加速器（Neuromorphic Hardware Accelerator，NHA）。浙江大学于 2017 年提出的 Darwin 是一款面向嵌入式和物联网应用场景的 NPU。Darwin 采用 SMIC 的 180 nm 工艺制造，其设计特点是大部分神经元、突触位置和突触延迟都可定制参数，能够更改其整体配置以满足不同应用的需求。此外，它还利用物理神经元单元（Physical Neuron Unit）的时间复用技术来降低计算成本，并通过可重构的内存子系统来降低处理过程中的存储资源成本。

Darwin NPU 的整体架构如图 2-31 所示，8 个物理神经元单元使用时间复用技术来模拟逻辑神经元（Logical Neuron），物理神经元的数量和时分复用级别决定了逻辑神经元的总数。地址事件表示（Address Event Representation，AER）单元对输入和输出脉冲的信息进行编码。基于产生脉冲的神经元 ID 和脉冲产生的时间戳两条信息，AER 数据包可以指定和区分每个脉冲序列。当输入的 AER 数据包到达 FIFO 队列时，NPU 被激活，到达的数据包采用在线处理方式而非批量处理方式，从而提高了系统对输入刺激的响应速度。在没有数据包到达时，NPU 进入睡眠模式，降低了芯片在待机状态下的功耗。

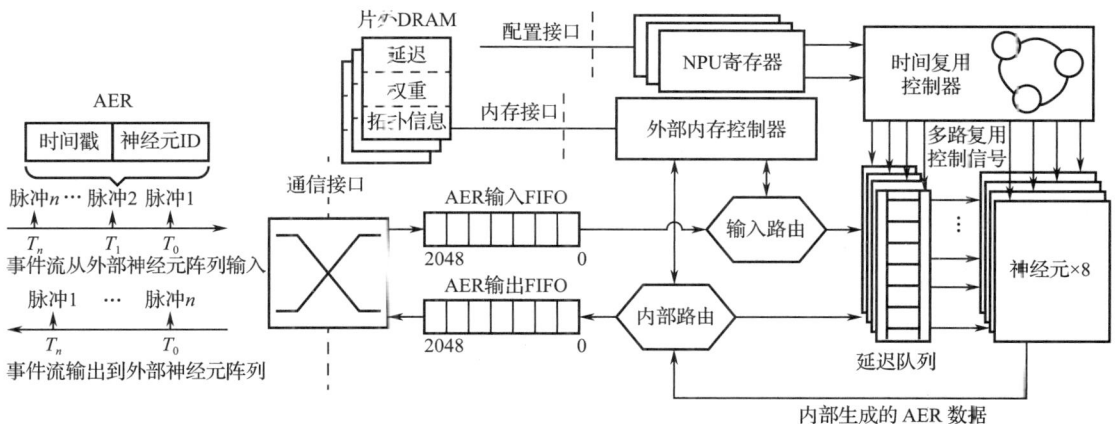

图 2-31　Darwin NPU 的整体架构

具体来说，Darwin NPU 中的数据流包含以下步骤。

（1）NPU 以事件触发的方式运行，当有脉冲到达 FIFO 输入队列时，NPU 被激活。一旦数据包到达，NPU 获取 AER 数据包并将时间戳与当前时间进行匹配。如果时间戳匹配成功，数据包将进入下一步进行处理；否则跳至第（4）步。

（2）检查 AER 数据包中包含的信息，即时间戳和源突触神经元 ID，然后通过这些信息将数据包路由到目的突触神经元。此外，权重和延迟等突触属性存储在片外 SDRAM 中。

（3）存储在队列中的权重和在经过固定时间延迟后被发送到神经元。

（4）执行每个神经元的状态更新。首先，从本地状态存储器中获取神经元的当前状态；然后从权重和队列中获取当前步骤的权重加权和，当观察到脉冲生成时，权重加权和将以 AER 数据包的形式发送到脉冲路由器（输入路由器或内部路由器），AER 数据包被脉冲路由器转换为带延迟的权重信息；最后，在神经元阵列中执行每个神经元的状态更新。

2.6　任务及习题

1. 针对边缘计算设计的 AI 芯片与用于云端 AI 应用的芯片有何不同？
2. Chiplet 封装技术的发展如何影响 AI 芯片的性能和效率？
3. 软硬件协同设计方法如何提升 AI 芯片的性能和能效？
4. GPU、FPGA、ASIC 三种人工智能芯片有哪些异同点？
5. GPU 和 TPU 在架构上的主要区别是什么？这些区别如何使它们适应特定的 AI 任务？
6. NVIDIA GPU 的 Ampere 架构和 Turing 架构的主要区别有哪些？
7. NVIDIA 的高性能 GPU 和 Jetson 系列低功耗 GPU 在架构设计上有哪些区别？
8. Google 的 Cloud TPU 和 Edge TPU 在架构设计上有哪些区别？
9. 深度学习软件框架与 AI 芯片硬件架构是如何协同工作的？

第3章
轻量化深度神经网络

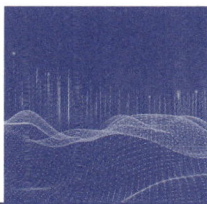

3.1 轻量化神经网络的背景

随着深度学习技术的快速发展，深度神经网络在图像识别、自然语言处理（NLP）、语音识别等领域取得了显著的成就。然而，传统的深度神经网络模型通常需要大量的计算资源，包括GPU、内存和存储空间，这些模型的复杂性和庞大的计算需求限制了其在资源受限设备（如智能手机、无人机和物联网设备）上的应用。轻量化模型的出现使得这些设备也能高效运行深度学习应用，拓宽了人工智能的应用范围。在许多应用场景（如自动驾驶、实时视频分析和语音识别）中，快速响应和低延迟是关键。轻量级模型由于计算量小，能够快速完成推理，满足实时性要求。在云端进行数据处理和模型推理可能导致用户数据泄露，而轻量化模型允许在本地设备上运行，减少了对云端的依赖，从而提高了数据的安全性并增强了用户的隐私保护。轻量化模型通常具有较低的计算和内存需求，因此在运行时消耗的能源较少，这对于电池供电的设备（如智能手机和无人机）尤为重要，可以延长设备的运行时间。随着边缘计算的发展，数据处理和分析越来越倾向于在数据源头进行，而非在云端。轻量级模型是边缘计算的关键技术，能够实现在有限资源下的高效计算。在物联网和智慧城市等大规模应用中，需要部署大量设备进行数据处理和决策，而轻量化模型可以降低部署成本，提高系统的整体效率。轻量化深度神经网络的出现，不仅解决了计算资源限制的问题，也推动了人工智能在更多领域的应用，提升了用户体验，增强了数据安全，促进了技术的普及和进步。随着技术的不断发展，轻量化模型将在未来的智能系统中扮演更加重要的角色。

轻量化模型（如 MobileNet、EfficientNet 和 ShuffleNet）的设计理念兼顾准确性和计算效率，通过创新的网络结构和优化技术，在保持高精度的同时，大幅度缩减计算量和模型规模。

在图像识别领域，MobileNet 模型以其高效的卷积结构（如深度可分离卷积）和精心设计的模型架构，成为移动设备上的首选模型；EfficientNet 则通过自动调整网络的宽度、深度和分辨率，实现了性能与效率的平衡；ShuffleNet 则利用通道 Shuffle 操作，提高了信息的混合效率，降低了计算成本。在语音识别和 NLP 中，轻量化模型同样发挥了关键作用。例如，对于实时语音识别，小而快的模型可以实时处理音频流，避免对设备造成过大的负担。在 NLP 中，轻量级的预训练模型（如 DistilBERT）是大型 BERT 的有效替代，能够在保持大部分性能的同时降低推理速度和资源需求。在边缘计算和物联网场景中，由于设备的计算和存储资源有限，轻量化模型成为必不可少的工具，它们能够在设备本地处理数据，减少对云端的依赖，提高数据处理的隐私性和实时性。在自动驾驶领域，轻量化模型可以实现实时的环境感知和决策，这对于安全驾驶至关重要。

轻量化深度神经网络是当前 AI 领域的一个重要研究方向，其主要目标是在保持模型性能的同时，降低模型的大小和计算复杂度以适应资源受限的设备（如移动设备或嵌入式系统）。实现轻量化深度神经网络的技术主要有以下四类。

模型压缩：通过减少模型的参数量来实现轻量化。常用的技术有权重剪枝和矩阵分解。权重剪枝通过删除对模型预测影响较小的权重来降低模型复杂度；矩阵分解通过将大矩阵分解为多个小矩阵的乘积来减少存储和计算需求。

结构优化：通过修改网络结构来降低计算复杂度。移动卷积和深度可分离卷积是两种常用的优化技术。移动卷积通过减小卷积核的尺寸来减少计算量；深度可分离卷积则将常规卷积分解为深度卷积和 1×1 卷积，从而降低计算复杂度。

量化计算：传统的深度学习模型通常使用 FP32 或 FP64 高精度浮点数表示权重和激活值，这种表示方式需要占用大量存储空间且计算复杂度高。量化计算通过将高精度参数转换为更低精度（如 INT8 或更低）参数，从而降低存储需求和计算量。

知识蒸馏：将大模型（称为教师模型）的知识转移到小模型（学生模型）。教师模型通常在大量数据上预训练，具有优秀的性能，通过让学生模型模仿教师模型的输出，可以在保持良好性能的同时，减小模型的规模。

上述技术既可以单独使用，也可以结合使用。在实际应用中，需要根据具体需求和资源限制情况选择合适的技术进行模型优化。

3.2 深度可分离卷积

3.2.1 深度可分离卷积的概念

卷积神经网络（CNN）因其高精度的特性在计算机视觉和模式识别领域得到了广泛应用。然而，传统的卷积操作计算复杂度高，通常需要强大的计算平台（如 GPU）来支持，这使得在资源受限的便携式设备上直接应用卷积神经网络变得困难。

为了解决这一问题，现代卷积神经网络模型（如 MobileNetV2 和 Xception）引入了深度可分离卷积来替代传统的卷积操作，特别是在嵌入式平台上。深度可分离卷积通过将卷积分解为深度卷积和 1×1 卷积两部分，显著减少了计算操作和模型参数，仅以有限的精度损失为代价。其中，深度卷积处理每个输入通道的特征，而 1×1 卷积则负责通道间的特征融合。这种结构化的模型设计使模型在保持高效性能的同时，降低了计算复杂度。此外，深度可分离卷积的高效特性使其非常适合 FPGA 的实现。作为一种可编程硬件，FPGA 可以针对特定任务进行优化，提供比通用处理器更高的性能和能效。通过在 FPGA 上实现轻量化卷积神经网络，可以实现低延迟、低功耗的实时推理，这对资源受限的便携式设备（如智能手机、无人机或物联网设备）尤为关键。

深度可分离卷积不仅推动了卷积神经网络在嵌入式系统中的应用，也为硬件加速和边缘计算提供了新的解决方案。

深度可分离卷积的概念最早出现在一篇名为 *Rigid-motion Scattering for image classification* 的博士学位论文中。然而，使其广为人知的是 Google 团队同期开发的两个著名模型：Xception 和 MobileNet。

深度可分离卷积由深度卷积和逐点卷积（1×1 卷积）两部分构成，其详细结构如图 3-1 所示。

深度卷积的过程相对简单，它对输入特征图的每个通道分别使用一个卷积核，然后将所有卷积核的输出进行拼接得到最终输出。

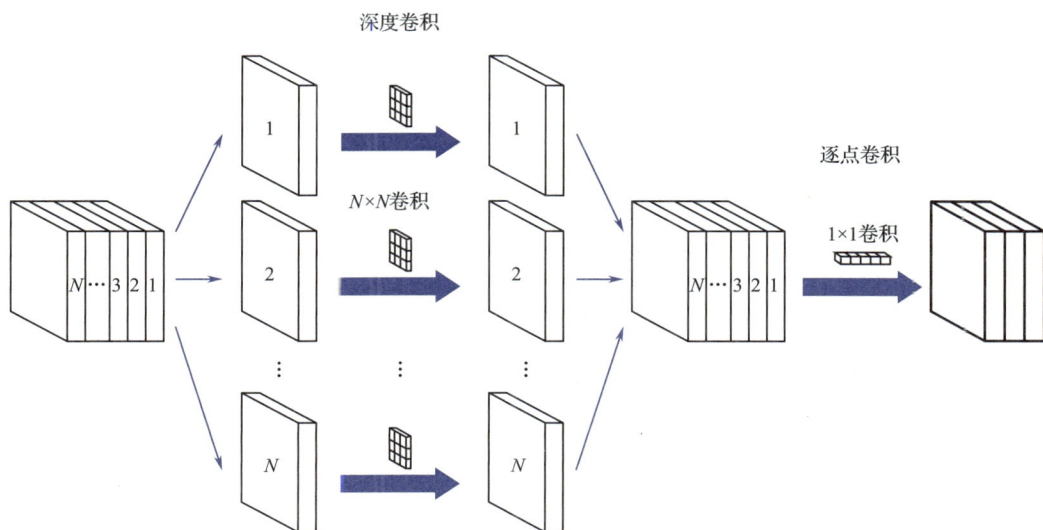

图 3-1　深度可分离卷积的详细结构

因为卷积操作的输出通道数等于卷积核的数量，而深度卷积中对每个通道只使用一个卷积核，所以单个通道经卷积操作后的输出通道数也为 1。如果输入特征图的通道数为 N，对 N 个通道分别单独使用一个卷积核后便得到 N 个通道数为 1 的特征图，再将这 N 个特征图按顺序拼接便得到一个通道数为 N 的输出特征图。

逐点卷积在深度可分离卷积中起两方面的作用：一是让深度可分离卷积能够自由改变输出通道的数量，二是对深度卷积输出的特征图进行通道融合。第一个作用比较容易理解，因为单独的深度卷积无法改变输出通道数量，故采用 1×1 卷积来改变输出通道数量是比较直观和简单的做法。为理解逐点卷积的第二个作用，可以考虑在仅使用深度卷积来堆叠网络时的情形。假设输入为 IN，第 i 个通道记为 IN_i；第一层深度卷积的输出记为 DC1，第 i 个通道记为 $DC1_i$；第二层深度卷积的输出记为 DC2，第 i 个通道记为 $DC2_i$。由深度卷积的工作原理可知，$DC1_i$ 只与 IN_i 有关，$DC2_i$ 只与 $DC1_i$ 有关，即 $DC2_i$ 只与 IN_i 有关。也就是说，输入、输出的不同通道之间没有任何计算将它们联系起来，而 1×1 卷积具有通道融合的能力，因此在深度卷积之后接逐点卷积能够有效解决上述问题。

3.2.2　深度可分离卷积的发展过程

Inception 是 Google 早期用于图像分类的网络结构，同时也指在该网络中使用的模型组件，其典型结构如图 3-2 所示。

从直观上理解，Inception 可被视为普通卷积的替代方案，其主要目标是提取比普通卷积更加复杂、有效的特征。为了实现这一目标，Inception 采用多条分支并行提取不同特征再进行融合的策略。假设 Inception 各分支采用的卷积相同（如都只包含一个 1×1 卷积和一个 3×3 卷积），可以得到如图 3-3 所示的结构，该结构被称为简化版的 Inception。

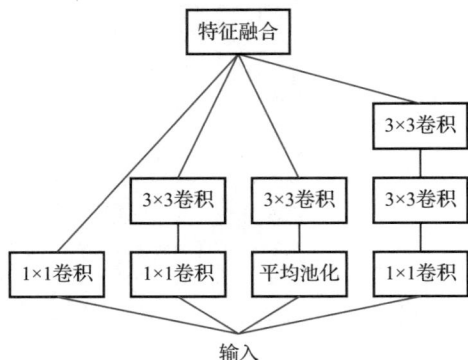

图 3-2　Inception 典型结构

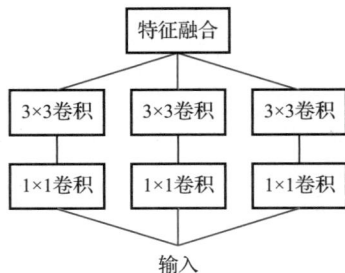

图 3-3　简化版的 Inception

如图 3-4 所示，对简化版的 Inception 结构以另一种视角进行审视，将三个 1×1 卷积的输入映射为一个输出，并将其通道划分为三组，每组对应一个 1×1 卷积的输出。更进一步，可以将三个 1×1 卷积合并为一个 1×1 卷积，然后对其输出通道进行分组，再分别送入三条分支，如图 3-5 所示。

举个简单的例子，假设图 3-4 中的三个 1×1 卷积的输出通道数（从左到右）分别为 10、20、30，那么可以将这三个 1×1 卷积替换为一个输出通道数为 60 的 1×1 卷积。然后，将该卷积输出的前 10 个通道数据送入分支一，中间的 20 个通道数据送入分支二，最后的 30 个通道数据送入分支三。

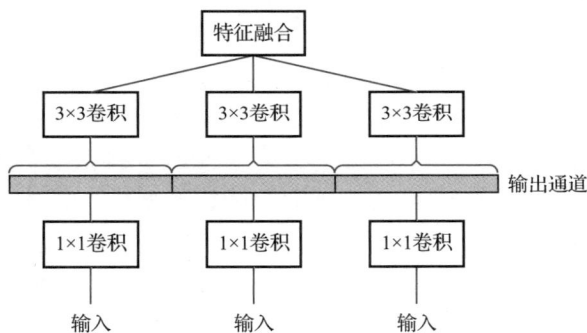

图 3-4　简化版的 Inception 结构的另一种视角

虽然在得到图 3-5 所示结构的过程中对 Inception 进行了种种修改，但其大体思路和整体结构仍然具有极高的相似性。Inception 实际上是一种对通道"先分段，后融合"的处理方法。这一点可以从图 3-3 中清晰地看出，将 1×1 卷积的输出人为地划分为 3 段，分别送入 3 个分支进行处理，最后通过通道拼接融合在一起。当然，通过通道拼接并不能实现通常意义上的"融合"效果，因为通道拼接仅仅是将几个特征图在通道维度上做堆叠，不涉及任何逻辑计算，但如果以图 3-3 中的模块堆叠网络，真正实现融合效果的是 1×1 卷积，因为当前模块的输出在送入下一个相同模块时，会首先经过一次 1×1 卷积操作，从而实现对不同通道的融合。

如果记图 3-5 中 1×1 卷积输出特征图的通道数为 N，在该特征图上的分组数为 K，K 的取值范围为 $\{1, 2, \cdots, N\}$，那么图 3-5 中 K 的取值为 3。这种基于分组的卷积（不含图中 1×1 卷积部分）称为分组卷积（Group Convolution）。分组卷积中的 K 有两个极端值：1 和 N。当 $K=1$ 时，分组卷积退化为普通卷积；当 $K=N$ 时，分组卷积等价于深度卷积。此外，可以看出图 3-5 所示的结构与深度可分离卷积其实非常相似（当 $K=N$ 时）。

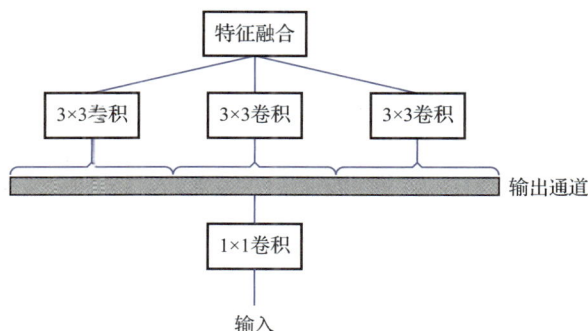

图 3-5　三个 1×1 卷积合并后的 Inception 结构

Inception 所基于的假设是图像的空间特征关系和通道间特征关系可以在一定程度上独立计算，而深度可分离卷积进一步假设图像的空间特征关系和通道间特征关系可以完全独立计算。

3.2.3　性能分析

本节将具体分析普通卷积和深度可分离卷积的计算性能。

以长宽均为 D_f 的输入特征图为例，其尺寸为 $D_f \times D_f \times M$，M 为特征图通道数。所使用的卷积核的尺寸为 $D_k \times D_k \times M$，卷积核的长宽均为 D_k，通道数也为 M，共 N 个卷积核。对于标准卷积，特征图空间中的每个点都会进行一次卷积操作，那么可知单个卷积共需要进行 $D_f \times D_f \times D_k \times D_k \times M$ 次计算。这是因为特征图空间维度共包含 $D_f \times D_f$ 个点，而对每个点进行卷积操作的计算量与卷积核的尺寸一致，为 $D_k \times D_k \times M$，所以对单个卷积来说，计算量为 $D_f \times D_f \times D_k \times D_k \times M$，进行 N 个卷积的计算量则为 $D_f \times D_f \times D_k \times D_k \times M \times N$。

相比之下，深度卷积的计算量为 $D_f \times D_f \times D_k \times D_k \times M$，逐点卷积的计算量为 $D_f \times D_f \times M \times N$。因此，深度可分离卷积的总计算量为

$$D_f \times D_f \times D_k \times D_k \times M + D_f \times D_f \times M \times N$$

深度可分离卷积与标准卷积的计算量之比为

$$\frac{1}{N} + \frac{1}{D_k^2}$$

由此可知，深度可分离卷积的计算效率远高于标准卷积。

一个值得探讨的问题是，在深度卷积之后是否有必要加入激活函数和进行批量归一化。一些研究表明，在深度卷积之后加入激活函数和进行批量归一化有助于提高网络的非线性表达能力，进而增强拟合复杂函数的能力。然而，近期的研究表明，在深度卷积之后不加入激活函数和进行批量归一化是更优的选择，这也逐步成为使用深度可分离卷积的一种最佳实践。

3.2.4　应用举例

1. Xception

Xception 是 Google 在 2017 年提出的一种深度可分离卷积网络模型，是 Inception 网络的一种变体，旨在进一步提高计算效率和模型性能。Xception 的设计灵感源于深度可分离卷积，它完全基于深度可分离卷积操作，消除了 Inception 网络中的并行结构，从而降低了计算复杂度和参数量。

Xception 网络的主要结构可以概括为以下几部分。

入口流（Entry Flow）：入口流是网络的起始部分，类似于 Inception v3 的初始卷积层，包含几个标准卷积层，用于提取低级特征。这些层不使用深度可分离卷积，而是使用标准卷积以维持模型的初始感受野。深度可分离扩展卷积块是 Xception 网络的核心部分。每个扩展卷积块由三个连续的层组成：一个深度卷积层、一个 1×1 卷积层、一个批量归一化层和 ReLU 函数。这些块通过步幅为 2 的深度可分离卷积进行下采样，以减小空间尺寸。

中间流（Middle Flow）：中间流由多个深度可分离扩展卷积块组成，这些块按照相同的结构堆叠，逐层提取更复杂的特征。

出口流（Exit Flow）：在中间流之后，Xception 网络使用几个 1×1 卷积层来调整特征的通道数，然后是一个全局平均池化层，将特征图转换为固定长度的向量，最后通过一个全连接层进行分类。

完整的 Xception 网络结构如图 3-6 所示，总共有 36 个卷积层。Xception 中使用了大量的跳跃连接。跳跃连接一侧没有使用激活函数和批量归一化，通过 1×1 卷积来对齐通道数量。

在参数量大致相同的情况下，Xception 在 ImageNet 验证集上的结果优于 Inception v3。但需要注意的是，作者在实现 Inception v3 时删除了原本存在的辅助分类分支，因此与 Xception 对比的实际上是简化版的 Inception v3。

Xception 中采用的跳跃连接对模型效果具有至关重要的作用，其效果与普遍认为的"跳跃连接的主要作用是加快模型收敛速度"的观点有所不同。因此，在实践中仍应考虑引入 ResNet 式跳跃连接结构。实践中普遍存在的情况是：相比标准卷积，带 ResNet 式跳跃连接的网络一般表现得会够好；但当网络中引入的构建方式和策略变得复杂时，跳跃连接在多数情况下不起作用。

2. MobileNet

MobileNet 是一种轻量化的卷积神经网络，最初由 Google 在 2017 年提出，其设计目标是为移动设备和嵌入式系统提供高效的图像识别和计算机视觉任务解决方案。MobileNet 的设计理念是兼顾模型的精度和计算效率，使其能在资源受限的设备上运行。

MobileNet 的核心是使用深度可分离卷积，这种卷积操作将标准卷积分解为两个步骤：深度卷积和 1×1 卷积。深度卷积对每个输入通道独立应用滤波器，1×1 卷积则用于融合不同通道的特征。这种分解方式大大减少了计算量和模型参数，降低了模型的复杂度。

MobileNet 模型在图像分类、目标检测、语义分割等任务中表现出色，而且因其轻量级特性广泛应用于移动设备、物联网设备及边缘计算场景。它们不仅受到学术界的关注，也在工业界得到了广泛应用，如智能手机应用、智能相机和自动驾驶系统等。

MobileNet 网络的详细结构如图 3-7 所示，它将深度卷积与逐点卷积分开表示，并在最后使用归一化指数函数（Softmax）进行数据归一化处理，以决定最终的分类结果。与 Xception 相比，MobileNet 更加依赖于深度可分离卷积来构建网络，这种结构上的简化使得 MobileNet 在保持相对较高准确率的同时，大幅降低了模型的计算开销和存储需求。

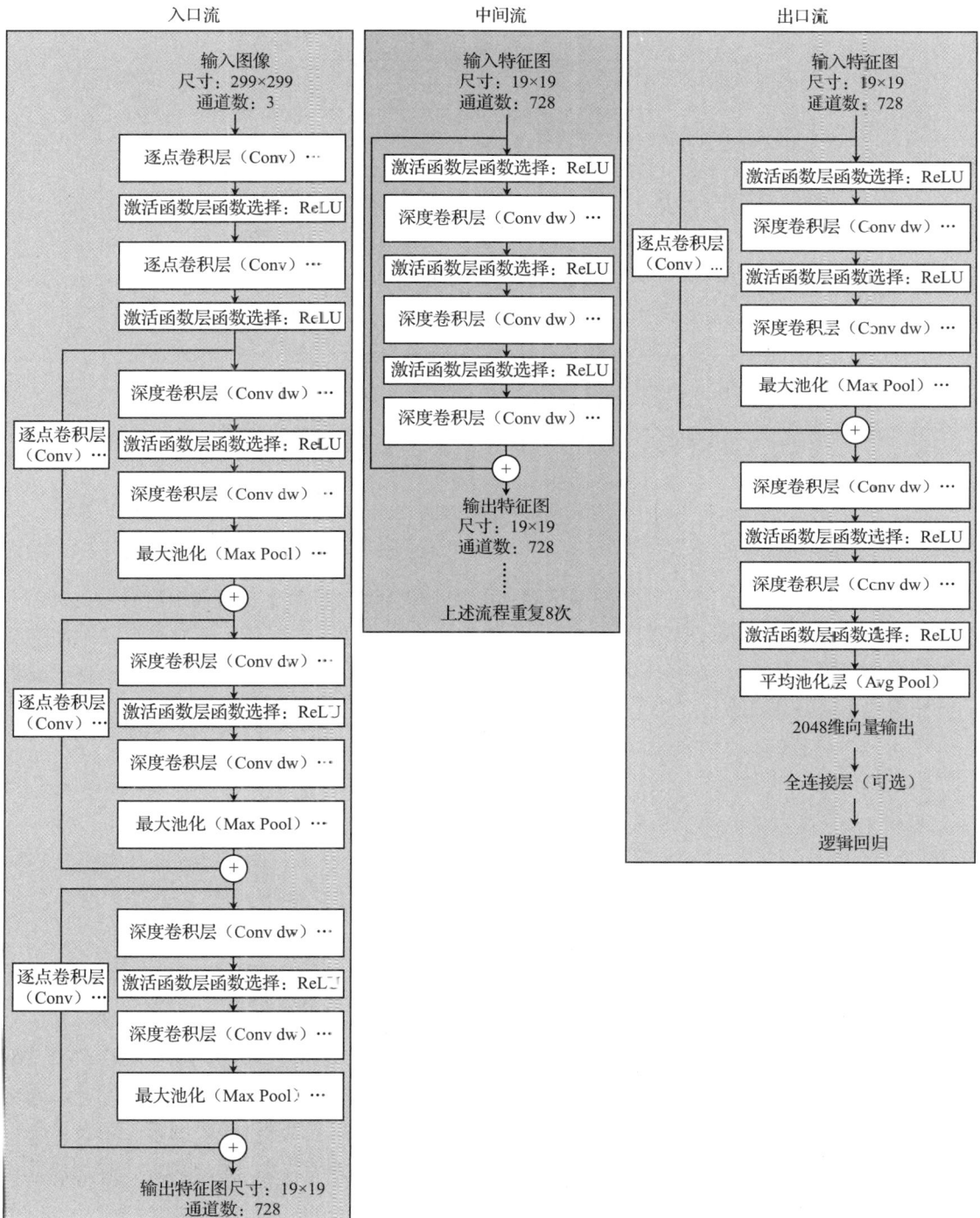

图 3-6 Xception 网络结构示意图

类型/步幅	滤波器类型	输入尺寸
Conv/s2	3 × 3 × 3 × 32	224 × 224 × 3
Conv dw/s1	3 × 3 × 32 dw	112 × 112 × 32
Conv/s1	1 × 1 × 32 × 64	112 × 112 × 32
Conv dw/s2	3 × 3 × 64 dw	112 × 112 × 64
Conv/s1	1 × 1 × 64 × 128	56 × 56 × 64
Conv dw/s1	3 × 3 × 128 dw	56 × 56 × 128
Conv/s1	1 × 1 × 128 × 128	56 × 56 × 128
Conv dw/s2	3 × 3 × 128 dw	56 × 56 × 128
Conv/s1	1 × 1 × 128 × 256	28 × 28 × 128
Conv dw/s1	3 × 3 × 256 dw	28 × 28 × 256
Conv/s1	1 × 1 × 256 × 256	28 × 28 × 256
Conv dw/s2	3 × 3 × 256 dw	28 × 28 × 256
Conv/s1	1 × 1 × 256 × 512	14 × 14 × 256
5 × Conv dw/s1	3 × 3 × 512 dw	14 × 14 × 512
Conv/s1	1 × 1 × 512 × 512	14 × 14 × 512
Conv dw/s2	3 × 3 × 512 dw	14 × 14 × 512
Conv/s1	1 × 1 × 512 × 1024	7 × 7 × 512
Conv dw/s2	3 × 3 × 1024 dw	7 × 7 × 1024
Conv/s1	1 × 1 × 1024 × 1024	7 × 7 × 1024
Avg Pool/s1	池化窗口尺寸为7 × 7	7 × 7 × 1024
FC/s1	1024 × 1000	1 × 1 × 1024
Softmax/s1	分类器	1 × 1 × 1000

注：Conv 默认表示逐点卷积层，Conv dw 表示深度卷积层，s1 表示步幅为 1，s2 表示步幅为 2，
Avg Pool 表示平均池化层，FC 表示全连接层，Softmax 表示归一化层。

图 3-7　MobileNet 网络的详细结构

　　实验结果表明，MobileNet 模型在精度表现上处于中等水平，鉴于在其几乎所有对比实验中均避开了 ResNet、Xception 等具有显著精度优势的网络模型，无法确切评估其精度，因此本文不再介绍其实验。然而，MobileNet 模型的价值在于提出了一种轻量化神经网络解决方案，提供了一种构建小网络的方法。

3.3　剪枝

3.3.1　剪枝的概念

　　剪枝（Pruning）又称稀疏化，不同于模型量化对每一个权重参数进行压缩，剪枝直接剔除模型中"不重要"的权重，从而减少模型参数量和计算量，同时尽量保持模型的精度不变。生物学研究发现，人脑是"高度稀疏"的，比如早期经典的剪枝论文曾提到，哺乳动物在婴儿期会产生大量突触连接，但在后续的成长过程中，不常用的突触连接会退化消失。深度神经网络是模仿人类大脑结构而提出的，考虑到上述生理学现象，可以认为深度神经网络是存在稀疏性的。根据深度学习模型中可以被稀疏化的对象，深度神经网络中的稀疏方式主要分为权重稀疏、激活稀疏和梯度稀疏。

3.3.2 稀疏方式

1. 权重稀疏

如图 3-8 所示，在大多数神经网络中，通过对网络层（卷积层或全连接层）的权重数值进行直方图统计可以发现，权重（训练前 / 训练后）的数值分布近似正态分布（或多正态分布的混合），且越接近零点，权重占比越大，这就是权重稀疏现象。权重的绝对值大小可以看作重要性的一种度量，绝对值越大，表示对模型输出的贡献越大；反之则不重要。

权重剪枝对性能的影响虽小，但不代表完全没影响，且不同类型、不同顺序的网络层在权重剪枝后受到的影响各不相同。例如，针对 AlexNet 的卷积层和全连接层进行的剪枝敏感性实验的结果如图 3-9 所示。

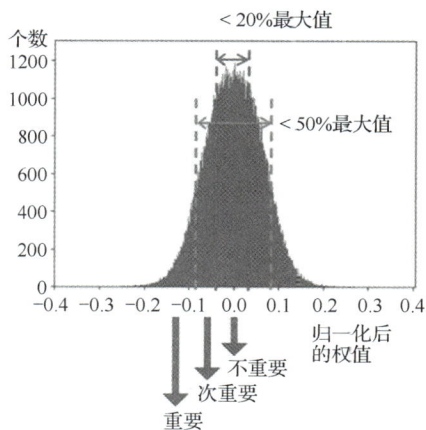

图 3-8 权重参数的重要性

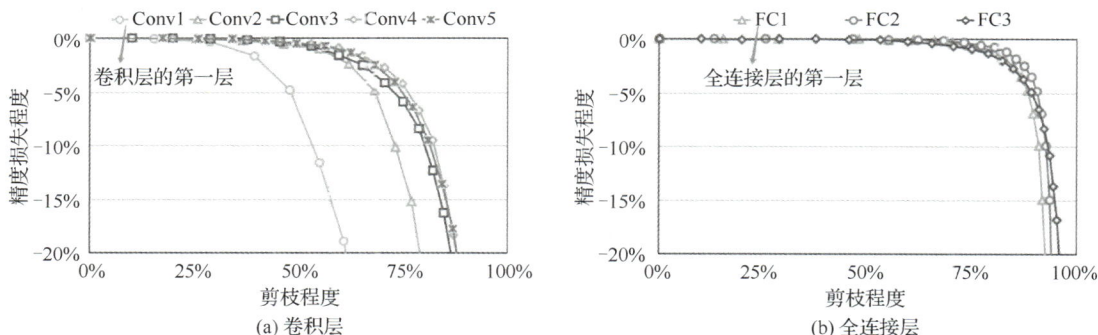

注：Conv 表示卷积层，FC 表示全连接层

图 3-9 卷积层和全连接层的剪枝敏感性

从实验结果可以看出，卷积层比全连接层对剪枝更为敏感，尤其是卷积层的第一层最为敏感。这是因为全连接层本身具有较高的参数冗余度，而卷积层的第一层输入仅有 3 个通道，其冗余度较低，即使移除绝对值接近于零的权重，也可能导致推理精度的损失。为了恢复模型的精度，在剪枝之后通常需要重新训练模型。

常用的剪枝算法分为三步：训练、剪枝、微调。在上述过程中，有两个重要问题：一是如何评估连接权重的重要性，二是如何在重训练中恢复模型精度。对于评估连接权重的重要性，有两种典型的方法：一种是基于神经元连接权重幅值的方法，这种方法原理简单；另一种是使用目标函数对参数求二阶导数以表示参数的贡献度。

2. 激活稀疏

早期的神经网络模型，如多层感知机（MLP），多采用 Sigmoid 函数作为激活单元。但是其复杂的计算公式会导致模型训练过慢，并且随着网络层数的加深，Sigmoid 函数引起的梯度消失和梯度爆炸问题严重影响了反向传播算法的实用性。为解决上述问题，Hinton 等人于 2010 年提出了 ReLU 函数，并在 AlexNet 模型中第一次得到了实践。

后续随着批量归一化层算子的提出，"2D 卷积 - 批量归一化层 - ReLU 函数"三个算子串联而成的基本单元构成了后来卷积神经网络模型的基础组件。ReLU 函数定义为 $\text{ReLU}(x) = \max(0, x)$。该函数将负半轴所有输入值映射为 0，这可以认为激活函数给网络带来了另一种类型的稀疏性。最大池化操作也会产生类似稀疏的效果。总之，无论网络接收到什么输入，大型卷积神经网络中很大一部分神经元的输出大多为零。

受以上现象启发，研究人员发现，无论输入何种图像数据，卷积神经网络中的很大一部分神经元只会输出非常低的激活值，可以在不影响网络整体精度的情况下将其移除——因为它们的存在只会增加过度拟合的概率和优化难度，这两者都对网络有害。

为此，一种神经元剪枝的算法被提出。该算法首先定义了 APoZ（Average Percentage of Zeros）指标，用于衡量经过 ReLU 函数映射后神经元零激活的百分比。假设 $O_c^{(i)}$ 表示网络第 i 层中第 c 个通道（特征图），那么第 i 层中第 c 个滤波器的 APoZ 定义如下：

$$\text{APoZ}_c^{(i)} = \text{APoZ}(O_c^{(i)}) = \frac{\sum_{k=1}^{N} \sum_{j=1}^{M} f(O_{c,j}^{(i)}(k=0))}{N \times M}$$

其中，$f(\cdot)$ 对真命题输出 1，反之输出 0；M 为 $O_c^{(i)}$ 输出特征图的大小；N 表示用于验证的图像样本个数；k、j 分别表示特征图的行索引和列索引。每个特征图均来自一个滤波器的卷积和激活映射结果，因此上式衡量了每个神经元的重要性。

图 3-10 和图 3-11 给出了在 VGG-16 网络中，利用 50 000 张 ImageNet 图像样本计算得到的最后一个卷积层的 512 个和第一个全连接层的 4096 个 APoZ 指标分布图。

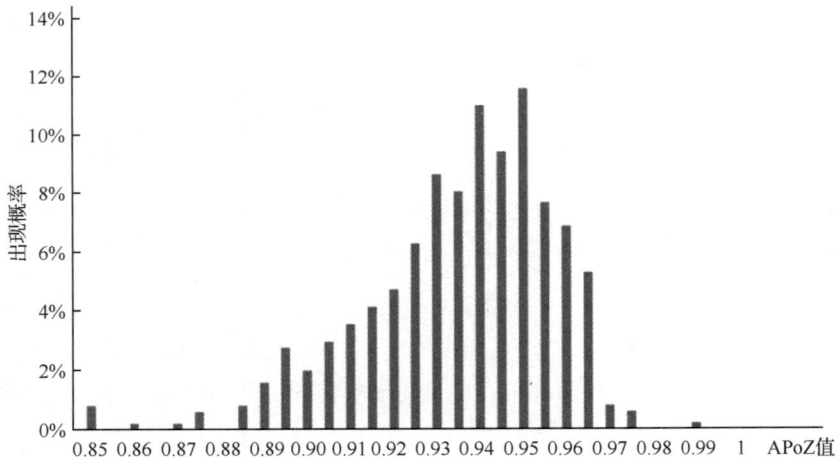

图 3-10　最后一个卷积层的 APoZ 指标分布图

可以看出，最后一个卷积层的大多数神经元的 APoZ 指标分布在 95% 附近。实际上，VGG-16 模型中共有 631 个神经元的 APoZ 值超过 90%。激活函数的引入反映出 VGG 网络存在大量的稀疏性和冗余性，且大部分冗余都发生在更靠近模型输出端的卷积层和全连接层。

3. 梯度稀疏

大模型（如 BERT）由于参数量庞大，单台主机难以满足其训练时的计算资源需求，因此往往需要借助分布式训练在多个节点上协作完成。分布式随机梯度下降（Distributed SGD）算法允许多节点共同完成梯度更新的后向传播训练任务，其中每个节点保存一份完整的参数备份，并负责部分参数的更新计算任务。按照一定的时间间隔，节点在网络上发布自身更新的梯度，并获取其他节点发布的梯度计算结果，从而更新本地参数。

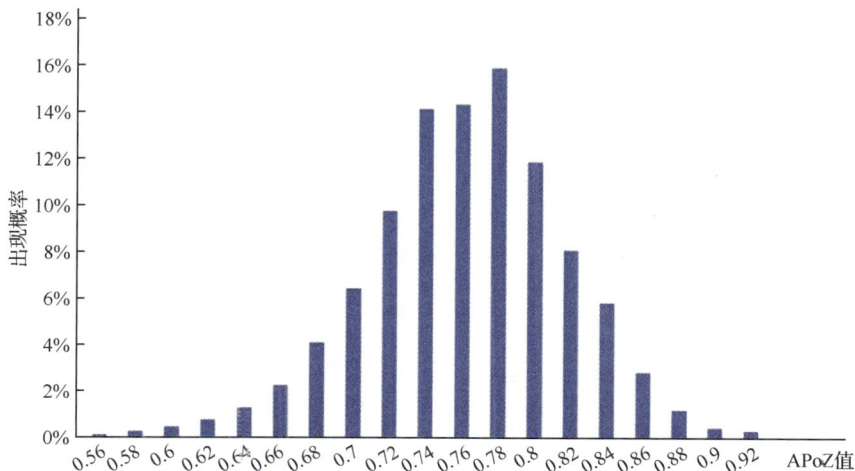

图 3-11　第一个全连接层的 APoZ 指标分布图

随着参与训练的节点数量的增加，网络上传输的模型梯度数据量也急剧增加，网络通信资源开销逐渐超过梯度计算本身所消耗的资源，严重影响了大规模分布式训练的效率。另外，大多数深度神经网络模型参数的梯度其实也是高度稀疏的。研究表明，在分布式随机梯度下降算法中，99.9% 的梯度交换都是冗余的。例如，图 3-12 显示了在 AlexNet 的训练初期，各层参数梯度的幅值相对较高，但随着训练轮次的增加，参数梯度的稀疏度显著增大。

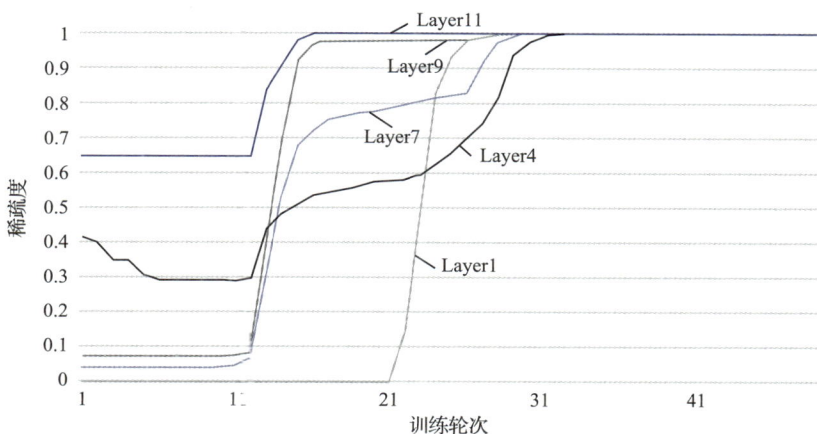

图 3-12　AlexNet 模型各层梯度稀疏性示意图

由于梯度交换的成本较高，网络带宽已成为分布式训练的瓶颈。为了克服分布式训练中的通信瓶颈，梯度稀疏得到了广泛的研究，其主要的实现途径如下。

- 选择固定比例的正负梯度更新：在网络上传输根据一定比例选出的一部分正、负梯度更新值。
- 预设阈值：在网络上仅传输那些幅值超过预设阈值的梯度。
- 深度梯度压缩：在梯度稀疏化基础上采用动量修正、本地梯度剪裁、动量因子遮蔽和 Warm-up 训练 4 种方法来进行梯度压缩，从而减少分布式训练对通信带宽的需求。

3.4 量化

3.4.1 量化的概念

量化是指将神经网络模型中连续取值的权重或激活值近似为有限个离散值的过程。在量化过程中，通过使用低精度整型数来表示高精度的浮点数据来进行参数压缩，可以减少存储参数所需的空间。当权重与激活值全部量化为整型数后，原来的浮点运算可以转换为高效的整型运算，从而加快推理速度。同时，激活值的量化可以减少推理期间激活值所占用的内存大小。值得注意的是，由于量化操作引入了误差，模型精度可能有所下降。

3.4.2 量化分类

1. 线性量化与非线性量化

根据量化数据表示的原始数据在分布范围内是否均匀，可以将量化分为线性量化和非线性量化，其示意图如图 3-13 所示。

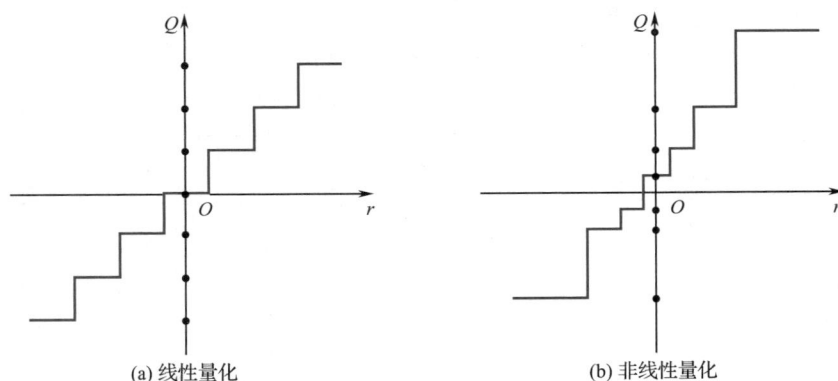

图 3-13　线性量化和非线性量化示意图

线性量化也称为均匀量化，在线性量化中，相邻两个量化值的间隔是固定的。线性量化的公式为

$$Q = \text{clamp}\left(\text{round}\left(\frac{r}{s}\right)\right)$$

其中，r 表示原来的浮点值，Q 表示量化后的整型数值，s 表示缩放因子，是量化相关的参数。

量化的过程是浮点值除以缩放因子，然后做舍入和钳位操作。钳位操作是一种范围限制操作，用于确保量化后的数值保持在预设的最小值和最大值之间。反量化就是用量化值乘以缩放因子。由于量化过程引入了舍入和钳位操作，因此反量化后的值与原来的浮点值并不相等。

非线性量化的量化值之间的间隔不固定。神经网络中数据的分布往往是不均匀的，类似高斯分布的形式。非线性量化可以更好地捕获分布相关的信息，数据密集区域量化间隔小，量化精度高；数据稀疏区域量化间隔大，量化精度低。因此非线性量化的效果理论上优于线性量化。

非线性量化的通用硬件加速较为困难，其实现更为复杂，因此线性量化更为常见，后续内容主要围绕线性量化展开。

2. 对称量化与非对称量化

如图 3-14 所示，根据浮点值的零点是否映射到量化值的零点，可以将量化分为对称量化和非对称量化。

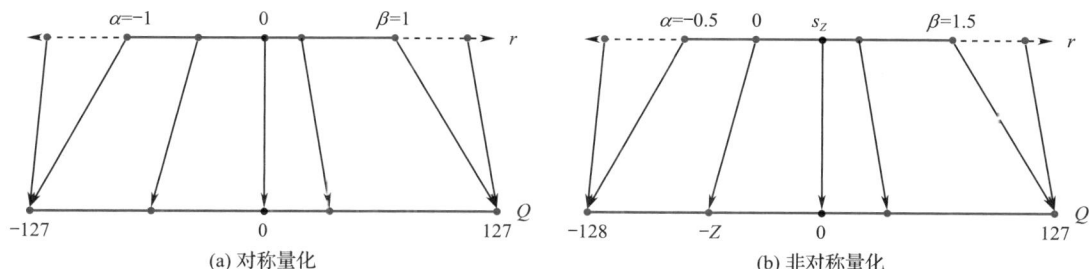

图 3-14　对称量化与非对称量化示意图

对称量化中，浮点值的零点直接映射到量化值的零点，因此不需要其他参数来调整零点的映射位置，与量化相关的参数只有缩放因子。对于有符号数的量化，对称量化表示的浮点值范围是关于原点对称的；而对于无符号数的量化，对称量化可以表示大于或等于零的浮点值范围。

非对称量化引入了一个额外的参数 Z（通常称为零点）用于调整零点的映射。非对称量化表示的范围没有严格的限制，可以根据浮点值的范围选取任意想要表示的范围，因此非对称量化的效果通常优于对称量化，但是需要额外存储零点 Z，并在推理时进行相应的计算。

3. 逐层量化与逐通道量化

根据量化参数（缩放因子、零点）的共享范围，可以将量化分为逐层量化和逐通道量化。

在逐层量化中，每个网络层中的所有滤波器共享相同的量化参数。因此，在选择浮点值的范围时需要考虑当前层的所有滤波器，缩放因子和零点也需根据该层所有滤波器的数值范围共同确定（缩放因子和零点是根据所要表示的浮点值范围和整型值位宽计算得到的）。逐层量化的实现相对简单，但效果不佳，因为不同滤波器的范围可能差异较大，范围较小的滤波器会因整体范围的扩大而导致量化精度损失。

逐通道量化是一种更为细粒度的量化方法（见图 3-15），它为每层中的各个滤波器单独计算所需的浮点值范围及量化参数。这种方法能够更好地保留每个滤波器的独特信息，从而产生更优的量化效果。

4. 统一精度量化与混合精度量化

根据网络中量化位宽的不同，可以将量化分为统一精度量化和混合精度量化。

在统一精度量化中，所有量化的网络层均采用相同的位宽（相同的整型类型）。这是一种较为简单的精度选择方法，无须考虑不同层对量化的敏感度。然而，当对整个网络进行量化或将其量化到较低精度时，该方法可能导致模型精度显著下降。

在混合精度量化中，不同的网络层可以量化到不同的位宽。其核心思想是将不适合量化的层保留在较高精度，而对适合量化的层进行更为激进的量化，使网络整体处于较低位宽的同时尽量缓解模型精度的下降幅度。混合精度量化不仅需要解决类似统一精度量化的问题，还需额外关注如何决定不同网络层的量化位宽。

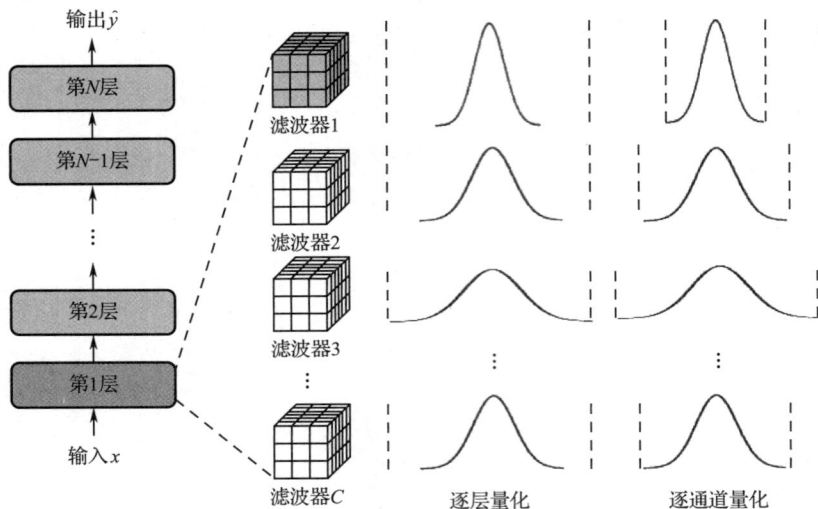

图 3-15　逐通道量化示意图

3.4.3　校准方法

校准是调整和确定量化参数的关键过程。以有符号数对称量化为例，缩放因子 s 的计算公式如下：

$$s = \frac{\text{threshold}}{2^{b-1} - 1}$$

其中，b 为整数类型的位宽，threshold 为原始浮点数值范围的最大绝对值。

在对称量化中，仅考虑原始数值范围内的正负对称部分，并通过缩放因子进行映射。例如，INT8 类型的整型范围为 [−127, 127]，对应原始浮点数范围为 [−threshold, threshold]。量化后的数据位宽通常在设计之前已确定，因此缩放因子的作用是根据所需的浮点数表示范围调整缩放比例，以适配目标范围。

以下是几种常用的阈值选择方法。

Global：直接指定一个全局范围的值作为所有网络层的量化阈值。这是最简单的阈值选择方法，但是由于每层之间的数值范围存在差异，这种方法很难找到适合所有层的量化阈值。

Max：将浮点值的最大绝对值作为量化阈值。这是一种相对简单的阈值选择方法，它能够表示整个浮点值的范围，但是可能无法充分利用整型值的范围。

Percentile：通过分位数确定量化阈值。网络中的数值往往不是均匀分布的，而是呈中间多、两边少的"钟"型分布，同时还可能存在一些离群点。如果要表示所有的浮点值，反而可能会降低量化精度。因此通过分位数确定阈值，虽然损失了部分数值的信息，但量化效果可能会更好。

MSE：通过选择多个候选阈值，记录不同阈值下对浮点值模拟量化的结果，并计算结果与原始浮点值之间的均方误差，最终选择使均方误差最小的值作为最终的阈值。这种方法的目标是最小化量化前后数值间的差距。

KL-divergence：通过选择多个候选阈值，记录不同阈值下模拟量化值的分布信息，并计算与原始分布之间的 KL 散度，最终选择使 KL 散度最小的值作为最终的阈值。这种方法的目标是最小化量化前后数值分布之间的差距，与 MSE 方法有相似之处。

3.5　知识蒸馏

3.5.1　知识蒸馏的概念

知识蒸馏是一种常用的模型压缩技术，不同于剪枝和量化等其他压缩方法，它通过构建一个轻量化的小模型（称为学生模型），并利用一个性能更优的大模型（称为教师模型）的监督信息来训练这个小模型，以达到更优的性能和精度。该方法最早由 Hinton 在 2015 年提出，并首次应用于分类任务中。教师模型提供的监督信息称为"知识"，而学生模型学习这些知识的过程则称为"蒸馏"。

知识蒸馏广泛用于降低模型复杂性和减少计算资源需求。该方法通过将教师模型的输出概率分布传递给学生模型，并使用软标签作为学生模型的训练目标来实现。蒸馏过程可以通过最小化软标签和学生模型输出之间的交叉熵损失来进行优化。这种方法已经在多种任务和数据集上取得了显著的成功，包括图像分类、NLP 和语音识别。

知识蒸馏主要面临以下挑战：①教师模型与学生模型不匹配，特别是当深层模型和浅层模型之间存在较大的容量差距时；②由于模型训练过程对超参数较为敏感，以及知识蒸馏的效果高度依赖所使用的损失函数所带来的成本问题；③可解释性不足问题，即知识蒸馏主要基于黑盒模型，难以解释模型的决策过程和内部机制。

3.5.2　知识蒸馏分类

根据知识在教师模型和学生模型之间传递的形式，可以将知识蒸馏方法分为标签知识蒸馏、中间层知识蒸馏、参数知识蒸馏、结构化知识蒸馏等。

1. 标签知识蒸馏

标签知识是指通过教师模型对数据集进行预测得到的标签信息，又称"暗知识"。标签知识蒸馏方法简单通用，易于实现，适用于分类、识别、分割等几乎所有任务。然而，该方法存在一些局限性，如知识单一、依赖损失函数设计且对参数敏感。此外，标签知识中包含大量不确定信息，这些信息反映了样本间的相似度或干扰性，以及样本预测的难度。因此，标签知识提供的信息通常十分有限且具有不确定性。尽管如此，标签知识蒸馏仍然是基础蒸馏方法研究的重点之一，因为它与传统的伪标签学习或自训练方法密切相关，为半监督学习开辟了新的途径。标签知识蒸馏适用于对安全隐私要求不太高的场景。

2. 中间层知识蒸馏

中间层知识蒸馏是指将教师模型中间层的特征作为学生模型的目标，相比标签知识蒸馏提供了更丰富的信息，大大提高了传输知识的表征能力和信息量，有效提升了蒸馏训练效果。然而，不同架构的教师模型和学生模型的中间层知识表征空间通常难以直接匹配，在实践中通常需要考虑教师模型和学生模型的网络结构，具体可分为同构和异构两种情况。在同构知识蒸馏中（见图 3-16），教师模型和学生模型具有相同的架构，层与层、块与块之间一一对应，可以直接蒸馏；而在异构知识蒸馏中（见图 3-17），教师模型和学生模型的各层或块不能完全对应，需要通过桥接模块来实现蒸馏。

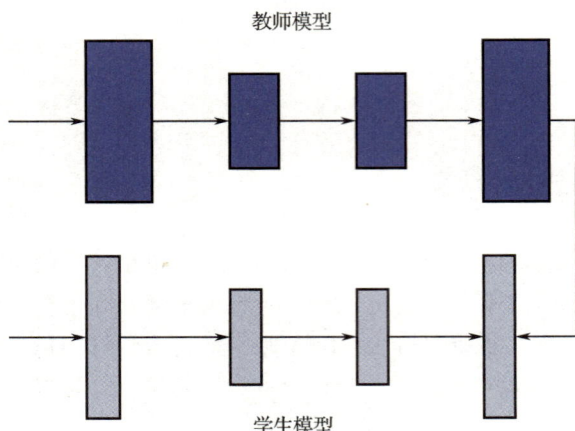

图 3-16 同构知识蒸馏架构

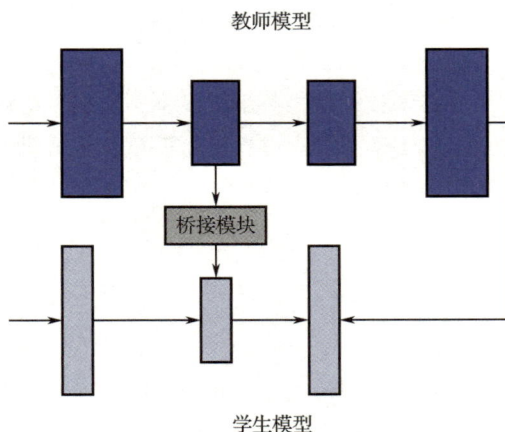

图 3-17 异构知识蒸馏架构

3. 参数知识蒸馏

参数知识蒸馏是指直接利用教师模型中部分训练好的参数或网络模块参与蒸馏训练。该方法通常不作为独立的方法使用，而是与其他蒸馏方法结合使用。目前主要有两种形式的参数知识蒸馏方法：教师平均法和模块注入法。教师平均法通过对教师模型进行多次训练得到多个教师模型，再将这些教师模型的参数进行平均，得到一个更加稳定的教师模型；模块注入法则将教师模型的某些模块直接注入学生模型中，从而提高学生模型的性能。

4. 结构化知识蒸馏

结构化知识的传递可以通过两种方式实现：一种是直接将教师模型的结构信息复制到学生模型中；另一种是通过一些规则或算法将教师模型的结构信息转化为学生模型的结构信息。结构化知识蒸馏可以提高学生模型的泛化能力和可解释性，但也存在一些挑战，如教师模型和学生模型结构不匹配、结构信息复杂等。结构化知识在深度学习中的应用非常广泛，涵盖图像分类、目标检测、NLP 等多个领域。例如，在图像分类任务中，教师模型可以学习到不同类别之间的关系，并将这些关系传递给学生模型，帮助学生模型更好地理解不同类别之间的区别和联系。

3.5.3　学习模式

类似于人类教师和学生间的学习模式，神经网络的知识蒸馏也有多种学习模式，如离线蒸馏、在线蒸馏、自蒸馏、无数据蒸馏、多模型蒸馏和特权蒸馏。

1.　离线蒸馏

离线蒸馏是指教师模型和学生模型分别独立训练，学生模型只使用教师模型的输出作为标签进行训练。离线蒸馏的优点是灵活可控、易于操作且成本较低；缺点是无法应对多任务、多领域任务场景。离线蒸馏适用于单任务学习，特别是对安全隐私要求不高且教师模型可访问的场景。

2.　在线蒸馏

在线蒸馏是指教师模型和学生模型同时参与训练和参数更新。在线蒸馏的优点是能够应对多任务、多领域任务场景，能够实时调整教师模型的知识提炼过程；缺点是计算量大、时间成本高。在线蒸馏适用于多任务学习，尤其是对安全隐私要求较高且教师模型无法访问的场景。常见的在线蒸馏学习模式有互学习、共享学习和协同学习。互学习的特点是多个学生模型共同训练，并将它们的输出知识作为相互学习的目标，其优势在于模型之间可以相互促进，实现互补。共享学习在多个训练模型中通过构建教师模型来收集和汇总知识，并将知识反馈给各个模型以达到知识共享的目的。与互学习不同，共享学习的模型之间没有直接的相互作用，而是通过教师模型进行知识的传递和共享。共享学习的方法包括分层共享、分支共享等。协同学习类似于互学习，在不同任务分支上训练多个独立模型后，实现知识集成与迁移，并同时更新学生模型。与互学习不同的是，协同学习的模型之间没有直接的相互作用，而是通过任务分支进行知识的传递和共享。协同学习的方法包括分支协同、任务协同等。

3.　自蒸馏

自蒸馏学习是指学生模型不依赖外部教师模型，而是利用自身信息进行蒸馏学习。自蒸馏的优点是不需要预先训练大型教师模型，能够在没有教师模型指导的情况下实现学生模型性能的自我提升；缺点是需要较长的训练时间和更多的计算资源。自蒸馏适用于单任务学习且教师模型无法访问的场景。

4.　无数据蒸馏

无数据蒸馏是指在没有训练数据的情况下，通过对教师模型的分析和理解，直接将其知识传递给学生模型的一种蒸馏方法，又称零样本蒸馏。这种方法可以在不需要额外标注数据的情况下进行，在很大程度上提高了模型的泛化能力和鲁棒性。无数据蒸馏的优点在于不需要额外的标注数据，可以节省时间和成本；缺点是其效果可能会受到已有模型质量和输出的影响。

5.　多模型蒸馏

多模型蒸馏是指在蒸馏过程中有多个模型参与，各自集成其他模型输出的知识后进行学习。这种方法可以提高模型的鲁棒性和泛化能力，同时降低过拟合的风险。值得注意的是，多模型蒸馏需要更多的计算资源和时间，因此需要在实际应用中进行权衡。具体可分为多教师蒸馏和集成学习两种。多教师蒸馏的研究重点在于设计合适的知识组合策略，使学生模型能够学习多个教师模型的优点而摒弃不足。多教师蒸馏对于多任务、多模态学习等有重要的指导意义，可以解决传统的端到端训练方式面临的许多困难。集成学习与多教师蒸馏类似，其关键在于多个模型的知识集成策略的设计，以实现优势互补的效果。不同的是，集成学习没有严格意义上的教师模型参与，所有学生模型同时学习和更新参数，通常采用多个完全同构的模型，因此对中间层特征的利用率很高。

6. 特权蒸馏

特权蒸馏主要用于隐私保护场景，教师模型可以利用特权信息，而学生模型则间接地通过蒸馏学习获得这些信息，从而提升学习效果，降低训练难度。特权蒸馏的知识传递形式主要以软标签信息为主，学习形式没有严格约束。特权蒸馏的结构特殊，其中特权数据只能由教师模型访问，学生模型无法直接访问，需要通过教师模型来学习。特权蒸馏方法的实现需要考虑如何保护特权信息的安全性，以及如何提高知识的传递效率和学生模型的泛化能力。

3.6　任务及习题

1. 简述轻量化神经网络的背景。为什么在现代深度学习中需要轻量化网络？

2. 解释深度可分离卷积的概念，并描述其与传统卷积的区别。请提供一个深度可分离卷积在实际中应用的例子。

3. 阐述模型量化的基本思想，并讨论两种不同的量化分类。简要说明校准方法在量化过程中的作用。

第4章
卷积神经网络电路模块设计

4.1 卷积层设计

4.1.1 卷积层的概念

卷积层作为卷积神经网络的核心组成部分，其功能和作用至关重要。每个卷积层由多个特征面构成，每个特征面都由密集排列的神经元组成，这些神经元通过卷积核与上一层的局部特征区域相连接。卷积核是一个权值矩阵，通常为二维形式（如 3×3 或 5×5），在网络训练过程中不断调整，以更好地捕捉输入数据的特征。

在卷积操作中，卷积核在输入数据上滑动，通过与输入数据的局部区域进行点乘求和来提取特征，这个过程可以视为一种数学上的卷积运算：输入数据矩阵与卷积核矩阵对应元素进行点乘运算后求和，得到一个新的数值，该数值代表了输入图像中某个特定区域的特征强度。这种设计使卷积层能够有效地捕捉输入数据中的局部特征，如边缘、线条和角落等。随着网络层次的加深，卷积层能够提取出更加复杂和高级的特征，如形状、纹理和几何结构等。这些高级特征随后会被网络中的其他层（如池化层和全连接层）进一步处理，以完成诸如图像分类、目标检测等任务。此外，卷积层还具有参数共享的特性，即同一个卷积核在整个输入数据上滑动时使用相同的权重，可大大减少模型的参数量，降低模型的复杂度，并提高模型的泛化能力。卷积层的这些特性使其成为处理图像、视频和其他高维数据的强大工具，是现代深度学习中不可或缺的一部分。

常见的卷积类型有一维卷积和二维卷积。一维卷积（见图 4-1）经常用在信号处理中，用于计算信号的延迟累积。假设一个信号发生器在时刻 t 产生一个信号 X_t，其信号衰减率为 W_k（$W_k \leqslant 1$），即在 $k-1$ 个时间步长后，信号变为原来的 W_k 倍。在时刻 t 接收到的信号 Y_t 为当前时刻产生的信号和之前时刻延迟信号的叠加，即

$$Y_t = W_1 X_t + W_2 X_{t-1} + \cdots + W_K X_{t-K+1} = \sum_{k=1}^{K} W_k X_{t-k+1} \tag{4-1}$$

其中，W_k 为第 k 个滤波器（或卷积核）的系数，K 为滤波器的长度。

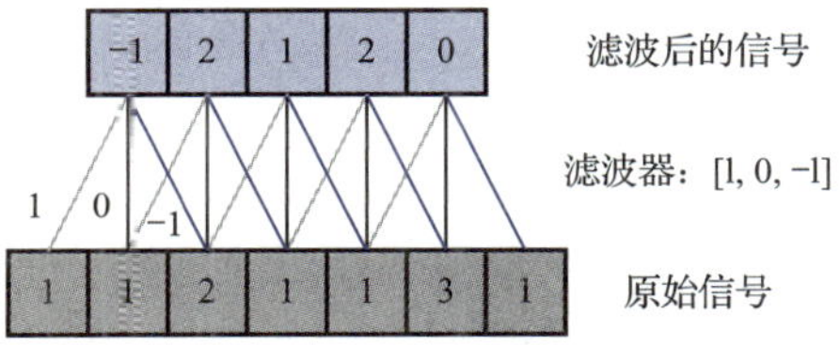

图 4-1 一维卷积过程示意图

在图像处理中，图像以二维矩阵的形式输入神经网络。给定一个图像（$X \in \mathbb{R}^{M \times N}$）和一个滤波器（$W \in \mathbb{R}^{U \times V}$），且有 $U \ll M$，$V \ll N$，则其卷积为

$$Y_{ij} = \sum_{u=1}^{U}\sum_{v=1}^{V} W_{uv} X_{i-u+1, j-v+1} \tag{4-2a}$$

或写为

$$\mathbf{Y} = \mathbf{W} * \mathbf{X} \tag{4-2b}$$

具体计算过程如图 4-2 所示。

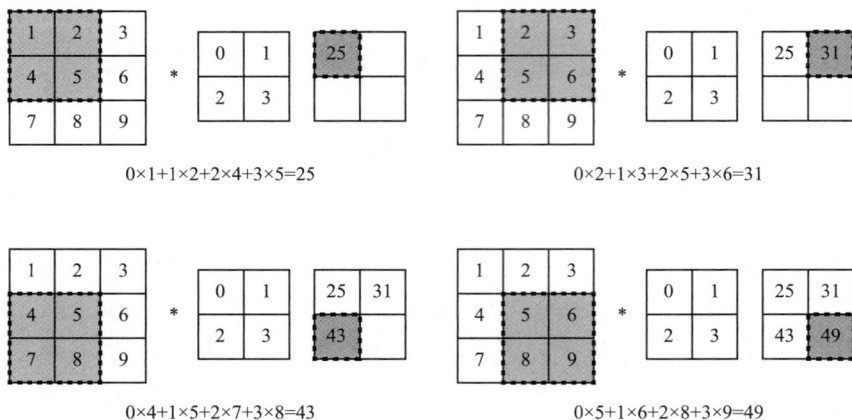

0×1+1×2+2×4+3×5=25   0×2+1×3+2×5+3×6=31

0×4+1×5+2×7+3×8=43   0×5+1×6+2×8+3×9=49

图 4-2　二维卷积过程示意图

假设一个卷积核的高和宽分别为 k_h 和 k_w，可将其称为尺寸（大小）为 3×5 的卷积核，或称卷积 $k_h \times k_w$。例如，卷积 3×5 就是指卷积核的高为 3、宽为 5。在卷积神经网络中，一个卷积算子除了包括上述卷积过程，还包括偏置项的加法操作。当卷积核尺寸大于1时，经过一次卷积之后，输出特征图的尺寸通常小于输入图像的尺寸，计算公式如下：

$$\begin{cases} H_{out} = H - k_h + 1 \\ W_{out} = W - k_w + 1 \end{cases} \tag{4-3}$$

其中，H 和 W 分别表示输入图像的高和宽，k_h 和 k_w 分别表示卷积核的高和宽，H_{out} 和 W_{out} 分别表示输出特征图的高和宽。

4.1.2　卷积过程

1. 填充

在卷积神经网络中，多次卷积运算会导致输出特征图的尺寸逐渐减小，这是因为卷积核在输入图像上滑动时，每次只能覆盖一个有限的局部区域。随着卷积层的逐层深入，特征图的尺寸会逐渐减小，这可能导致有用的信息丢失，尤其是输入图像边缘部分的信息。

为了避免这种情况，通常会采用填充（Padding）技术，即在输入图像的边缘添加额外的像素（这些像素的值通常被设置为零），或者复制自边缘像素。通过这种方式，即使卷积核在图像边缘滑动，也能够覆盖更多的像素，从而使特征图的尺寸不变或减小的程度不明显。填充不仅有助于保持特征图的尺寸，还能保持边缘信息的完整性。图 4-3 所示为填充示例。

在没有填充的情况下，边缘区域的像素只能与卷积核的一部分进行交互，而填充技术使得这些像素也能被完整地考虑进去，这有助于网络更好地学习和识别图像中的边缘特征。

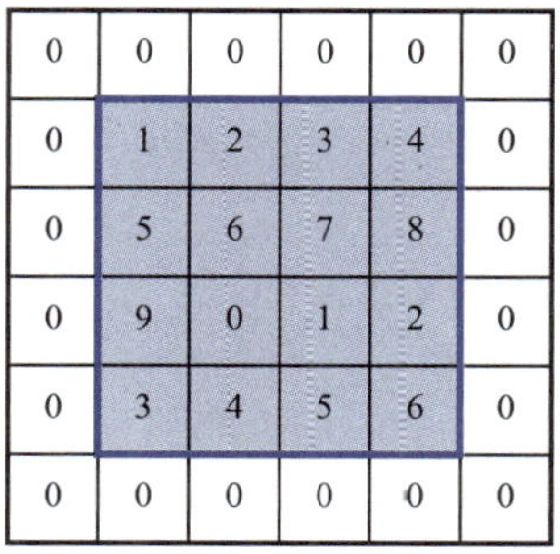

在实际应用中，填充的大小可以根据需要进行调整，常见的填充方式有"same"和"valid"两种：当选择"same"填充时，无论卷积核的大小如何，输出特征图的尺寸与输入图像的尺寸相同；而"valid"填充则不添加额外的像素，这会导致输出特征图的尺寸减小。

图 4-3　填充示例

填充是一种简单而有效的方法，它使卷积神经网络能够更灵活地处理不同尺寸的输入数据，并提高网络对输入数据的鲁棒性。合理地进行填充可以确保网络在提取特征时不会损失重要的空间信息，从而提高模型的性能和精度。

若沿图像高度方向，在第一行前填充 p_{h1} 行，在最后一行后填充 p_{h2} 行；沿宽度方向，在第一列前填充 p_{w1} 列，在最后一列后填充 p_{w2} 列，则填充后的图像经过大小为 $k_h \times k_w$ 的卷积核操作后，输出的尺寸为

$$\begin{cases} H_{out} = H + p_{h1} + p_{h2} - k_h + 1 \\ W_{out} = W + p_{w1} + p_{w2} - k_w + 1 \end{cases}$$
（4-4）

在卷积过程中，通常会在高或宽的两侧采取等量填充，即要求

$$p_{h1} = p_{h2} = p_h, \quad p_{w1} = p_{w2} = p_w$$
（4-5）

则变换后的尺寸为

$$\begin{cases} H_{out} = H + 2p_h - k_h + 1 \\ W_{out} = W + 2p_w - k_w + 1 \end{cases}$$
（4-6）

卷积核的尺寸通常选择奇数，如 1、3、5、7 等。如果使用的填充大小为

$$p_h = \frac{k_h - 1}{2}, \quad p_w = \frac{k_w - 1}{2}$$
（4-7）

则卷积后图像尺寸不变。例如，当卷积核尺寸为 5×5，填充大小设为 2 时，卷积后图像的尺寸不变。

2. 步幅

卷积滑动窗每次移动的像素点个数称为步幅(Stride)。步幅也会影响输出特征图的尺寸。图 4-4 展示了步幅为 2 和步幅为 1 的卷积过程，卷积核在图像上移动时，每次分别移动 2 个像素点和 1 个像素点。

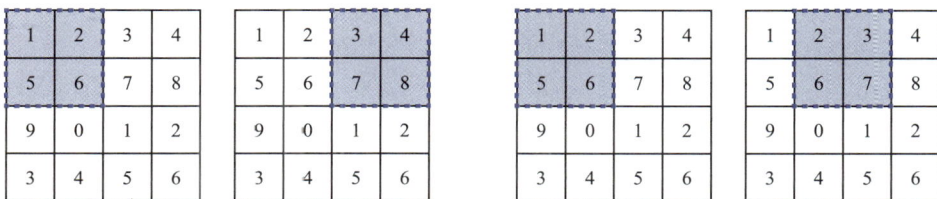

(a) 步幅为2　　　　　　　　　　　　(b) 步幅为1

图 4-4　不同步幅的卷积过程示例

当高度方向和宽度方向的步幅分别为 s_h 和 s_w 时，输出特征图尺寸为

$$
\begin{cases}
H_{out} = \left\lfloor \dfrac{H + 2p_h - k_h}{s_h} \right\rfloor + 1 \\[3mm]
W_{out} = \left\lfloor \dfrac{W + 2p_w - k_w}{s_w} \right\rfloor + 1
\end{cases}
\tag{4-8}
$$

其中，$\lfloor \cdot \rfloor$ 表示向下取整。

3. 感受野

在二维卷积中，随着卷积层数的增加，网络能够捕捉到更加复杂和抽象的特征，这使得输出特征图上每个点包含更多的信息。在单层卷积中，输出特征图上每个点的数值是通过输入图像上一个大小为 $k_h \times k_w$ 的局部区域与卷积核的对应元素逐个点乘并求和得到的。这个局部区域，即输入图像与卷积核相乘的区域，被称为感受野。感受野的大小直接影响了卷积层能够捕捉到的输入图像的特征范围。在单层卷积中，感受野相对较小，因此主要捕捉局部特征，如边缘、纹理等；然而，随着卷积层数的增加，每个卷积层的输出特征图都会成为下一层卷积的输入，这意味着感受野会随着网络加深而逐渐扩大。

随着网络深度的增加，感受野的扩大使得网络能够捕捉到更加广泛和复杂的特征。例如，在较深层的卷积层中，网络可能已经能够识别出更高级的特征，如物体的部分形状或特定的纹理模式。这种从局部到全局的特征提取过程，使得卷积神经网络在处理图像和其他高维数据时表现出色。此外，卷积层中的参数共享机制意味着尽管感受野在扩大，但网络的参数量并不会随之线性增加，这是因为同一个卷积核在整个输入图像上滑动时使用的是相同的权重，这不仅降低了模型的复杂度，而且提高了模型的泛化能力。

以 3×3 卷积为例，输出特征图上某个元素对应的感受野为一个 3×3 大小的区域，如图 4-5 所示。

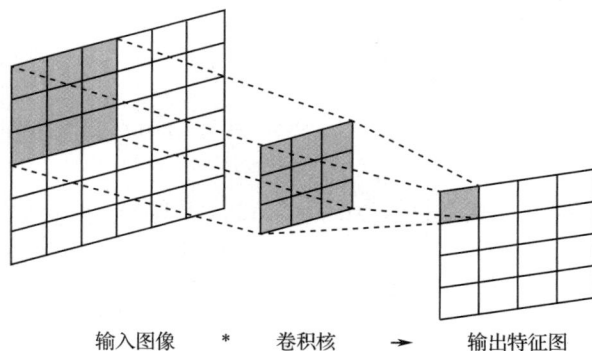

图 4-5 3×3 卷积感受野所示图

当卷积层数为 2 时，感受野的大小将变为 5×5，如图 4-6 所示。

4. 连接

卷积层采用局部连接的设计理念，这种设计显著减少了模型的参数量，同时提高了计算效率。在传统的全连接层中，每个神经元都与前一层的所有神经元相连，导致参数量随着网络层数的增加呈指数级增长。相比之下，卷积层中的神经元仅与输入数据的一个局部区域相连，这意味着每个卷积核只负责提取输入数据的一个特定局部特征，并且这个卷积核在整个输入数据上滑

动时使用相同的权重。

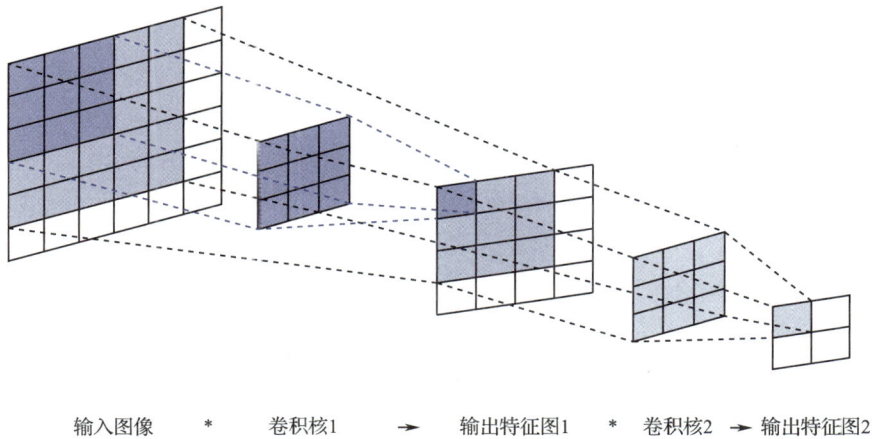

输入图像　　*　　卷积核1　　→　　输出特征图1　　*　卷积核2　→　输出特征图2

图 4-6　两次运算后的感受野

　　这种局部连接特性使卷积层在处理图像等具有空间结构的数据时尤为有效。由于图像中的像素之间存在空间相关性，卷积层能够捕捉到这种局部依赖关系，而无须学习整个图像的全局特征。这不仅减少了计算量，还降低了模型的存储需求，因为每个卷积核只需要学习一组权重，而不是每个连接的权重。

　　此外，卷积层的局部连接特性还带来了参数共享的优势。卷积核在整个输入数据上滑动时使用相同的权重，这使卷积层的参数量大大减少。例如，假设需要处理 100 张特征图，每张特征图的大小为 10×10，如果使用全连接层处理这些特征图，假设下一层有 N 个神经元，那么需要学习的权重数量为 100×10×10×N。而如果使用卷积层，假设卷积核的尺寸为 3×3，那么每个卷积核的参数量仅为 3×3=9，每个卷积核会应用于每个输入特征图的局部区域，因此卷积层需要学习的总参数量为 100×9×N，远小于全连接层所需的参数量。这一现象可参见图 4-7。

　　随着卷积层在网络中的堆叠，每一层的输出都成为下一层的输入，感受野会逐渐扩大，网络能够捕捉到更复杂的特征，这种层次化的特征提取方式使得卷积神经网络在图像识别、分类和其他视觉任务中表现出色。同时，卷积层的稀疏连接也有助于提高模型的泛化能力，因为这种方式降低了模型对输入数据中噪声和异常值的敏感性。

　　通过局部连接和参数共享，卷积层有效地降低了模型的复杂度，提高了计算效率，并且在保持高性能的同时增强了模型的泛化能力，这些特性使得卷积神经网络成为处理图像和其他高维空间数据的强大工具。

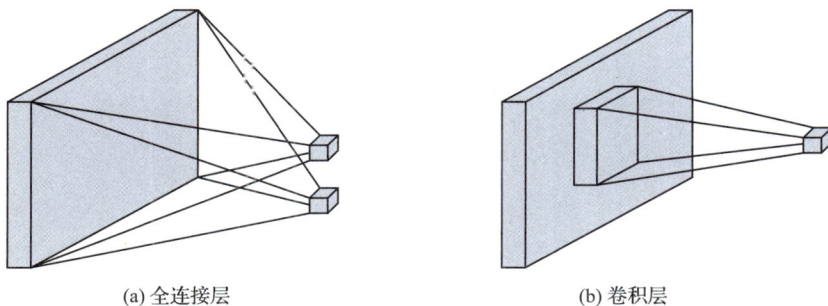

(a) 全连接层　　　　　　　　　　　(b) 卷积层

图 4-7　全连接层和卷积层作用的区域

5. 通道

图像由像素组成，每个像素点包含颜色和空间位置的信息。在数字图像处理和计算机视觉中，图像常被视为一个三维数组或张量，其 3 个维度分别代表不同的属性。

- 高度：图像垂直方向上的像素数量，决定了图像可以展示的垂直空间范围。
- 宽度：图像水平方向上的像素数量，决定了图像可以展示的水平空间范围。
- 颜色通道：每个像素点可以包含一个或多个颜色通道。在最常见的 RGB 颜色模型中，每个像素点包含 3 个颜色通道，分别为红色、绿色和蓝色通道。这 3 个颜色通道的组合可以表示多种颜色，从而构成丰富多彩的图像。

以 1024×1024×3 的图像为例，其维度表示图像的高度为 1024 像素，宽度为 1024 像素，每个像素点包含 3 个颜色通道，总共约有三百万个像素点，可以展示极其丰富的图像细节和颜色变化。

这种三维张量表示方式使得图像处理算法可以方便地访问和操作图像数据。例如，在卷积神经网络中，卷积层可以对输入图像的局部区域进行特征提取，并同时考虑空间位置和颜色信息，从而学习到图像中的边缘、纹理、形状等特征。

除了 RGB 颜色模型，还有其他颜色模型，如 HSV（色相、饱和度、亮度）和 CMYK（青色、品红、黄色、黑色），它们以不同的方式表示颜色信息，适用于不同的图像处理任务。此外，灰度图像只包含 1 个颜色通道，表示从黑到白的不同灰度级别。

6. 多输入通道场景

要计算卷积的输出结果，需要考虑输入图像的通道数。假设输入图像的通道数为 C_{in}，输入数据的大小为 $C_{in} \times H_{in} \times W_{in}$，图 4-8 展示了三输入通道到输出通道的计算过程。

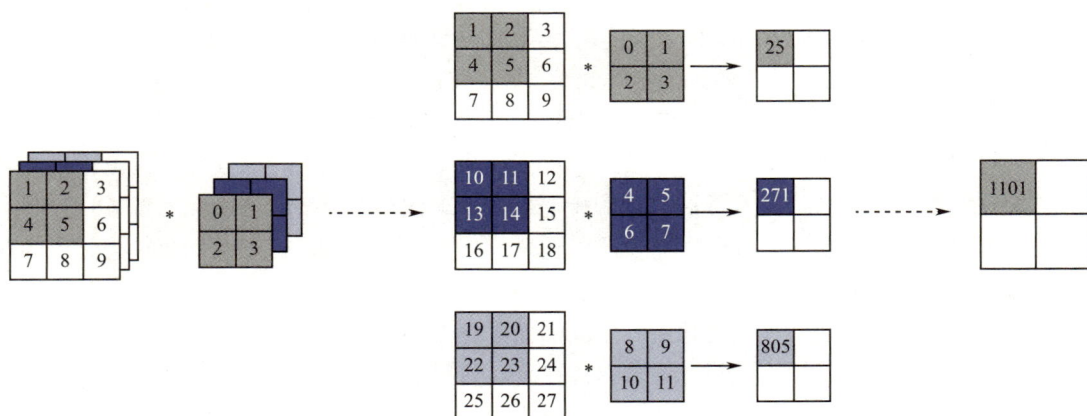

图 4-8 三输入通道到输出通道的计算过程

对每个通道分别设计一个二维数组作为卷积核，卷积核数组的大小为 $C_{in} \times k_h \times k_w$。对任一通道，使用大小为 $k_h \times k_w$ 的卷积核在大小为 $H_{in} \times W_{in}$ 二维数组上进行卷积运算；将这 C_{in} 个通道的计算结果相加，得到的是一个大小为 $H_{out} \times W_{out}$ 的二维数组。

7. 多输出通道场景

卷积操作的输出特征图也可能具有多个通道 C_{out}。此时，要设计 C_{out} 个大小为 $C_{in} \times k_h \times k_w$ 的卷积核，该卷积核的数组大小为 $C_{out} \times C_{in} \times k_h \times k_w$，运算示例如图 4-9 所示。

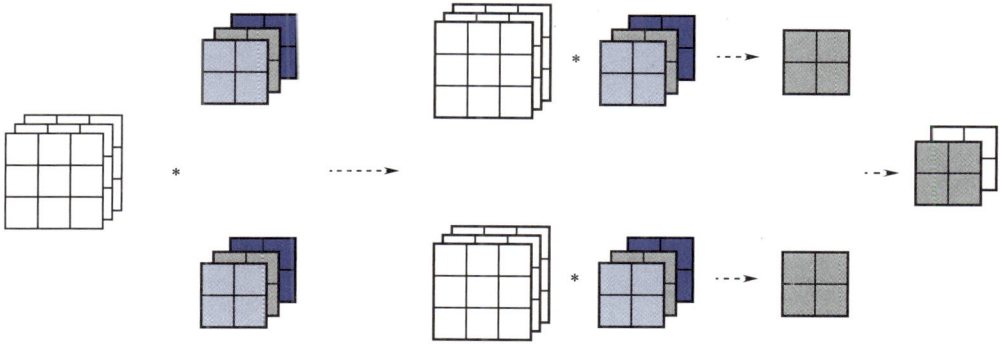

图 4-9　多输出通道运算示例

卷积核的个数也称为卷积核的输出通道数，图 4-9 中包含两个卷积核，颜色较浅的代表第一个卷积核的 3 个输入通道，颜色较深的代表第二个卷积核的 3 个输入通道。在一个卷积层中，一个卷积核可以学习并提取图像中的一种特征，但往往图像包含多种不同的特征信息，因此需要多个不同的卷积核来提取不同的特征。

8. 批量操作

在卷积神经网络计算过程中，一般会将多个样本放在一起形成小批量数据进行批量操作，如图 4-10 所示。输入数据大小为 $N \times C_{in} \times k_h \times k_w$，$N$ 为样本个数，由于每张图像使用同样的卷积核进行卷积操作，卷积核的大小与多输出通道的情况相同，仍为 $C_{out} \times C_{in} \times k_h \times k_w$，输出特征图的大小是 $N \times C_{out} \times H_{out} \times W_{out}$。

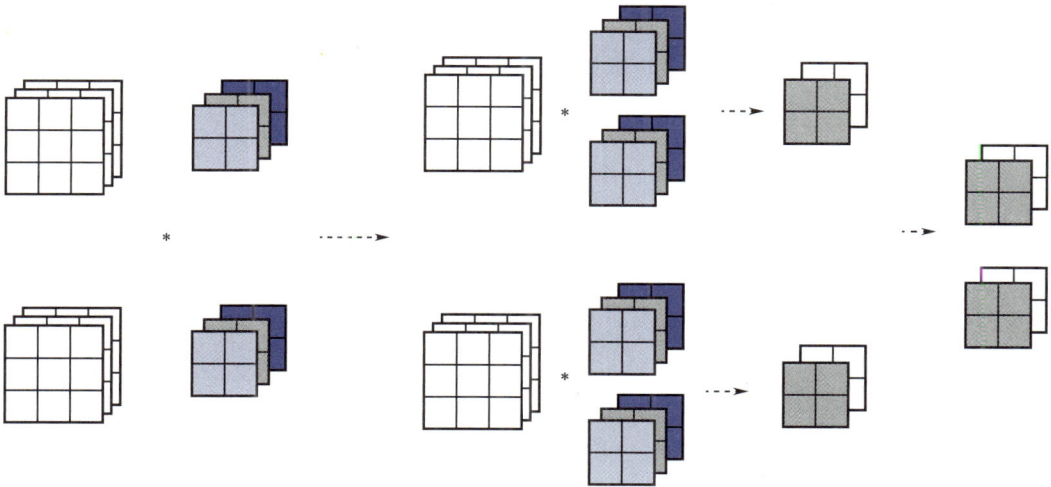

图 4-10　批量操作示例

4.1.3　卷积层硬件设计

卷积层主要包括两个核心组件：卷积核和乘法累加器（MAC）。

卷积核是卷积层中用于提取图像特征的小型滤波器，可被视为特征检测器。每个卷积核负责检测输入图像中的特定特征，如边缘、角点或更复杂的纹理模式。卷积核通常为二维矩阵，常见的尺寸如3×3、5×5等。卷积核的数量决定了输出特征图的数量，每个卷积核生成一个特征图，这些特征图共同构成了卷积层的输出。

在训练过程中，卷积核的权重通过反向传播算法进行更新以优化特征检测的性能。卷积核通过滑动覆盖输入图像上的局部区域，与该区域的像素值进行点乘后累加，生成输出特征图中的一个元素。这个过程在输入图像的每个位置重复进行，直到覆盖整个图像。

乘法累加器负责执行卷积运算过程中的乘法和累加操作，是硬件或软件的重要组件。为了加速运算，现代处理器和GPU集成了专用的乘法累加器，能够并行处理大量计算任务，显著提高卷积操作的速度。例如，GPU中的流式多处理器（Streaming Multiprocessor，SM）能同时执行数千个乘法累加操作，使其成为深度学习大规模矩阵运算的理想选择。此外，软件层面的优化同样重要，TensorFlow和PyTorch等深度学习框架提供了针对底层硬件优化的库，这些库采用FFT或Winograd算法等来减少乘法次数，从而提高性能。为了进一步提高计算效率，卷积操作可以在多个处理器或GPU上并行执行。分布式训练框架允许模型在多个计算节点上进行训练，每个节点负责处理数据的一部分。这种分布式处理可以显著缩短训练大型模型所需的时间。

通过上述硬件和软件层面的优化，乘法累加器可以显著提高卷积神经网络的计算效率，使训练和推理过程更快，为实时应用和大规模部署提供了可能性。

卷积层的实现方式有很多，这里介绍经典的Eyeriss架构。Eyeriss是由MIT的一组研究团队开发的深度学习推理加速器，旨在解决移动设备和嵌入式系统中深度学习推理的效率和能耗问题，其片上网络由多个计算单元组成，每个计算单元负责处理特征图的一个块。此外，片上网络还包括内存单元和通信单元，用于存储和交换数据。在Eyeriss架构中，卷积操作在特征图的局部区域进行，并且在每个块内实现权值共享。作为一种高效的深度学习推理加速器，Eyeriss通过并行计算、局部连接和权值共享等技术，为移动设备和嵌入式系统提供了高性能和低功耗的深度学习推理解决方案。Eyeriss的卷积结构如图4-11所示。

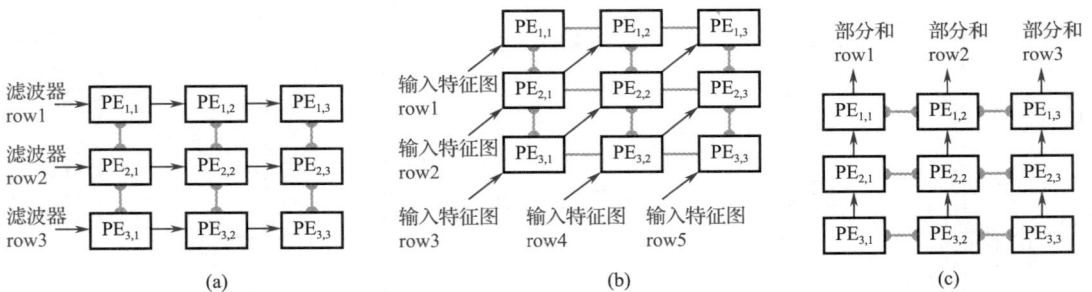

图4-11 Eyeriss的卷积结构

设计一个3×3的运算阵列，其中每个处理单元（PE）均包含乘法累加器，每个PE能完成对应3组数的相乘后求和操作，如"$a×b+c×d+e×f$"。对于这个3×3的PE阵列，卷积核的输入如图4-11(a)中的箭头所示，将卷积核的3行按顺序分别输入对应的阵列行，图像的输入如图4-11(b)中的箭头所示，将图像按顺序输入至阵列，每个PE每次能从图像和卷积核分别读3个数值进行操作，同时将输入至PE的6个数分别进行相乘后相加，数据跟随时钟在PE阵列中流动，且每个时钟周期把一列中的3个PE的数值相加，得到输出图像的1个像素。

此例的Verilog实现代码如下：

```verilog
`timescale 1ns / 1ps
module ConvPE3x3 (
  input             clk            ,
  input             rst_n          ,
  input             CE             ,
  input      [23:0] IN1            , //imap
  input             WEIGHT_IN_EN   ,
  output reg        WEIGHT_OUT_EN,
  input      [23:0] IN2            , //weight
  output reg [23:0] NEXT_PE_IN1    ,
  output reg [23:0] NEXT_PE_IN2    ,
  output reg [17:0] OUT
);
  reg [23:0] weight;
  always @(posedge clk) begin
    if (WEIGHT_IN_EN) begin
      weight <= IN2;
    end
  end

  always @(posedge clk or negedge rst_n) begin
    if (!rst_n) begin
      OUT           <= 0;
      WEIGHT_OUT_EN <= 0;
    end else begin
      if (CE) begin
        OUT               <= IN1[23:16] * weight[23:16] + IN1[15:8] * weight[15:8] +
IN1[7:0] * weight[7:0];
        NEXT_PE_IN1   <= IN1[23:0];
        NEXT_PE_IN2   <= IN2;
        WEIGHT_OUT_EN <= 1;
      end else begin
        OUT <= 0;
      end
    end
  end
endmodule
```

以图 4-11 所示的行数为 5 的输入特征图为例，在第一个时钟周期内，特征图的第一至五行数据分别进入 $PE_{1,1}$、$PE_{2,1}$、$PE_{3,1}$、$PE_{3,2}$ 和 $PE_{3,3}$，并执行乘法累加运算得到相应的部分和。在第二个时钟周期内，第一列的所有 PE 完成了计算并生成部分和，三者相加即可得到输出特征图的第一行数据，同时，第一个时钟周期内的输入数据沿对角线方向流入下一个 PE，例如，第三行数据从 $PE_{3,1}$ 流入 $PE_{2,2}$，并根据新 PE 中的权重数据执行乘法累加运算。第三个时钟周期的事件与第二个时钟周期类似，第二列的 PE 完成了计算，得到输出特征图的第二行数据，输入数据同样沿对角线流入下一个 PE，根据新 PE 中的权重数据执行乘法累加运算，在下一个时钟周期内，即可得到输出特征图的第三行数据。当输入特征图中的第三行的最后一组数据在 $PE_{1,3}$ 完成计算后，最后一列 PE 的部分和相加得到最后一个输出特征图数据，卷积计算完成。

顶层代码及 testbench 测试代码可在本书配套资料包中查看。

仿真结果示例如图 4-12 所示。

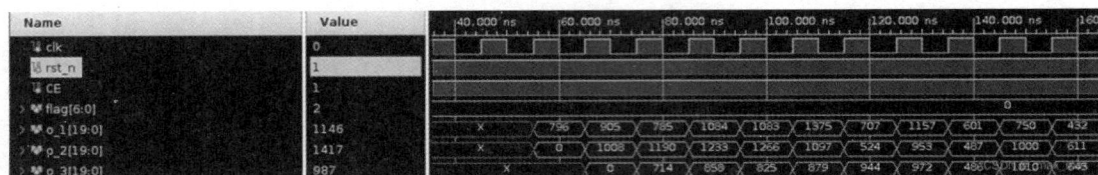

图 4-12　仿真结果示例

第一行结果比第二行结果提前一个周期得到，同理，第二行结果比第三行结果提前一个周期得到，在读取时需注意时序安排。

对比理论结果如图 4-13 所示。

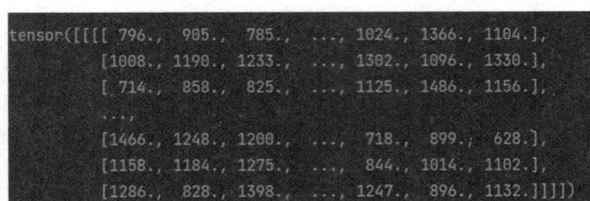

图 4-13　对比理论结果

二者结果一致，且时序符合构想，因此仿真结果正确。

4.2　池化层设计

4.2.1　池化层的概念

池化层在卷积神经网络中扮演着至关重要的角色，它通过降低数据的空间维度来减轻后续层的计算负担，同时保持原始数据中重要的特征信息。池化操作通常在卷积层之后进行，以进一步减小特征图的尺寸，从而减少参数量和计算量，这对于训练大型网络和处理大规模数据集尤为重要。池化层的另一个关键作用是提取输入数据的主要特征，通过聚合输入特征图的局部区域（如取最大值或平均值），有助于保留最重要的特征，同时去除冗余信息。这种特征提取机制使网络能够专注于识别和学习数据中的关键模式，而不被次要的细节所干扰。

此外，池化层还有助于防止过拟合。在深度学习中，过拟合是指模型对训练数据过度拟合，导致在未见过的数据上表现不佳。通过缩减空间维度，池化层降低了模型的复杂度，从而降低了过拟合的风险。池化层还提高了模型的鲁棒性，因为它使模型对输入数据的小范围变化（如平移、缩放或旋转）更加不敏感。这种不变性对于图像识别和其他视觉任务尤为重要，因为真实世界中的图像可能会因为拍摄角度、光照条件等因素而发生变化。

以下是几种常见的池化类型、特点及应用场景。

（1）最大池化

最大池化通过在每个池化窗口内选择最大值来生成输出特征图。这种方法有助于保留图像中最重要的特征，如边缘和纹理信息。由于最大池化保留了局部区域内的最大响应，它通常能够捕捉到最显著的特征变化，这对于后续层的分类和识别任务非常有帮助。

（2）平均池化

平均池化将每个池化窗口内所有元素的平均值作为输出。这种方法更加平滑，能够减少噪声的影响并保留图像的背景信息。平均池化常用于减小特征的方差，使模型对输入数据的微小变化更具鲁棒性。

（3）随机池化（Stochastic Pooling）

随机池化根据池化窗口内每个元素的值赋予其被选中的概率，然后按照这些概率随机选择一个值作为输出。这种方法结合了最大池化和平均池化的优点，既能够保留显著的特征，也能够考虑到所有元素的贡献，从而提高了模型的泛化能力。

（4）重叠池化（Overlapping Pooling）

重叠池化允许池化窗口在输入数据上部分重叠。与非重叠池化相比，重叠池化可以捕捉到更多的特征信息，因为它降低了特征图尺寸减小的速度。这有助于使特征更加丰富，但同时可能增加计算量，因为需要处理更多的池化窗口。

（5）空间金字塔池化（Spatial Pyramid Pooling，SPP）

空间金字塔池化是一种灵活的池化方法，它可以对任意尺寸的输入产生固定尺寸的输出。该方法通过在多个尺度上应用池化操作来捕获不同层次的空间信息，特别适用于处理不同尺寸的输入，例如，在目标检测和场景识别任务中，它可以帮助网络更好地理解图像的结构信息。

每种池化方法都有其优势和适用场景。在设计卷积神经网络时，可以根据任务的具体需求和数据的特性来选择合适的池化策略。例如，在需要强调边缘信息的任务中，可能会优先选择最大池化；在需要平滑特征以减少噪声影响的任务中，可能会选择平均池化或随机池化；重叠池化和空间金字塔池化则提供了更多的灵活性，使网络能够适应更复杂的数据和任务。通过合理地组合和调整这些池化方法，可以构建出功能更强、鲁棒性更好的卷积神经网络模型。

需要注意的是，池化层虽然有助于减少计算量和防止过拟合，但也可能导致一些空间信息的丢失。因此，在设计网络结构时，需要权衡池化层的数量和大小，从而确保网络能够提取到足够的特征信息。

4.2.2　池化层硬件设计

从特征提取、计算效率及硬件友好性等方面考虑，硬件实现的卷积神经网络一般会选择平均池化和最大池化中的一种。

这两种方法在原理和作用上存在显著差异。最大池化从局部区域中选取最大值；平均池化则计算局部区域内所有像素值的平均值。最大池化更适用于捕捉图像的纹理特征，尤其在处理尺寸较小的目标时具有一定优势，因为它能更多地保留图像的纹理细节，由于纹理信息通常是图像中最醒目的部分，它淡化了背景的影响，使网络能够更好地学习到图像的边缘和纹理信息；平均池化则更适用于提取背景信息或整体特征，有助于平滑噪声并凸显全局特性。

在网络结构的不同层次中，两种方法的应用也各有所侧重。在浅层，通常使用最大池化来降低分辨率并保留重点信息；在深层，由于特征图分辨率较低且包含高阶语义信息，使用平均池化可以更好地保留整体信息。最大池化和平均池化各有其特点和优势，适用于不同的场景和任务。

图 4-14 给出了最大池化的一个示例。最大池化的具体实现步骤如下。

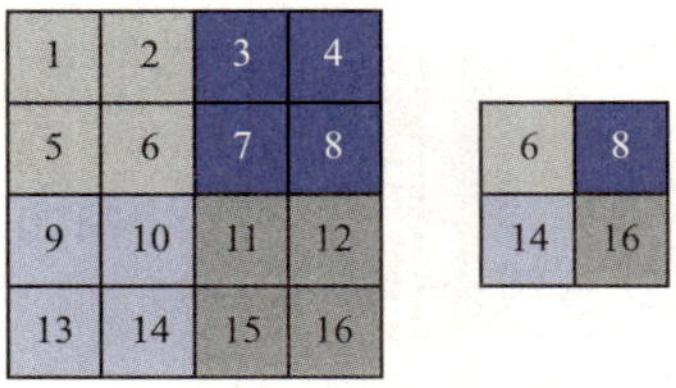

（1）定义池化窗口大小：确定池化窗口的大小（如 2×2、3×3 等），这决定了每次池化操作覆盖的输入特征图区域。

（2）设置步幅：定义池化窗口在输入特征图上移动的步幅。步幅通常与池化窗口大小相同，也可以不同。

（3）填充：在某些情况下，为了保持输出特征图的空间尺寸与输入特征图之间的特定关系，可以在输入特征图的边界周围添加额外的值（通常是 0）。

（4）滑动窗口：将池化窗口在输入特征图上滑动，每次滑动都计算窗口内的最大值。

图 4-14　最大池化示例

（5）计算最大值：对于每个池化窗口，找出窗口内所有元素的最大值。

（6）生成输出特征图：将每个池化窗口的最大值作为输出特征图对应位置的值。随着池化窗口在输入特征图上的滑动，最终生成一个空间尺寸更小的输出特征图。

最大池化的实现相对简单，运算单元的示例代码如下。

```verilog
module max_pooling #(
    parameter DATA_WIDTH = 8,
    parameter KERNEL_SIZE = 2
) (
    input clk,
    input rst_n,
    input [DATA_WIDTH-1:0] data_in,
    input valid_in,
    output reg [DATA_WIDTH-1:0] data_out,
    output reg valid_out
);

reg [DATA_WIDTH-1:0] pool_reg [0:KERNEL_SIZE-1];
reg [1:0] cnt;

always @(posedge clk) begin
    if (!rst_n) begin
        cnt <= 0;
    end else if (valid_in) begin
        pool_reg[cnt] <= data_in;
        if (cnt == KERNEL_SIZE-1) begin
            cnt <= 0;
            data_out <= pool_reg[0]; // initialize with the first element
            for (int i = 1; i < KERNEL_SIZE; i++) begin
                if (pool_reg[i] > data_out) begin
                    data_out <= pool_reg[i]; // find the max value
                end
            end
            valid_out <= 1; // output valid
```

```
        end else begin
            cnt <= cnt + 1;
        end
    end
end
endmodule
```

为了提高计算效率，可以使用并行 PE 同时处理多个池化窗口，每个并行 PE 负责计算一个池化窗口内的最大值。在每个池化窗口内需要比较所有像素值，并选择最大值作为输出，此过程可以通过比较器和选择逻辑电路来实现。硬件中需要配置适当的控制逻辑来协调池化窗口的移动、数据的读取和写入、计算操作的顺利进行等。

平均池化示例如图 4-15 所示。

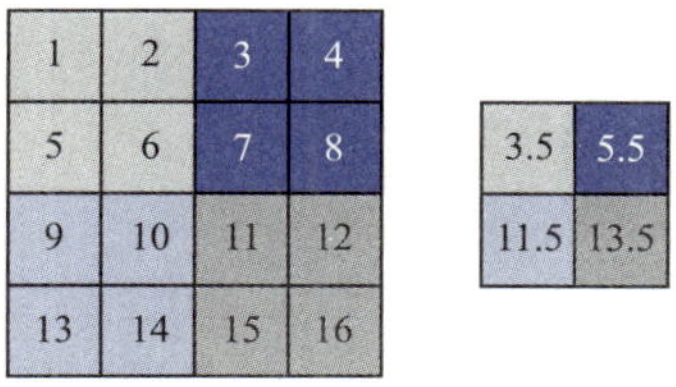

图 4-15　平均池化示例

硬件实现平均池化的步骤与最大池化类似，区别在于平均池化需要在滑动窗口内求平均值而不是最大值。求平均值可以通过累加器和除法器来实现。对于每个池化窗口，硬件可以并行地累加窗口内所有元素的值，并在累加完成后进行除法运算以得到平均值。

4.3　全连接层设计

4.3.1　全连接层的概念

全连接层的主要作用是将卷积层和池化层的输出转换为最终的分类或回归结果。通过在网络的最后一层引入全连接操作，它可以将之前层级提取的特征映射转化为类别概率或数值预测。其主要功能如下。

（1）特征整合。全连接层可以将卷积层或池化层学习到的局部特征整合成全局特征，形成对图像的整体理解。

（2）分类决策：通常位于神经网络顶部的全连接层会将整合后的特征传递给激活函数，然后生成每个类别的得分或概率。对于分类任务，通常使用 Softmax 函数将得分转化为类别概率，从而决定输入数据属于哪个类别。

（3）维度变换：全连接层可以改变数据的维度，使其适应后续的处理需求。例如，在图像分类任务中，全连接层可以将高维的特征向量映射到低维的分类空间，从而输出每个类别的预测概率。

（4）非线性建模：全连接层中通常包含激活函数（如 ReLU 函数），用于引入非线性性质。这是神经网络具有强大表示能力的一个重要因素（允许它们学习复杂的数据关系）。

（5）分类输出：在卷积神经网络的最后一层通常有一个或多个全连接层，用于输出最终的分类结果。这些全连接层的神经元数量通常等于类别的数量，每个神经元的输出代表对应类别的预测概率。

全连接层的工作原理基于一种简单的思想：每一层的所有神经元都与前后层的所有神经元相连，形成密集的连接结构。这些连接由权重和偏置参数控制，每个连接都有一个相关联的权重用于表示连接强度。权重决定了前一层神经元的输出如何影响后一层神经元的输入，权重是在训练过程中学习的，以最小化网络的损失函数。后一层的每个神经元都有一个偏置项，用于调整神经元的激活阈值，偏置项的作用是使神经元更容易被某些输入激活，它类似于权重，也是在训练过程中学习的。

4.3.2　全连接层硬件设计

全连接层在卷积神经网络中的参数量通常较大，因为它们需要连接前一层的所有神经元。因此，在设计网络结构时，需要权衡全连接层的数量和规模，以避免过拟合和增加计算复杂度。这种连接机制的计算过程可以视为两个矩阵相乘：一个矩阵代表前一层的输出，另一个矩阵代表全连接层的权重。两个矩阵相乘的结果加上偏置项，即为全连接层的输出。

具体来说，如果前一层的输出是一个 N 维向量，全连接层有 M 个节点，那么权重矩阵即为一个 N 行 M 列的矩阵。计算过程是将该 N 维向量与权重矩阵相乘，得到一个 M 维向量，将该 M 维向量加上偏置项，便得到全连接层的输出。

1. 矩阵乘法的实现

矩阵乘法可以使用脉动阵列（Systolic Array）来高效实现。脉动阵列是一种阵列结构的处理器，在这种阵列结构中，数据按预先确定的"流水"方式在阵列的处理单元（PE）间有节奏地"流动"。在数据流动的过程中，所有 PE 同时对流经它的数据进行并行处理，从而达到很高的并行处理速度。这种预先确定的数据流动模式使数据在流入 PE 阵列到流出 PE 阵列的过程中完成所有处理，无须重新输入，并且过程中只有阵列的"边界"PE 与外界进行通信。这样的设计能够在不增加输入 / 输出速率的条件下，提高处理速度。矩阵乘法在 PE 内的具体实现如图 4-16 所示，U 为 PE 当前的输出，u 为上一次运算的结果，X、Y 分别为在水平方向和垂直方向需要进行乘法运算的输入数据。

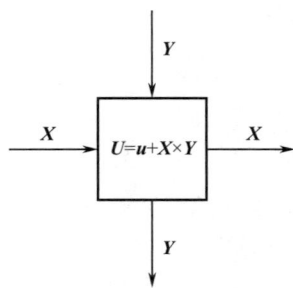

图 4-16　单个 PE 内部运算过程

设两个相乘的矩阵分别为

$$A = \begin{bmatrix} a_{11} & a_{12} & a_{13} \\ a_{21} & a_{22} & a_{23} \\ a_{31} & a_{32} & a_{33} \end{bmatrix}, \quad B = \begin{bmatrix} b_{11} & b_{12} & b_{13} \\ b_{21} & b_{22} & b_{23} \\ b_{31} & b_{32} & b_{33} \end{bmatrix}$$

图 4-17 所示为脉动阵列执行矩阵乘法的过程。矩阵 A 和矩阵 B 的数据并行输入，即所有行

或列的数据同时进入脉动阵列。当 a_{11} 和 b_{11} 输入时，定义为第一个时钟周期，此时只有 P_{11} 单元在接收数据并准备进行运算；当第二个时钟周期开始时，a_{12} 和 b_{21} 进入 P_{11} 单元进行乘法累加运算，a_{11} 和 b_{11} 分别进入 P_{12} 和 P_{21}，同时矩阵 A 第二行的第一个数据 a_{21} 进入 P_{21}，与该时刻下进入的 b_{11} 进行乘法运算，而矩阵 B 第二列的第一个数据 b_{12} 也在该时刻进入 P_{12}，准备与同时进入的 a_{11} 进行运算。以此类推，所有数据都需要从头 PE 流动到尾 PE。$n \times n$ 矩阵乘法运算共需要 $n+4$ 个时钟周期来完成。

单个 PE 内运算的 Verilog 实现代码如下。

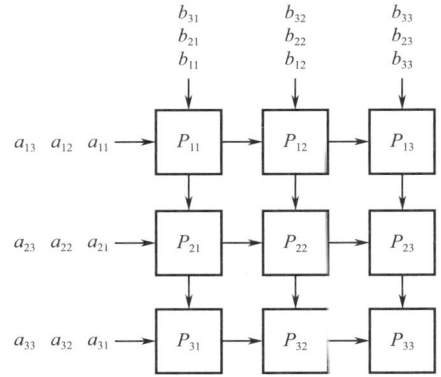

图 4-17　3×3 矩阵乘法实现过程

```verilog
module pe(clk,rst,left,up,down,right,sum_out);
input clk;
input rst;
input [3:0] left;
input [3:0] up;
output reg [3:0] down;
output reg [3:0] right;
output reg [7:0] sum_out;
wire [7:0] mult_out;
always@(posedge clk)begin
    if(rst) begin
        right<=0;
        down<=0;
        sum_out<=0;
        end
    else begin
        down<=up;
        right<=left;
        sum_out<=sum_out+mult_out;
    end
end
multiply u_mult(
    .a(left),
    .b(up),
    .out(mult_out)
);
endmodule
module multiply(a,b,out);
input [3:0]a;
input [3:0]b;
output wire [7:0] out;
assign out=a*b;
endmodule
```

假设矩阵 $A = \begin{bmatrix} 2 & 3 & 4 \\ 3 & 5 & 2 \\ 5 & 2 & 3 \end{bmatrix}$，矩阵 $B = \begin{bmatrix} 3 & 2 & 5 \\ 2 & 5 & 3 \\ 3 & 4 & 2 \end{bmatrix}$。

在第一个时钟周期，a_{11}（2）和 b_{11}（3）进入 P_{11} 单元进行乘法运算，如图 4-18 所示。

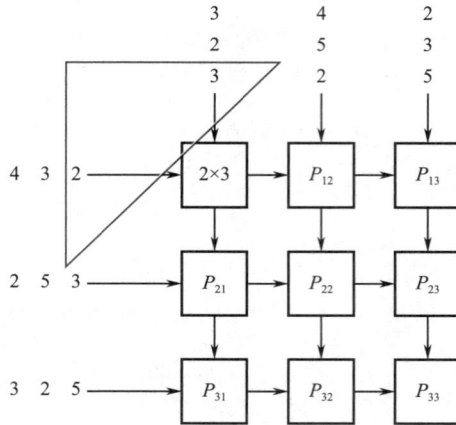

图 4-18　第一个时钟周期数据传输示例

在第二个时钟周期，a_{12}（3）和 b_{21}（2）进入 P_{11} 进行乘法累加运算，即在上一时钟周期的计算结果上加上现周期乘法运算的结果。同时，上一时钟周期的两个输入（a_{11}、b_{11}）也会分别通过水平和垂直方向的流动进入 P_{12} 和 P_{21}，分别与 b_{12}（2）和 a_{21}（3）进行乘法运算。具体可参见图 4-19。

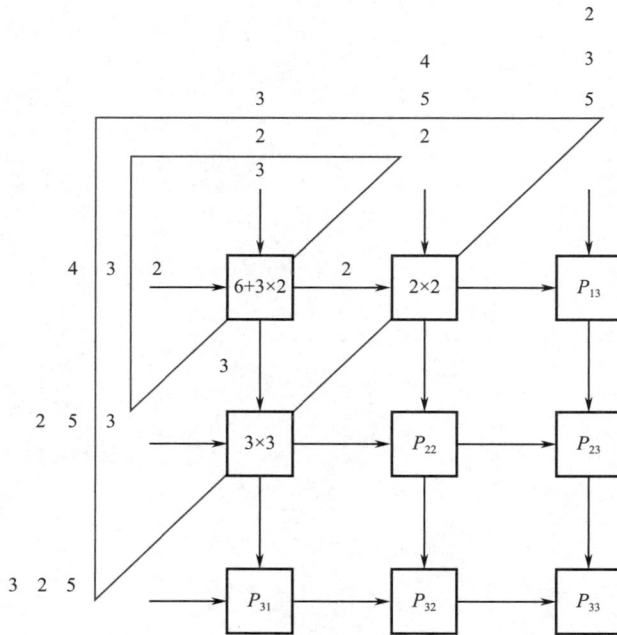

图 4-19　第二个时钟周期数据传输示例

根据上述运算规律，每个数据都要遍历其所在行或列的所有单元，两个 3×3 矩阵相乘需要经历 7 个时钟周期才能完成。比例的运算结果如图 4-20 所示。

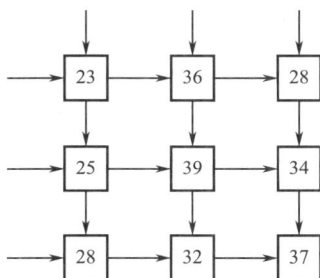

图 4-20　运算结果

可依据上述原理编写 Verilog 代码，并进行仿真测试，相关代码可在本书配套资料包中查看。结果如图 4-21 所示，在第 7 个时钟周期可得到 {[23 36 28], [25 39 34], [28 32 37]} 这一正确结果。

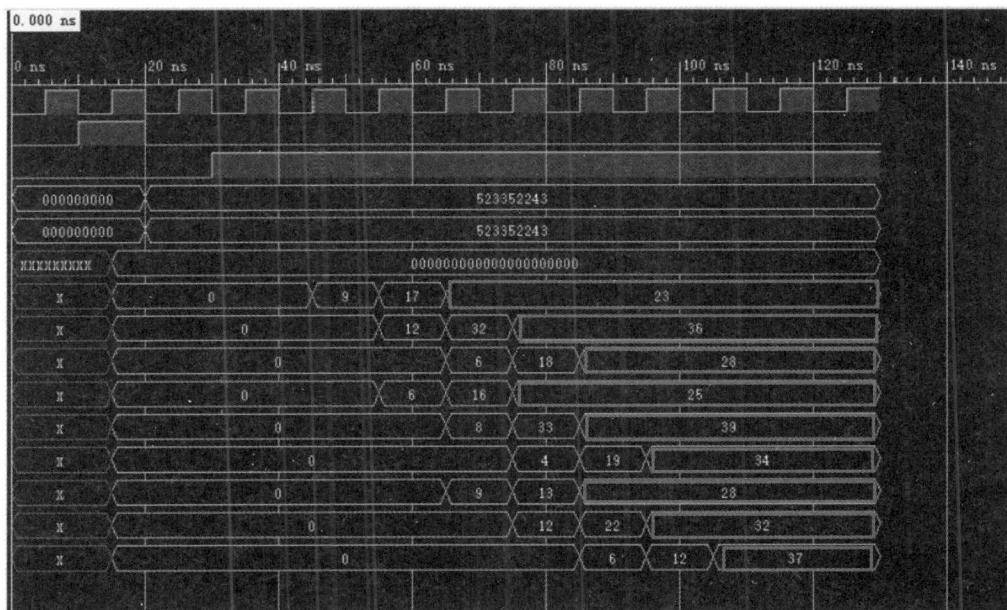

图 4-21　仿真测试结果

2. 全连接层硬件实现步骤

（1）输入扁平化。全连接层的输入通常是卷积层和池化层处理后的特征图。由于这些特征图是二维或更高维度的,全连接层首先会将这些特征图"扁平化",即将它们转换为一维的特征向量。这样，每个特征图中的每个元素都变为特征向量中的一个元素。具体可参见图 4-22。

（2）全连接操作。如图 4-23 所示，全连接层中的每个神经元都与输入特征向量中的每个元素相连，即由输入向量和权重数据进行矩阵乘法运算。这意味着每个神经元都会接收来自输入特征向量的所有信息。这种连接方式使得全连接层能够综合考虑输入特征之间的复杂关系。

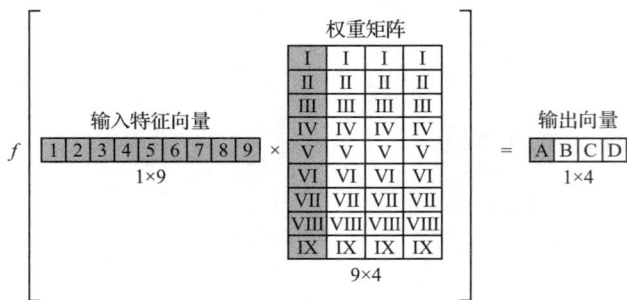

图 4-22　输入扁平化后与权重相乘

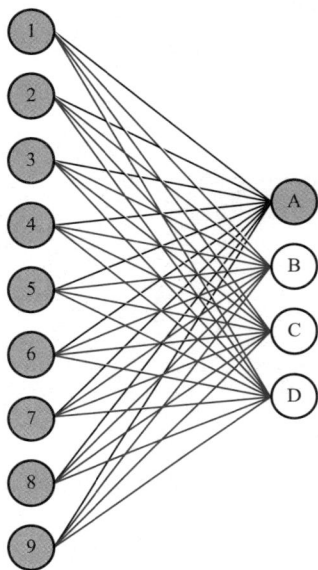

图 4-23　每个神经元都与输入
特征向量中的每个元素相连

（3）权重与偏置项。每个连接都有一个与之关联的权重和一个偏置项。权重用于调整不同特征对神经元输出的影响程度，而偏置项则用于控制神经元的激活阈值。这些权重和偏置项是在训练过程中通过反向传播算法进行学习的，目的是最小化网络的损失函数。

（4）激活函数。全连接层通常会使用非线性激活函数（如 ReLU、Sigmoid 函数）来增加模型的表示能力，同时引入非线性因素。激活函数的作用是将神经元的输出映射到一个特定的范围，从而使得模型能够解决更加复杂的分类或回归问题。

（5）输出层。在分类任务中，全连接层的输出通常被送入 Softmax 层，用于将神经元的输出转换为概率分布。这样，模型就可以根据输入图像预测其属于不同类别的概率。Softmax 层的主要作用是将输出总和归一化，最终形成用于预测类别的概率分布。具体而言，Softmax 层的输入通常是一个向量，其表示网络最后一层的输出结果。对于一个包含 N 个元素的向量，Softmax 层的输出也是一个 N 维向量，其中每个元素表示对应类别的概率。概率越大，表示属于该类别的可能性越大。此外，Softmax 层还具有一些重要特性：输出结果的累加和为 1；如果输入向量中的某个元素增大，对应的输出概率也会增大，而其他元素的输出概率会相应减小，这种单调性确保了输出概率分布的合理性。在实际应用中，Softmax 层通常作为网络的最后一层（在全连接层之后），对输出进行概率分布的归一化处理，以便执行后续的决策或分类任务。Softmax 层也经常与交叉熵损失函数联合使用，以衡量网络预测与真实标签之间的差异，并在训练过程中不断优化网络参数。

4.4　加速器主体架构设计

在卷积神经网络的架构中，卷积层、池化层和全连接层是其关键组件：卷积层通过卷积运算对输入数据进行特征提取，以捕捉图像中的局部信息；池化层通过最大池化或平均池化等方式对卷积层输出的特征图进行下采样，进一步提取主要特征并减少计算量；全连接层通过多个神经元之间的连接对提取的特征进行全局整合和分类。这些层相互协作，共同完成从原始数据到最终输出的映射过程。

在设计卷积神经网络的硬件架构时，需要考虑以下几个关键因素。

并行性：采用并行处理技术（如数据并行、模型并行或流水线并行）可以显著提高卷积神经网络的运算速度。

内存带宽：卷积神经网络需要处理大量的数据，优化数据流和使用高效的内存访问策略是突破内存带宽这一性能瓶颈的关键。

能效比：在移动设备或边缘计算设备上，能效比尤为重要，设计时应考虑低功耗的硬件实现和动态电压频率调整（DVFS）技术。

灵活性与可扩展性：硬件设计应支持多种网络结构和大小，以适应不同的应用需求。

专用硬件加速器：针对卷积神经网络中的特定操作（如卷积、池化或激活函数）设计专用的硬件加速器，可以进一步提高性能。

例如，东南大学电子科学与工程学院的 SEUer 团队在 DAC-SDC 竞赛中设计的神经网络加速器，通过软硬件协同优化实现了能耗最低纪录和高速度的性能表现，这表明精心设计的硬件架构可以显著提升卷积神经网络在实际应用中的性能和效率。

可以看到，卷积神经网络的硬件实现是复杂的系统工程，涉及算法优化、硬件设计、性能评估及系统协同等多个层面。基于上述层次的设计，本章后续小节将以卷积神经网络在图像识别任务中的应用为例搭建卷积神经网络模型，实现对图像数据的自动特征提取和分类。网络模型的搭建主要包括以下关键部分：输入层、激活函数、卷积层、池化层及全连接层。

4.4.1 输入层

输入层在神经网络（特别是卷积神经网络）中，起到接收和预处理原始输入数据的作用。作为网络结构中的第一层，输入层需要接收原始的输入数据（如图像的 RGB 像素值、文本对应的编码数据及音频信号），并将这些数据转换为神经网络可以处理的格式。输入层的输入通道可能只有一个，如图 4-24 所示为灰度图像输入；也有可能有多个，如图 4-25 所示为 RGB 格式图像输入。在图像识别任务中，输入层通常会对图像数据进行预处理，如调整到固定尺寸、归一化处理后的像素值等。经过预处理后的数据将被传递给下一层（通常是卷积层或全连接层），进行进一步的特征提取和学习。在某些情况下，输入层还可以进行一些基本的数据校验，例如，检查输入数据的维度、类型等是否符合模型的预期。

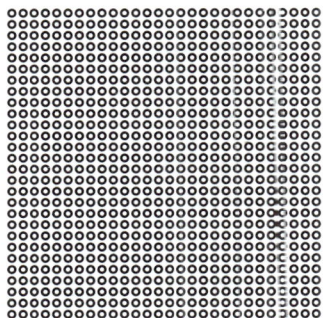

图 4-24 灰度图像输入（仅有一个输入通道）

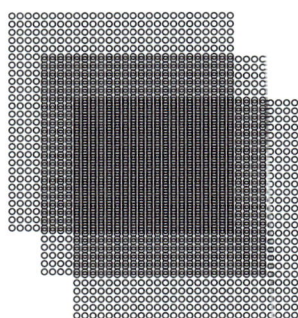

图 4-25 RGB 格式图像输入（有 3 个输入通道）

4.4.2 激活函数

激活函数在神经网络中扮演着至关重要的角色，主要为神经网络引入非线性因素，使网络能够学习和表示复杂的模式。卷积神经网络中常用的激活函数如下。

Sigmoid 函数：Sigmoid 函数将输入的实数值压缩到 0 ~ 1 范围内，其数学表达式为 $\sigma(x) = \dfrac{1}{1+\mathrm{e}^{-x}}$，如图 4-26 所示。Sigmoid 函数在卷积神经网络中可能会导致梯度消失问题，因此在现代卷积神经网络中较少使用。

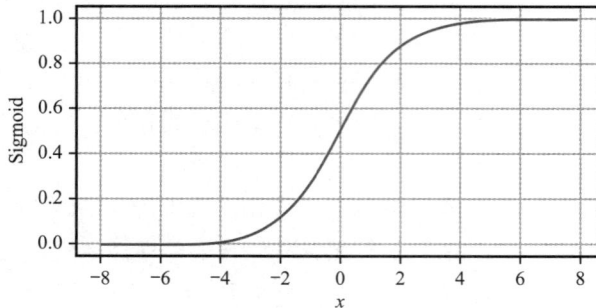

图 4-26　Sigmoid 函数

ReLU 函数：ReLU 函数是一个简单的分段线性函数，其数学表达式为 $f(x) = \max(0, x)$，如图 4-27 所示。ReLU 函数在正值区域的梯度为 1，因此不会出现梯度消失问题，并且计算速度快。但是 ReLU 函数在负值区域的梯度为 0，这可能导致"死亡 ReLU"问题，即某些神经元在训练过程中永远不会被激活。

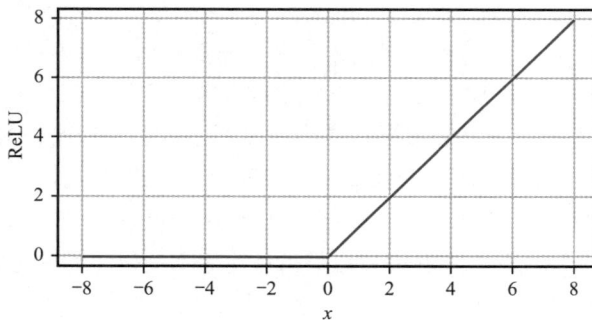

图 4-27　ReLU 函数

Leaky ReLU 函数：为了解决 ReLU 函数中的"死亡 ReLU"问题，Leaky ReLU 函数在负值区域引入了一个小的非零斜率，其数学表达式为 $f(x) = \max(\alpha x, x)$，其中 α 是一个小的正数，如图 4-28 所示。Leaky ReLU 函数可以在一定程度上缓解"死亡 ReLU"问题。

PReLU（Parametric ReLU）函数：PReLU 函数是 Leaky ReLU 函数的扩展，α 是一个可学习的参数，而不是一个固定的值，这使得 PReLU 函数能够更灵活地适应不同的数据分布。

ELU 函数：ELU 函数结合了 ReLU 函数和 Sigmoid 函数的特性，在正值区域，ELU 函数的行为类似于 ReLU 函数；而在负值区域，ELU 函数通过指数函数迅速逼近 0，这使得 ELU 函数在负值区域也具有一定的梯度，从而避免了"死亡 ReLU"问题。

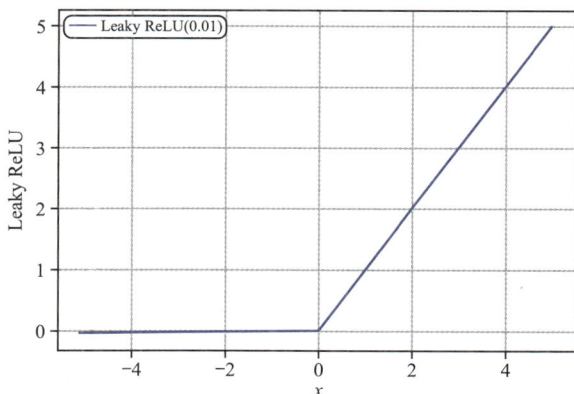

图 4-28 Leaky ReLU 函数

SELU（Scaled Exponential Linear Unit）函数：SELU 函数是 ELU 函数的改进版，通过引入缩放因子和偏移量来确保网络的自归一化性质，从而提高训练速度和稳定性。

Swish 函数：Swish 函数是一种自门控激活函数，它结合了 Sigmoid 函数和 ReLU 函数的特性，在正值区域具有不饱和的特性，同时在负值区域具有一定的梯度，这有助于避免"死亡 ReLU"问题。

在选择激活函数时，需要根据具体的任务和数据分布来权衡各种因素，如计算效率、梯度消失/爆炸问题及网络的表达能力等。在硬件实现上，激活函数一般会选择 ReLU 函数，其在实现难度和资源消耗上相较其他函数有很大优势。

4.4.3 卷积层

卷积层的计算原理在前面已详细说明，设置相关参数时需要注意几点。

卷积核大小：通常选择奇数大小的卷积核，如 3×3、5×5 等，以便于有一个中心点，更好地提取特征；同时，较小的卷积核可以减少模型中的参数量和计算量，而且多个小卷积核的堆叠可以形成更大的感受野，以便提取更复杂的特征。

卷积核数量：卷积核数量取决于所需提取的特征种类和数量，更多的卷积核可以提取更丰富的特征，但会增加模型的复杂度和计算量，因此需要在特征提取能力和计算效率之间权衡。

步幅：步幅决定了卷积核在输入数据上移动的距离，较大的步幅可以减小输出特征图的大小，降低计算量，但也可能导致信息丢失，因此需要根据具体任务和数据集来选择合适的步幅。

填充：填充是在输入数据的四周添加额外的像素值，以保持卷积后特征图的大小与输入数据相同或按预期缩小，这样可以避免在卷积过程中特征图过快缩小，从而保留更多的边缘信息。

激活函数：卷积层之后通常会接一个激活函数，以引入非线性因素，增强网络的表达能力。合适的激活函数对于提高模型的性能至关重要。

计算资源和性能：在设定卷积层时，还需要考虑实际的计算资源和性能要求。例如，较大或较多的卷积核会增加计算量和内存占用，因此需要根据硬件条件和任务需求进行合理调整。

4.4.4　池化层

与卷积层类似，池化层的参数设置也需要基于硬件资源进行优化，以确保性能和计算效率。池化类型一般选择最大池化和平均池化，池化窗口大小设置为2×2，这样可以在保证性能和计算效率的同时尽可能节约硬件资源。此外，设定池化层参数时需要综合考虑池化类型、窗口大小、步幅、填充等因素，以确保池化操作能够有效降低模型复杂度、提高计算效率并防止过拟合。同时，还需要根据具体任务和数据集的特点进行调整。

4.4.5　全连接层

全连接层作为卷积神经网络的最后部分，负责将卷积层和池化层提取的特征进行综合，并映射到样本标记空间进行分类。在硬件实现时，需要特别注意以下几个方面。

神经元数量和参数量的优化：全连接层中的每个神经元都与前一层的所有神经元相连，因此参数量通常较大。在硬件资源有限的情况下，需要仔细权衡神经元数量，既要保证足够的特征表示能力，又要避免因参数过多导致硬件实现的复杂度和成本上升。

激活函数的选择与实现：激活函数为模型引入了非线性因素，增强了模型的表达能力。在硬件实现时，需要选择适合硬件计算的激活函数，考虑其计算复杂度和资源消耗，并根据其特性进行相应的优化。

权重初始化和正则化策略：权重初始化对于模型的训练稳定性和收敛速度具有重要影响，而正则化策略则有助于防止过拟合。在硬件实现时，需要设计高效的权重初始化和正则化算法，并将其与硬件架构相结合，以提高模型的性能和稳定性。

内存管理和数据传输率：全连接层的参数量较大，需要合理规划内存资源，避免内存溢出或资源浪费。同时，为了提高数据传输率，需要设计高效的数据传输机制和缓存策略，以降低数据传输延迟和功耗。

4.4.6　总体结构

卷积神经网络在硬件实现上通常仅执行前向传播推理过程（见图4-29），其步骤如下。

图 4-29　整体架构流程图

输入处理：原始数据（如图像）输入后，其中的图像数据通常需要进行预处理操作，如归一化、调整尺寸等，以便更好地适应网络的输入要求。

特征提取：数据进入卷积层进行特征提取。在卷积层，多个卷积核（或滤波器）与输入数据进行卷积运算，每个卷积核在输入数据上滑动，执行点乘运算并加上偏置项，然后通过激活函数产生输出特征图，这些特征图代表输入数据中的不同特征。

降维与抽象：池化层通过下采样操作来减小特征图的空间尺寸，同时保留重要的特征信息。常见的池化操作包括最大池化和平均池化。通过池化，网络能够学习到输入数据的空间层次结构，

并降低模型的计算复杂度。

多层组合： 卷积层和池化层的组合可以在网络中多次出现，形成多层结构，每一层都进一步提取和抽象输入数据的特征，使网络能够学习到更加复杂和高级的特征表示。

分类或回归： 在经过多个卷积层和池化层后，网络会连接到一个或多个全连接层。在全连接层，每个神经元与前一层的所有神经元相连，执行加权求和操作，并通过激活函数产生输出。全连接层用于整合前面层次提取的特征，并将它们映射到最终的输出空间。

输出结果： 网络的输出层根据具体任务输出预测结果。对于分类任务，输出层使用 Softmax 函数将输出转换为概率分布；对于回归任务，输出层可能直接输出连续值。

在网络的整个前向传播过程中，网络通过逐层计算和处理，逐渐将原始数据转换为最终的预测结果，每层都扮演着提取和转换特征的角色，通过不断调整权重和偏置项来优化模型的性能。最终，网络能从中学习到输入到输出的映射关系，实现对新数据的推理和预测。

4.5　任务及习题

1．Eyeriss 架构在数据复用效率、PE 利用率均衡性及数据流灵活性方面存在一定的缺陷，导致其在某些卷积运算场景下性能受限。请结合相关文献和研究，详细分析以下问题：

（1）Eyeriss 架构的主要缺陷有哪些？

（2）哪些改进型架构针对这些缺陷进行了优化？请列举至少三种代表性的改进架构，并分析它们在运算结构上的创新点。

2．池化层（如最大池化）的硬件实现通常采用滑动窗口法或并行比较法，分析两种方法的优缺点，并举例说明一种支持池化层优化的加速器架构。

3．分析全连接层与卷积层在硬件资源占用方面的主要差异，并针对如何减少全连接层的存储开销列举出一种实际应用。

4．激活函数的硬件实现通常采用查找表（LUT）或组合逻辑，分析两种方法的适用场景。

5．绘制支持卷积 / 池化 / 全连接的异构计算单元数据流图，并标注关键缓冲位置。

第5章
数据存储设计

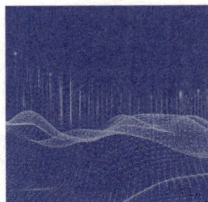

5.1 内存模块

边缘 AI 加速器设计面临着在有限的硬件资源下实现高性能计算的挑战,内存管理在其中扮演着至关重要的角色。边缘设备通常具有较小的存储空间和较低的能耗预算,因此高效利用内存资源已成为确保深度学习模型能够在边缘设备上顺利部署和运行的关键。在深度学习模型中,权重参数是模型智能的体现,其数量可能非常庞大,且需要快速准确地被访问以进行推理,这就要求内存系统不仅有足够的容量来存储这些权重,还有高效的访问速度来支持复杂的计算任务。

在边缘设备上,内存的类型选择、组织结构,以及与处理器之间的协同工作方式都会对整体性能产生显著影响。例如,SRAM 虽然访问速度快,但成本较高且存储容量有限;DRAM 虽然成本较低且容量较大,但访问速度较慢。设计者需要根据具体的应用需求和资源限制来平衡这些因素。此外,为了进一步提高内存的利用率,可以采用权重量化、稀疏存储、数据压缩等技术来减少存储需求并提高访问速度。这些技术通过降低数据的表示精度或利用数据的冗余性,可以在不显著影响模型性能的前提下,减少内存占用并提高数据处理速度。

在实际应用中,边缘 AI 加速器还需要考虑内存的可扩展性和容错性。随着模型规模的增长和应用需求的变化,内存系统需要能够灵活扩展以适应不同的工作负载;同时,边缘设备往往部署在环境条件较为恶劣的地方,因此内存系统还需要具备一定的容错能力,以保证在意外情况下数据不会丢失,系统能够稳定运行。通过综合考虑这些因素,设计者可以为边缘 AI 加速器构建一个既高效又可靠的内存系统,从而在资源受限的条件下实现强大的 AI 推理能力。

5.1.1 内存介绍

从计算机诞生之初,程序员就梦想拥有无限的内存来实现数据交换。本章将探讨内存的重要性及其在边缘设备和神经网络等应用场景中的作用。为了便于理解,先不讨论复杂的内存结构,而举一个通俗的例子来说明。

假设你是一名厨师,在餐厅的后厨忙碌地为顾客准备菜肴。正值用餐高峰期,客人很多,留给你的烹饪时间非常紧张。大部分菜品所需的原材料都已预先放置在旁边的桌子上,但唯独缺少花菜。因此,你需要离开厨房去仓库取花菜。一旦你在案板上备好了花菜,就可能会发现其他菜品也需要它,这样你就能够专注于烹饪,而不需要频繁往返仓库取材。显然,在案板上多放几种常用的食材比只摆放一种食材并不断返回仓库取其他食材要高效得多。

内存层次结构的工作原理与此类似,它的目标是使计算机能够以接近访问小容量高速存储设备(如 SRAM)的速度来访问大容量较慢速的存储设备(如 DRAM),从而实现大容量与高速访问的双重目的。局部性原则是实现这种内存层次结构的基本原则，它要求计算机不会同时访问所有数据，而是根据不同的概率进行访问。基于此原则，计算机可以提前将更有可能用到的数据加载到高速存储设备中，就像厨师提前将可能需要的食材放在桌子上一样，以便后续使用。

局部性原则指出，程序在任何时刻只能访问其地址空间中相对较小的一部分，就像你只能取用仓库中的少量食材一样。局部性主要分为以下两种类型。

时间局部性：如果某块内存地址被访问，那么它可能很快再次被访问。这就好比你最近从仓库取出了一种菜，接下来在烹饪过程中你可能还会多次用到这种菜。

空间局部性：如果某块内存地址被访问，那么其附近的内存地址可能很快被访问。例如，当你去仓库拿花菜时，发现了经常与花菜搭配使用的西红柿，并一起带回了厨房，果然之后确实用到了西红柿。这种将常一起使用的食材放在相近位置的做法，正是对空间局部性的应用。

正如在厨房工作时会自然地表现出局部性，程序中的局部性同样源于其结构特征。例如，大多数程序包含循环结构，导致指令和数据可能会被重复访问，从而表现出时间局部性。由于指令通常是按顺序执行的，因此程序也显示出较高的空间局部性。对于数据的访问也同样具有自然的空间局部性，例如对数组或记录元素的顺序访问就具有高度的空间局部性。通过构建多层次的内存体系结构，可以有效地利用这些局部性原则。内存层次结构由不同速度和大小的多级内存组成，速度快的内存的每比特成本较高，因此容量较小。表 5-1 展示了不同内存技术的体积、速度和成本之间的关系。

表 5-1　不同内存技术的体积、速度和成本关系

技术	速度	体积	成本
SRAM	最快	极小	最高
DRAM	快	中等	适中
Flash	较快	小	较高
磁盘	慢	大	低

5.1.2　内存分类

当前，内存的制造主要采用四种技术：SRAM、DRAM、Flash（闪存）和磁盘（或硬盘）。前两种基于 RAM 技术，用于提供临时存储，使操作系统、软件程序及当前使用的所有数据能够被处理器快速访问。RAM 的特点是，任何存储位置都可以通过其内存地址被直接访问，并且访问可以是随机的，RAM 的组织和控制方式使数据能够直接存储到特定位置并从特定位置检索。这种机制类似于一个由行和列组成的盒子阵列，每个盒子代表一个存储单元，用于保存 0 或 1（二进制信息），并拥有唯一的地址，该地址是通过跨列和向下计数来确定的。一组 RAM 单元组成的集合称为数组，其中的每个单独存储位置称为单元。为了访问特定单元，RAM 控制器会通过芯片内部线路发送包含列和行地址的电信号。每个行和列都有其独立的地址线，确保能够精确地定位到目标单元。当从数组中读取数据时，所选数据会通过独立的数据线返回。第三种技术是 Flash（闪存），它是一种广泛应用于个人移动设备的非易失性存储器。第四种技术是磁盘（或硬盘），它是服务器中存取速度较慢但容量较大的存储结构。这些内存技术在访问时间与每比特成本方面存在显著差异。例如，典型的笔记本电脑可能配备 8GB 或 16GB 的 RAM，而硬盘（或磁盘）则能够提供高达 10TB 的存储空间。硬盘通过磁化表面（类似于黑胶唱片）存储数据，而

固态硬盘（SSD）使用内存芯片进行数据存储。与 RAM 不同，SSD 是非易失性的，即使在电源关闭的情况下也能保持数据不丢失，不需要持续供电。表 5-2 给出了不同内存技术的性能与成本对比。

表 5-2　不同内存技术的性能与成本对比

内存技术	访问时间	每 GB 的价格（2023 年）/ 美元
SRAM	$0.5 \sim 2.5$ ns	$40 \sim 70$
DRAM	$50 \sim 70$ ns	$3 \sim 8$
Flash	$5 \sim 50$ μs	$0.1 \sim 0.2$
磁盘	$5 \sim 20$ ms	$0.01 \sim 0.03$

1. SRAM

SRAM 采用简单的电路结构，是一种具有单一访问端口的内存阵列，支持读取或写入操作，具体结构如图 5-1 所示。SRAM 对任何数据的访问时间都是固定的，尽管读取和写入访问的时间可能不同，但由于不需要刷新，因此访问时间与周期时间非常接近。SRAM 通常每位使用 $6 \sim 8$ 个晶体管，以防止信息在读取时受到干扰。在待机模式下，SRAM 只需要极少的电量来维持电荷。SRAM 通常用于系统的高速缓存，例如 CPU 中的 L1 或 L2 层缓存，或者神经网络加速器中的缓存模块。与 DRAM 一样，SRAM 也需要持续供电来保存数据，但它不需要像 DRAM 那样不断刷新。SRAM 比 DRAM 更昂贵，密度也更低，但产生的热量更少，功耗更低，性能更好。过去，大多数 PC 和服务器系统的一级、二级甚至三级缓存都使用单独的 SRAM 芯片。如今，得益于摩尔定律，各级缓存已集成到处理器芯片上，独立 SRAM 芯片市场几乎消失。

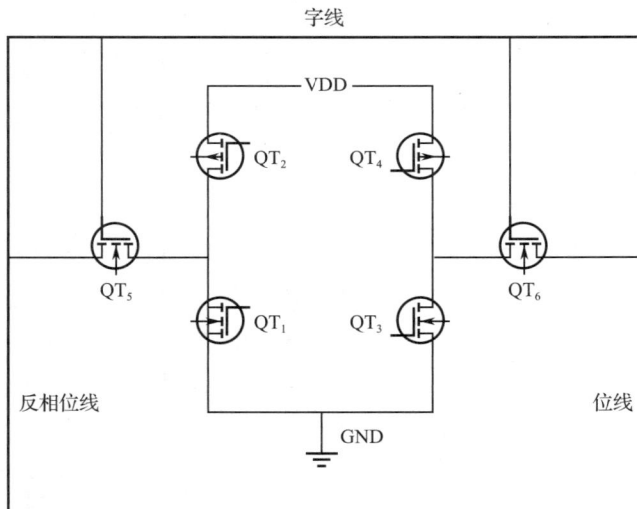

图 5-1　SRAM 结构

SRAM 的固定访问时间和无须刷新的特性使其非常适合应用于需要快速、重复访问的场景，如神经网络的权重存储。此外，SRAM 的低功耗特性也使其适合应用于边缘设备，这些设备通常对能源效率有较高要求。

2. DRAM

在 SRAM 中，只要持续供电，数据就可以保持不变。
而在 DRAM 中，数据以电荷的形式存储在电容器中，并通
过单个晶体管进行访问，可读取或重写电荷，具体结构如
图 5-2 所示。由于 DRAM 的每个存储位只使用一个晶体管，
因此其密度和成本都远低于 SRAM。DRAM 将电荷存储在
电容器上，所以不能一直保存，必须定期刷新，这就是它被
称为动态存储器的原因。刷新过程涉及读取和重新写入，虽
然电荷可以维持几毫秒，但如果逐位读出再写回会导致频繁
的刷新操作，影响数据访问效率。为解决这一问题，DRAM
采用了两级解码结构，允许在一个读取周期内刷新整行（共
享同一字线），随后立即进入写入周期。

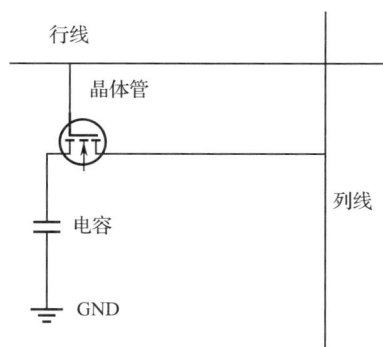

图 5-2　DRAM 结构

最初，RAM 是异步工作的，即 RAM 芯片的时钟速度与计算机处理器不同步。随着处理器
性能的提升（频率增大），RAM 逐渐无法满足处理器对数据请求的速度需求。20 世纪 90 年代初期，
同步动态随机存储器（SDRAM）被引入。SDRAM 通过添加时钟信号来改进与处理器的接口，
实现了同步操作。其优势在于利用时钟信号消除了内存和处理器之间的同步时间延迟，并能在
突发模式下高效传输多位数据（无须额外指定地址），从而显著提升了计算机执行任务的速度。

然而，最初的单一数据速率（SDR）SDRAM 很快达到了性能极限。2000 年左右，双倍数
据速率（DDR）SDRAM 问世，它能够在单个时钟周期内两次传输数据，分别在时钟上升沿和
下降沿进行。自问世以来，DDR SDRAM 不断演进，从 DDR2 到 DDR3，再到 DDR4 和最新的
DDR5，每一代都在提高数据吞吐量的同时降低了功耗。不过，各代之间不兼容，因为它们的架构、
工作模式和接口规范有所不同。

因具有较高的存储密度和成本效益，DRAM 通常用于边缘加速器中的数据缓冲区。尽管
DRAM 需要定期刷新，但其大规模存储能力使其成为处理大量数据时的理想选择。通过使用高
效的数据传输技术（如 DDR SDRAM），边缘加速器可以有效地管理数据流，确保数据处理的
连续性和高效性。

3. Flash

Flash 技术主要分为两类：NAND Flash 和 NOR Flash，两者均基于 CMOS 技术，通过一些
列晶体管以电子方式实现数据的存储与检索。这些晶体管充当开关，利用逻辑门的原理来实现存
储和检索功能。NOR Flash 以其电路中使用的或非（NOR）逻辑门命名，支持快速随机访问，适
合从任意地址迅速读取少量数据，并可以直接执行内存中的源代码，适用于引导加载程序和固件。
NAND Flash 因使用类似非门的结构而得名，更适合大规模数据存储需求，但是它在随机访问速
度上不如 NOR Flash，且不适合对少量数据进行随机访问。

此外，还有一种早期的技术——EEPROM（电擦除可编程只读存储器）。EEPROM 也是一
种非易失性存储技术，但其容量较小、读取速度慢，且不支持即时写入操作。目前，它更多地
出现在一些低端消费类产品中，如遥控器和电风扇内的微处理器。

移动设备通常结合使用 NOR Flash 和 NAND Flash 来平衡快速访问小数据和存储大量高密
度数据的需求。NOR Flash 可用于引导加载程序、固件和其他低密度内存应用，更适合快速读取
少量数据，这使其更适用于嵌入式系统（如家电、汽车和医疗设备）的微处理器中；而 NAND
Flash 用于需要高密度存储大量数据的应用，包括 SSD、USB Flash（U 盘）、SD 卡等大容量存储

设备。

在权重更新或模型重新训练时，Flash 可以作为非易失性存储设备，存储训练数据或模型参数的备份，确保在系统重启或故障时数据不会丢失。

4. 磁盘

磁盘（也称为磁性硬盘）由许多盘片组成，这些盘片绕中心轴以大约 10 000 r/min 的速度旋转。每个盘片的表面覆盖有磁性记忆材料（磁介质），类似于磁带上的材料。为了读取和写入信息，在每个盘片的上方设有一个可移动的读 / 写头，该头包含一个小的电磁线圈，可以非常接近盘片表面。每个磁盘表面被分为多个同心圆，称为磁道。每个盘面通常包含数万条磁道，而每条磁道又被分为上千个存储信息的扇区。每个扇区的容量一般为 512 ～ 4096 B。记录在磁介质上的内容包括扇区号、扇区内的数据、下一个扇区的扇区号等。这种完全基于机械结构的磁盘也被称为机械硬盘（HDD）。

随着半导体技术的发展，一种新型的大容量硬盘——固态硬盘（SSD）逐渐成为主流。SSD 使用 NAND Flash 技术，将数据存储在即时可访问的存储芯片上。相比 HDD，SSD 的速度更快、更安静、更耐用、体积更小且能耗更低；但 HDD 的优势在于价格低，可提供更大的存储容量，且更容易恢复数据。因此，选择哪种硬盘作为存储设备应根据具体的应用场景来决定。

虽然传统计算环境中广泛使用了磁盘技术（尤其是 HDD），但由于其机械特性导致的较高延迟和较低的耐用性，限制了它在边缘计算中的应用。相比之下，SSD 凭借其快速的读 / 写速度和无机械部件的设计，更适合边缘计算环境，能够更好地满足对响应时间和可靠性的要求。因此，在需要高性能和高可靠性的边缘计算场景中，SSD 通常是更优的选择。

5.2 内存存取

5.2.1 内存存取介绍

在人工智能领域，数据的存储和读取是至关重要的环节，通常使用 RAM 作为中间数据或权重参数的存储单元。RAM 因具有快速的读 / 写速度和随机访问能力，非常适合存储和处理大规模的数据集或模型参数。

在选择 RAM 时，需要考虑后续流程的需求和硬件资源的限制。在某些情况下，SRAM 可能是更好的选择，因为它具有访问速度快和低功耗的特点，适用于小规模、低功耗的应用；而在其他情况下，DRAM 可能更适合，因为它可以提供更大的存储容量，并且价格相对较便宜。

在设计人工智能硬件系统时，需权衡存储速度、成本和功耗之间的关系。例如，在高性能计算环境中可能更倾向于使用 SRAM 以获得更快的访问速度，而在资源受限的情况下则可能优先考虑 DRAM 的大容量和经济性。

在设计 RAM 的存取机制时，需要考虑地址映射、数据缓存与重用等因素。合理的地址映射可以确保数据存取的高效性，而数据缓存与重用则可以减少数据访问的次数，从而进一步提高系统的性能。此外，还需要考虑并发访问和数据一致性的问题。在多线程或多任务环境中，可能会出现多个模块同时访问同一块 RAM 的情况，因此需要设计合适的并发控制模块来确保数据的一致性和正确性。

综上所述，RAM 的选择和设计在人工智能硬件系统中具有重要意义。通过合理地选择存储器类型、优化存取逻辑，以及考虑并发访问等因素，可以有效地提高系统的性能、效率和可靠性，从而更好地满足人工智能应用的需求。

在使用硬件描述语言（如 Verilog）进行内存的存取操作时，需要编写相应的逻辑来实现数据的写入和读取操作，这涉及地址线的控制、数据线的传输、存储单元的选择和访问等方面。合理的设计能够显著提高系统的整体性能和效率。

接下来介绍几种在神经网络或其他边缘硬件设备中常用的内存存储单元的设计思路。

5.2.2　单口 RAM

单口 RAM 的读 / 写操作仅通过单一数据端口完成，这意味着在每个时钟周期内只能执行读取或写入中的一个操作。其端口示意图如图 5-3 所示，主要包括三个输入信号：数据、地址和控制信号。数据信号负责传输数据，在读操作中数据从 RAM 中读出并通过数据线传输给外部设备；在写操作中，数据则通过数据线被写入 RAM。地址信号用于指定要访问的内存位置。控制信号（如写使能）用于管理 RAM 的操作。

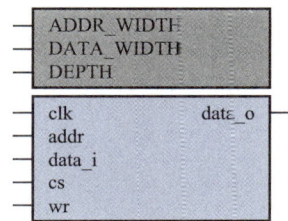

图 5-3　单口 RAM 端口示意图

以下是一个单口 RAM 的 Verilog 实现代码：

```
//-------------------------------------------------------------------
//                         单口 RAM 实现
//-------------------------------------------------------------------
module single_port_ram#(
    parameter ADDR_WIDTH = 4,              // 地址宽度
    parameter DATA_WIDTH = 16,             // 数据宽度
    parameter DEPTH = 2*ADDR_WIDTH         // RAM 列表长度
)(
    input clk,                             // 时钟信号
    input [ADDR_WIDTH-1:0] addr,           // RAM 地址参数
    input [DATA_WIDTH-1:0] data_i,         // 写数据
    input cs,                              // RAM 使能信号，表示是否操作这个 RAM
    input wr,                              // 写使能
    output [DATA_WIDTH-1:0] data_o         // 读数据
);

    reg [DATA_WIDTH-1:0] mem [0:DEPTH-1];  // RAM 的位宽是 DATA_WIDTH，列表的长度是 DEPTH
    reg [DATA_WIDTH-1:0] data_o_;          // 读数据寄存器

    // write part                          // 写数据部分
    always@(posedge clk) begin
        if(cs & wr) begin                  // 如果 cs=1 并且 wr=1，则写数据
            mem[addr] <= data_i;           // 写数据进缓存寄存器
```

```
      end
   end
   // read part
   always@(posedge clk) begin
      if(cs & !wr) begin                        // 如果 cs=1 并且 wr=1，则写数据
         data_o_r <= mem[addr];                 // 写数据进缓存寄存器
      end
   end


   assign data_o = data_o_r;                    // 读数据

endmodule
```

对应的时序图如图 5-4 和图 5-5 所示。

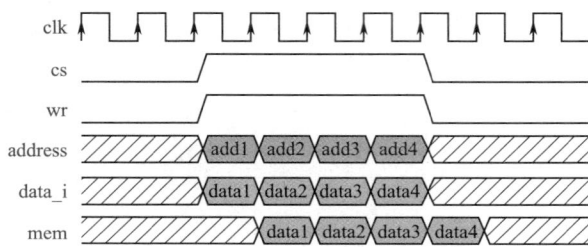

图 5-4　单口 RAM 写数据时序图

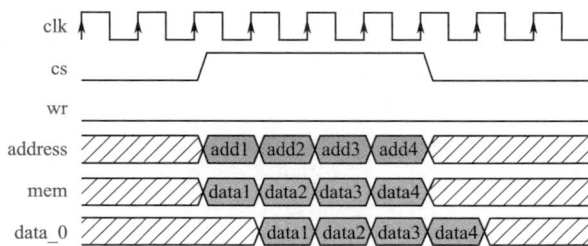

图 5-5　单口 RAM 读数据时序图

单口 RAM 具有以下优点，可以根据应用场景进行设计使用。

● 简单：与多口存储器相比，单口存储器的设计和实现更简单。

● 功耗更低：与多口存储器相比，单口存储器的功耗更低（因为不需要复杂的电路）。

● 复杂度更低：单口存储器一次只能由一个设备访问，因此不需要多个设备之间的同步，从而降低了复杂度。

单口 RAM 是一种简单且低功耗的解决方案，适合用于数字系统中的数据存储和检索，如神经网络加速器的中间数据缓存。虽然单口 RAM 在访问和吞吐量方面存在局限性，但其简单结构和低功耗的特点使其适用于边缘设备之中。

5.2.3 双口 RAM

双口 RAM 允许两个独立的控制器同时异步访问存储单元。双口 RAM 可分为伪双口 RAM 和真双口 RAM，伪双口 RAM 具有一组数据线和两组地址线，只有一个输出端口；而真双口 RAM 具有两组地址线和两组数据线，有两个输出端口，允许两个端口同时进行读/写操作。

图 5-6 为伪双口 RAM 端口示意图。输入主要有数据、地址和控制信号。数据信号用于传输数据：在读操作中，数据从 RAM 中读出并通过数据线传输到外部设备；在写操作中，数据通过数据线写入 RAM。伪双口 RAM 允许同时进行读/写操作。地址信号用于指定要读取或写入的内存地址。控制信号用于管理 RAM 的操作，如读使能、写使能。

图 5-6 伪双口 RAM 端口示意图

以下是一个双口 RAM 的 Verilog 实现代码：

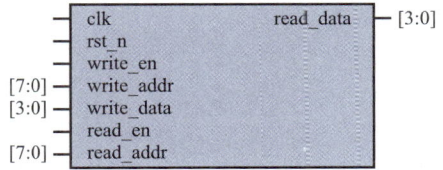

```
//------------------------------------------------------------------------------
//                              双口 RAM 实现
//------------------------------------------------------------------------------
module dual_port_ram(
    input clk,
    input rst_n,

    input write_en,                 // 写使能
    input [7:0]write_addr,          // 写地址
    input [3:0]write_data,          // 写数据

    input read_en,                  // 读使能
    input [7:0]read_addr,           // 读地址
    output reg [3:0]read_data       // 读数据
);

    reg[3:0] data_reg [255:0];// 定义位宽为 4、深度为 256 的数据寄存器
    integer i;

    always@(posedge clk or negedge rst_n)begin
        if(!rst_n)begin
            for(i=0;i<256;i++)begin
                data_reg[i]<=0;
            end
        end
        else if(write_en)begin
            data_reg[write_addr]<=write_data;// 写数据的过程
        end
    end

    always@(posedge clk or negedge rst_n)begin
```

```
        if(!rst_n)begin
            read_data<=4'd0;
        end
        else if(read_en)begin
            read_data<=data_reg[read_addr];// 读数据的过程
        end
        else begin
            read_data<=4'd0;
        end
    end

endmodule
```

对应的时序图如图 5-7 所示。

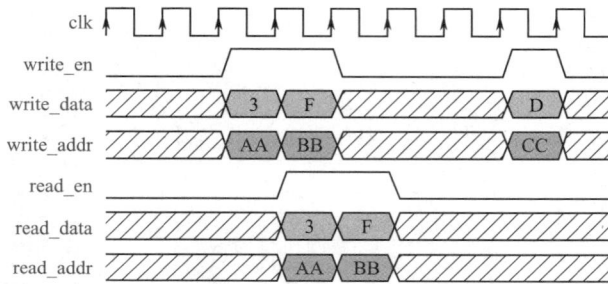

图 5-7　双口 RAM 读 / 写数据时序图

双口 RAM 最大的优势在于可以同时进行读 / 写操作，相比单口 RAM，可以大大缩短数据读 / 写时间，适合于需要同步进行数据读 / 写的应用，如流水线设计中的数据存储应用。

5.2.4　FIFO 介绍

FIFO（First In First Out，先进先出）是一种数据缓冲机制，其核心规则是：最先进入的数据最先被取出。FIFO 缓冲区是一个读 / 写存储器阵列，它自动跟踪数据输入的顺序，并以相同的顺序输出数据。在硬件设计中，FIFO 常用于时钟同步，通常实现为循环队列，并配备两个指针：读指针和写指针。

初始状态下，读指针和写指针都指向第一个存储位置，此时 FIFO 为空。当写指针和读指针之差等于存储器阵列大小时，则表示 FIFO 已满。根据读 / 写操作是由同一时钟（同步）还是不同时钟（异步）控制，可以将 FIFO 分为同步 FIFO 或异步 FIFO。同步 FIFO 是指使用时钟信号将数据值按顺序写入存储器阵列，并使用相同的时钟信号从存储器阵列按顺序读出数据值。图 5-8 所示为典型 FIFO 的操作流程。其端口示意图如图 5-9 所示。

FIFO 存储器可以对系统运行的中间数据进行缓冲，例如，神经网络中的全连接层或卷积层产生的中间数据就可以存入 FIFO 存储器中，当下一层需要数据时再读取出来。由于采用先进先出机制，无须特殊处理即可得到数据结构不变的数据。

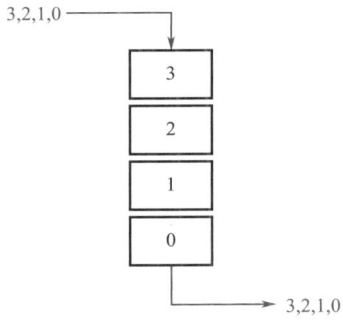

图 5-8　典型 FIFO 的操作流程

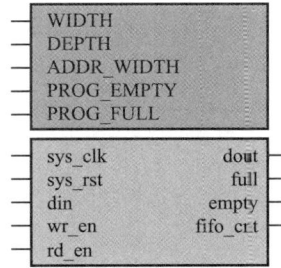

图 5-9　FIFO 端口示意图

以下为同步 FIFO 的 Verilog 实现代码：

```
//------------------------------------------------------------------------
//                          同步 FIFO 实现
//------------------------------------------------------------------------

module syn_fifo#(
    parameter WIDTH = 16,              //FIFO 数据位宽
    parameter DEPTH = 1024,            //FIFO 存放深度
    parameter ADDR_WIDTH = 10,
    parameter PROG_EMPTY = 100,
    parameter PROG_FULL  = 800
)(
    input               sys_clk
    input               sys_rst,
    input [WIDTH-1:0]   din,           // 数据输入
    input               wr_en,         // 写使能
    input               rd_en,         // 数据输入
    output reg [WIDTH-1:0]dout,        // 数据输出
    output reg          full,          // 满标志
    output reg          empty,         // 空标志
    output reg [ADDR_WIDTH-1:0] fifo_cnt      //FIFO 计数标志
);
reg [WIDTH-1:0]     ram [DEPTH-1:0];
reg [ADDR_WIDTH-1:0] wr_addr;
reg [ADDR_WIDTH-1:0] rd_addr;

//read 读 FIFO 流程
always@(posedge sys_clk or posecge sys_rst)begin
    if(sys_rst)
        rd_addr <= {ADDR_WIDTH{1'b0}};
    else if(rd_en && !empty)begin
        rd_addr <= rd_addr+1'd1;       // 读指针加 1
        dout    <= ram[rd_addr];       // 读数据
        end
```

```
            else begin
                rd_addr  <= rd_addr;
                dout     <= dout;
                end
end
//write 写 FIFO 流程
always@(posedge sys_clk or posedge sys_rst)begin
    if(sys_rst)
        wr_addr <= {ADDR_WIDTH{1'b0}};
    else if(wr_en && !full) begin
        wr_addr <= wr_addr+1'd1;           // 写指针加 1
        ram[wr_addr] <= din;               // 写数据
        end
    else
        wr_addr <= wr_addr;
end
//fifo_cnt
always@(posedge sys_clk or posedge sys_rst)begin
    if(sys_rst)
        fifo_cnt     <= {ADDR_WIDTH{1'b0}};
    else if(wr_en && !full && !rd_en)
        fifo_cnt     <= fifo_cnt + 1'd1;   // 如果只有写使能，且 FIFO 未满，则计数加 1
    else if(rd_en && !empty && !wr_en)
        fifo_cnt     <= fifo_cnt - 1'd1;   // 如果只有读使能，且 FIFO 未空，则计数减 1
    else
        fifo_cnt     <= fifo_cnt;
end
//empty 空标志的定义
always@(posedge sys_clk or posedge sys_rst)begin
    if(sys_rst)
        empty <=     1'b1;
    else
        empty <= (!wr_en && (fifo_cnt[ADDR_WIDTH-1:1] == 'b0)) && ((fifo_cnt[0] == 1'b0) || rd_en);
end
//full  满标志的定义
always@(posedge sys_clk or posedge sys_rst)begin
    if(sys_rst)
        full     <= 1'b1;
    else
        full     <= (!rd_en && (fifo_cnt[ADDR_WIDTH-1:1]=={(ADDR_WIDTH-1){1'b1}}))
&& ((fifo_cnt[0] == 1'b1) || wr_en);
end
endmodule
```

同步 FIFO 的写时序图与读时序图分别如图 5-10 和图 5-11 所示。

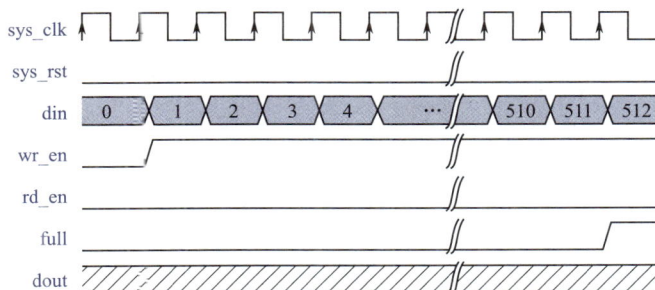

图 5-10　同步 FIFO 的写时序图

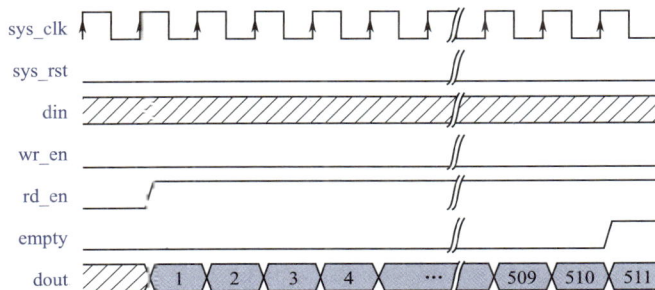

图 5-11　同步 FIFO 的读时序图

FIFO 的核心功能与应用场景如下。

高速数据缓冲：当外部设备产生的数据速率超过系统处理速度时，FIFO 可以作为缓冲器暂时存储数据，以便后续硬件按照自身的速率进行处理，避免数据丢失或溢出。

解耦数据产生端和使用端：FIFO 允许数据的产生端和使用端在速度不匹配的情况下解耦，产生端可以按照自身速率产生数据，而使用端可以按照自身速率读取数据，FIFO 则负责在两者之间进行数据传输和调节。

数据存储：FIFO 可用于临时数据的存储，特别是需要在不同时钟域之间传输数据时，它可以在时钟域之间进行数据缓冲和同步，确保数据的可靠传输。

流水线处理：在一些流水线处理中，FIFO 可用于暂时存储中间结果，以便后续处理单元能够按顺序获取所需的数据。

5.3　权重的格式与存取

5.3.1　权重的概念和训练

在神经网络中，权重表示学习到的特征，它决定了网络中任意两个神经元之间连接的强度。

神经网络的核心功能是根据学习到的数据（训练数据）进行预测。为了做到这一点，它必须对新数据（未经训练的数据）进行重复分类，然后根据从训练数据中获得的原则和标准进行处理。

神经网络由复杂的神经元（也称为节点）阵列组成，每个神经元包含一个输入、一个权重和一个偏置。权重定义了两个神经元之间的连接强度；而偏置（偏差值）是一个附加权重，与其他权重不同，它不直接关联到输入或网络中的其他层。权重决定了激活函数触发的速度，从而影响最终的预测结果；偏置则通过调整激活函数的触发条件，起到延迟或提前激活的作用。这种运算机制的示意图如图 5-12 所示。

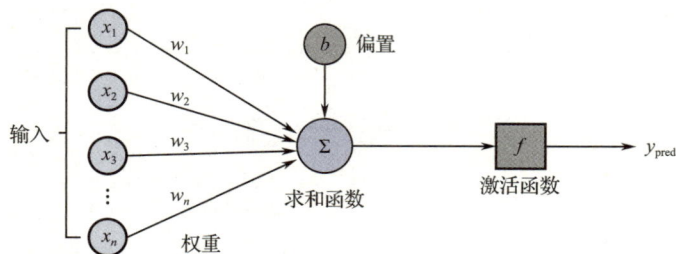

图 5-12　运算机制的示意图

权重本身是有偏差的，因为它对与其关联的数据有非常强烈的偏向，而缺乏这种关联性的偏置则可以更客观地调节激活函数（前提是符合数据集的逻辑和目标）。

权重主要用于神经网络的隐藏层。非隐藏层包括输入层、输出层或最终层（转换后的数据显示并可供用户使用），如图 5-13 所示。

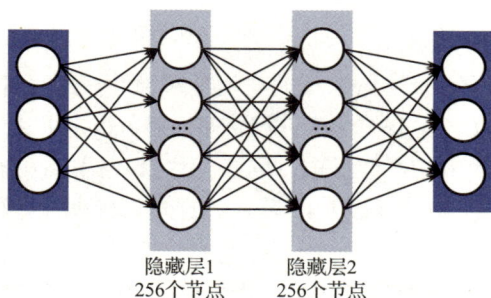

图 5-13　多层感知机神经网络

较低的权重值对数据的影响较小，而较高的权重值则会产生显著影响。权重可以通过多种操作形式（如加权求和、归一化等）对数据进行不同程度的调整和变换，具体取决于网络的类型。但所有操作都旨在实现相同的目的，即如何处理数据，是否应该优先考虑某些数据，以及数据在计算中对结果的影响程度。

当网络从头开始训练时，由于没有任何先验知识，它会逐步从训练数据中发现潜在的规律。初始时，权重是随机的，网络会根据数据不断调整这些权重，直到它们变得越来越准确。

在训练过程中，神经元将计算输入数据的加权和。这意味着它将获取数据值并执行使数据符合网络模式的计算。之后，将偏置添加到计算出的加权和中。此时，偏置充当标准化机制，进一步使数据符合训练架构中设置的目标，并且偏置比权重具有更广泛的总体目标视角，而权重则更关注局部属性。

权重值是通过一系列计算得到的，主要通过损失函数（如结构相似性指数、峰值信噪比和均方误差）控制运算执行的算法和所遵循的原则，经过多轮训练迭代便可得到满足需求的权重值。

权重是网络能够学习和模拟复杂函数的核心，在特征学习中不仅识别输入数据中的关键特征，还负责对这些特征进行量化和编码。在深度学习中，每一层的权重都负责从输入数据中提取不同层次的特征。例如，在图像识别任务中，网络的前几层可能会学习到简单的特征，如边缘、颜色变化或纹理；随着层数的加深，网络开始识别更复杂的特征，如物体的角落、轮廓或局部形状；网络的更深层次会整合这些特征，识别出完整的物体。权重通过学习数据中的模式和相关性，使网络能够发现特征并进行相应的表示。

权重不仅决定了数据在网络中的流动路径，还决定了数据如何被处理。在每一层的神经元中，权重与输入数据相乘后求和，从而激活神经元。这个过程可以被视为一个动态的滤波过程，而权重值决定了哪些信息被加强，哪些信息被抑制。这种动态的信息处理能力使神经网络能够适应各种复杂的数据模式和变化。

此外，权重还决定了网络结构的适应性和灵活性。不同的网络结构（如卷积神经网络、循环神经网络和变换器）都有其特定的权重配置以适应不同类型的数据和任务。例如，卷积神经网络中的权重自动学习到空间层级结构，而循环神经网络中的权重则学习到时间序列数据中的动态特征。

权重的学习是一个迭代的过程，涉及前向传播和反向传播。在前向传播中，输入数据在网络中向前流动，每一层的权重对数据进行处理，直到生成最终的预测；在反向传播中，损失函数产生的误差信号在网络中向后传播，用于更新权重、减小预测误差。这个迭代过程是网络学习的基础，可使权重不断优化以适应训练数据。

权重的调整直接影响网络对新数据预测的准确性。在训练过程中，通过梯度下降等优化算法，权重被调整以最小化预测误差。这个过程涉及损失函数的选择，损失函数决定了预测值与真实值之间的差距如何被量化。权重的精确调整使网络能够在给定新数据时准确地激活相关的神经元，生成可靠的预测值。

权重的调整是一个精细且复杂的过程，大致步骤如下。

权重初始化：权重的初始化是训练过程的第一步，它对网络的收敛速度和最终性能具有重要影响。权重的初始化具体有以下几种。

（1）随机初始化。权重的随机初始化是为了避免网络中的神经元在开始时就具有相同的参数值，这会导致它们学习相同的特征，从而失去网络的多样性和表达能力。权重通常被初始化为较小的随机值，如在接近0但不为0的范围内。如果权重初始值过小，神经元的输入信号可能会太弱，以致网络中的激活值和梯度非常小，从而使训练过程变得非常缓慢；相反，如果权重初始值过大，神经元的输入信号可能会过强，导致激活值和梯度变得非常大，这可能会导致梯度爆炸问题，即梯度随着网络层的加深呈指数级增长，使权重更新过大，网络难以稳定训练。

（2）非对称初始化。非对称初始化是指为网络中的每个神经元连接分配不同大小的权重值，这种方法可以有效打破网络的对称性，使每个神经元能够学习到不同的特征，从而提升模型的学习能力和表现效果。在没有隐藏层的单层网络中，对称的权重不会造成问题，但在多层网络中，对称性会导致网络中的神经元学习到冗余的表示，从而降低网络的学习效率。非对称初始化确保了网络中的每个神经元可以从不同的起点开始学习，增加了网络的表达能力和泛化能力。

（3）特定策略。针对不同的网络结构和激活函数，研究人员提出了多种初始化策略，以保持网络在训练初期的稳定性和动态范围。例如，Xavier 初始化适用于使用 Sigmoid 函数或 tanh 函数的网络，它考虑了前一层神经元的数量，通过将权重初始化为零均值、单位方差的正态分布或均匀分布来保持输入和输出的方差一致；He 初始化适用于使用 ReLU 激活函数的网络，它考虑了 ReLU 激活函数的非线性特性，与 Xavier 初始化类似，He 初始化通过均值为 0、方差为 $2/n$ 的正态分布或均匀分布来初始化权重，其中 n 为前一层神经元的数量。

迭代优化：权重的迭代优化是通过前向传播和反向传播算法实现的，这个过程是训练神经网络的核心。迭代优化的具体步骤如下。

（1）前向传播。输入数据在网络中向前流动，每一层的权重对数据进行处理，直至生成预测结果。首先，输入数据进入网络的输入层，并直接传递到下一层。随后，数据进入一个或多个隐藏层，每一层由多个神经元组成，每个神经元接收来自前一层的输出，与其权重相乘并加上偏置项（如果有的话），然后通过激活函数生成输出。最终，数据到达输出层，这里的神经元数量与任务类型有关，例如，二分类任务可能只有一个输出神经元，而多分类任务的输出神经元数量与类别数量相同。

（2）损失计算。预测结果与真实标签之间的差异通过损失函数进行量化，不同的任务类型需要不同的损失函数。例如，均方误差常用于回归任务，而交叉熵损失常用于分类任务。损失函数将预测值与真实值之间的差异量化为一个数值，该数值越小，表示模型的预测越准确。

（3）反向传播。反向传播算法采用链式法则计算损失函数关于权重的梯度，以确定如何调整权重以减少损失。计算得到的梯度用于更新网络中的权重和偏置，更新的幅度由学习率决定。学习率是一个超参数，需要根据训练过程进行调整。整个训练过程是迭代的，每处理一个批次的数据就进行一次前向传播、损失计算和反向传播，然后更新权重。

（4）优化算法。权重更新的具体方式可以通过不同的优化算法来实现，这些算法可以加快收敛速度或提高模型性能。优化算法包括梯度下降（最基础的优化算法，通过简单的迭代方式更新权重）、随机梯度下降（在每次更新中只使用一个样本或一个小批次的样本来计算梯度，可以加快训练过程并避免陷入局部最小值）、动量（一种改进的随机梯度下降，考虑了梯度的指数加权平均，有助于加速梯度下降并在梯度较小的方向上快速收敛）。可以根据模型的应用场景与结构选择合适的优化算法。

损失函数：损失函数是机器学习中评估模型性能的核心工具，它量化了模型预测与实际观测值之间的差异。损失函数是连接模型预测和实际观测的桥梁，通过精心设计和选择损失函数，可以显著提高模型的性能和适用性。常用的损失函数如下。

（1）均方误差。均方误差是最常用的损失函数之一，特别是在回归任务中。它计算所有样本的预测值与实际值之差平方的平均值。均方误差对大的误差值施予更大的惩罚，因为它是误差的平方，这使得模型在训练过程中更加倾向于减少大的预测误差。均方误差适用于处理连续值输出的回归问题，如房价预测、股票价格预测等。

（2）交叉熵损失。交叉熵损失在分类任务中尤为常用，特别是在二分类和多分类问题中。它衡量的是模型输出的概率分布与真实标签的概率分布之间的差异。交叉熵损失鼓励模型输出的概率分布尽可能接近真实的概率分布，这有助于模型在分类问题中做出更准确的预测。

（3）自定义损失函数。在某些特定应用中，标准损失函数可能不足以满足任务的所有需求，这时可能需要自定义损失函数。自定义损失函数通常由特定的业务需求或问题特性驱动。例如，在某些情况下，需要对某些类型的错误施予更大的惩罚；在图像分割任务中，可能需要设计一个损失函数同时考虑边界的准确性和区域的一致性。自定义损失函数需要深入理解问题域和模型的预测行为，以便正确地量化预测误差。

通过上述详细的步骤和策略，神经网络能够通过迭代优化过程不断地学习和改进，生成合适的权重数据，最终实现对新数据做出准确预测的目的。

5.3.2　权重的格式

权重的格式和含义会根据所使用的神经网络类型及其任务目标的不同而有所差异。

在语言模型中，权重用于增强对单词或语言标记的理解和生成能力。例如，在词嵌入模型（如Word2Vec 或 GloVe）中，权重将单词转换为向量形式，这些向量捕捉了单词之间的语义和语法关系；在 Transformer 架构中，自注意力机制的权重帮助模型在序列的不同部分之间建立联系，从而更好地理解上下文。权重通过在网络的每一层中调整和转换词向量来提取更高层次的语言特征，如短语或句子结构。

在预测分析模型中，权重与输入特征相关，反映了每个特征对预测结果的影响程度。这些权重可以基于统计数据或其他可量化的数值确定，通过这些权重模型能够正确地推理预测：在简单的线性回归模型中，权重表示自变量对因变量的影响程度；在时间序列预测模型（如长短期记忆网络）中，权重帮助模型学习时间点之间的依赖关系；在涉及大量特征的预测模型中，权重可以表示每个特征对预测结果的重要性，有助于进行特征选择和降维。

在多模态生成模型（如稳定扩散模型）中，权重通过学习大量真实照片与相应文字描述之间的关系来生成新的图像。例如，输入一段描述，模型会根据学习到的文字和图像之间的联系，生成一张符合描述的"假照片"。模型能够理解语义和视觉信息之间的联系，判断哪些图像特征与文字描述是匹配的，从而生成符合描述的图像。权重起到的作用是捕捉和学习不同模态之间的关联，如文本描述和图像内容之间的对应关系。在生成过程中，权重帮助模型将不同模态的内容融合在一起，生成符合给定条件的输出，如根据文本描述生成图像。在艺术创作或风格迁移任务中，权重可以控制生成内容的风格和语义，以满足特定的创造性要求。

在边缘设备中进行推理时，权重数据的格式需要考虑存储效率、访问速度和硬件兼容性。权重数据的格式不仅影响模型的性能，还影响模型在资源受限的边缘设备上的可行性。以下是几种针对边缘设备的常见网络权重数据格式。

多层感知机权重格式：多层感知机由多个全连接层组成，每一层的权重通常表示为一个矩阵，其行数对应前一层的神经元数，列数对应当前层的神经元数。该种权重格式由以下要素组成。

（1）权重矩阵：每个全连接层都有一个权重矩阵，用于将前一层的输出映射到当前层的输入。

（2）偏置向量：除了权重矩阵，每层还有一个偏置向量，其长度与当前层的神经元数相同。

（3）序列化：在边缘设备中，所有层的权重矩阵和偏置向量通常会被序列化或展平为一维数组，以便于存储和传输。

（4）数据类型：权重和偏置的数据类型（如 FP32、FP16 或 INT8）会影响模型的精度和存储需求。

卷积神经网络权重格式：卷积神经网络由卷积层、池化层和全连接层组成，权重数据的格式在不同类型的层中有所不同。卷积神经网络权重格式由以下要素组成。

（1）卷积核：卷积层的权重通常表示为多个卷积核，每个卷积核对应一个输入通道的特征图，并且有特定的大小（如 3×3、5×5 等）。

（2）权重张量：每个卷积层的权重采用一个四维张量表示，具体表示为 [输出通道数，输入通道数，卷积核高度，卷积核宽度]。

（3）偏置：与多层感知机类似，卷积层也可能有偏置项，通常为一维向量，长度等于输出通道数。

（4）层叠存储：在边缘设备中，所有卷积层的权重和偏置会被序列化，并按照网络层的顺序存储。

为了适应边缘设备资源受限的状况，需要对权重数据的存储格式和访问方式进行优化。例如，将 FP32 格式的权重和偏置量化为 INT8 格式，可以显著减少对存储空间和计算资源的需求。利用权重的稀疏性（许多权重为零或接近零），可以进一步减少存储需求。权重数据可以进行压缩存储以减小模型大小，在推理时进行解压缩以保持性能。将权重和偏置融入操作中可以减少运行时的参数量，这种方法称为常数折叠。

5.3.3　权重的存取

在边缘设备中部署神经网络模型时，权重数据的存储和管理是关键考虑因素之一。由于边缘设备的计算资源和存储空间有限，因此需要针对这些限制优化存储解决方案。

ASIC 是为特定任务或一组任务量身定制的硬件。在 ASIC 设计中，可以集成专门的存储单元来保存神经网络的权重数据，例如，嵌入式 SRAM 可用于提供快速的数据访问，适合存储需频繁访问的权重数据。对于需要更大存储容量的应用，ASIC 可以集成 DRAM 以存储大量的权重数据，尽管其访问速度不如 SRAM 快。

FPGA 可以通过编程来实现定制的硬件逻辑。在 FPGA 中，权重数据的存储有以下选项：FPGA 内部的 BRAM 是一种嵌入式存储资源，类似于 SRAM，可用于存储 FPGA 内部的权重数据；对于较大的权重数据集，可以使用外部存储设备，如 SD 卡。

权重数据通常需要在边缘设备外部存储，并通过特定方式加载到设备中。常见的文件格式包括文本文件（如 .txt）和二进制文件（如 .bin）。文本文件以明文形式存储权重，通常采用十六进制格式或十进制格式表示权重值（见图 5-14）；而二进制格式则能够有效减小文件体积并加快加载速度。

为了更好地进行演示与验证，本节使用 FPGA 开发板进行权重的存取实验。首先需要根据权重数据的规模和 FPGA 的硬件资源进行判断，如果 FPGA 开发板上 BRAM 资源充足且权重数据较少，可以考虑直接使用 BRAM 进行存取，不需要特殊配置。FPGA 配套的 EDA 开发工具在综合时会将从权重文件中读取的数据存储到 BRAM 中（因为数据较多，优化策略会调用 BRAM）。下面将给出一段 Verilog 演示代码，将权重和偏置分别进行存储与读取，其中的权重模块接口如图 5-15 所示。

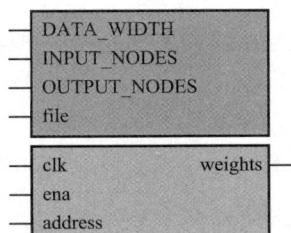

图 5-14　权重数据　　　　　　　　图 5-15　权重模块接口

```verilog
//-------------------------------------------------------------------------------------
//                                  权重存取
//-------------------------------------------------------------------------------------
module weightMemory#(
    parameter DATA_WIDTH = 32,                      // 数据宽度
    parameter INPUT_NODES = 256,                    // 输入神经元节点个数
    parameter OUTPUT_NODES = 256,                   // 输出神经元节点个数
    parameter file = ".txt"                         // 需要读取的权重文件路径
)
(   input clk,
    input ena,                                      // 使能
    input [15:0] address,                           // 需要读取的数据地址
    output reg [DATA_WIDTH*OUTPUT_NODES-1:0] weights
                                                    // 输出神经元的权重参数, 有 OUTPUT_NODES 个
    );

// 如果有 256 个 in_nodes 和 256 个 out_nodes, 则权重同时依赖 in_nodes 和 out_nodes
// 那么应该有 256*256 = 65536 个双重, 所以使用一个 for 函数来读取权重数据,
for 函数中的 i 表示当前输出神经元节点

localparam TOTAL_WEIGHT_SIZE = INPUT_NODES * OUTPUT_NODES;    // 文件中所有权重个数

reg [DATA_WIDTH-1:0] memory [TOTAL_WEIGHT_SIZE-1:0];// 中间寄存器, 将文件中的权重读取并存入其中

integer i;

always @ (posedge clk) begin
    if (address > INPUT_NODES-1 | address < 0 || !ena) begin
        weights = 0;
    end else begin
        for (i = 0; i < OUTPUT_NODES; i = i + 1) begin
            weights[i*DATA_WIDTH+:DATA_WIDTH] = memory[(address*OUTPUT_
NODES)+i];
        end                             // 将需要的某个神经元权重参数进行输出
    end
end

initial begin
    $readmemh(file,memory);             // 将权重文件以十六进制格式读取到 memory
end

endmodule
//-------------------------------------------------------------------------------------
//                                  偏置存取
//-------------------------------------------------------------------------------------
module biasMemory#(
    parameter DATA_WIDTH = 32,                      // 数据宽度
    parameter OUTPUT_NODES = 256,                   // 输出神经元节点个数
```

```
    parameter file = ".txt"                    // 需要读取的偏置文件路径
)
(   input clk,
    input ena,                                 // 使能
    input [15:0] address,                      // 需要读取的数据地址
    output reg [DATA_WIDTH*OUTPUT_NODES-1:0] bias  // 输出神经元的偏置参数，有 OUTPUT_NODES 个
);

    //bias 只依赖 out_nodes，如果有 256 个节点，那么应该有 256 个 bias.

    reg [DATA_WIDTH-1:0] memory [OUTPUT_NODES-1:0];    // 文件中所有权重个数

    integer i;

    always @ (posedge clk) begin
        if (address > OUTPUT_NODES-1 || address < 0 || !ena) begin
            bias = 0;
        end else begin
            for (i = 0; i < OUTPUT_NODES; i = i + 1) begin
                bias[i*DATA_WIDTH+:DATA_WIDTH] = memory[i];
            end                               // 将需要的某个神经元偏置参数进行输出
        end
    end

initial begin
    $readmemh(file,memory);                    // 偏置文件以十六进制格式读取到 memory
end

endmodule
```

如果需要存储的权重数据量较大，或者 FPGA 开发板上的 BRAM 资源有限，则应考虑使用 SD 卡进行数据的读/写操作。SD 卡是边缘设备中常用的存储模块，内部集成了 NAND Flash 控制器，可以方便地进行数据读/写。

首先简要介绍 SD 卡的通信协议。SD 卡的所有命令均由主机发起，接收到命令后返回响应数据，根据命令的不同，返回的数据内容和长度也不同。一个标准的 SD 卡命令包由 6 字节组成：第 1 字节为命令号，其中高位 bit7 和 bit6 固定为 "01"，其余 6 位代表具体的命令编号；第 2 ~ 5 字节为命令参数；第 6 字节包含 7 位的 CRC 校验码和 1 位结束标志（在 SPI 模式下，CRC 校验位是可选的）。

本书选用的 FPGA 开发板型号为 Xilinx 的 AX7A200（采用 XC7A200T 芯片），开发板上配备了一个 Micro SD 卡插槽，支持 SPI 模式和 SD 模式。Micro SD 卡引脚定义和插槽引脚图分别如图 5-16 和图 5-17 所示，SD 卡引脚信号传输如表 5-3 所示。

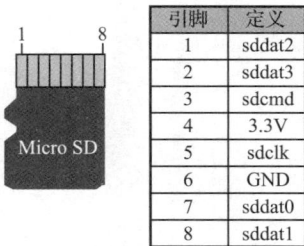

引脚	定义
1	sddat2
2	sddat3
3	sdcmd
4	3.3V
5	sdclk
6	GND
7	sddat0
8	sddat1

图 5-16 Micro SD 卡引脚定义

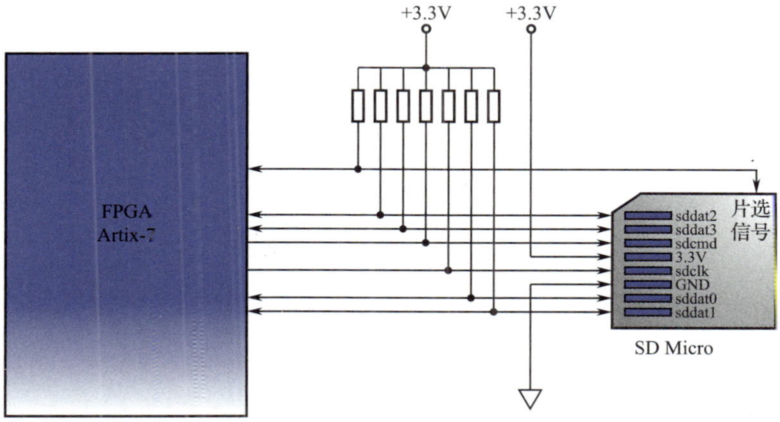

图 5-17　Micro SD 卡插槽引脚图

表 5-3　SD 卡引脚信号传输

信号名	输入 / 输出方向
sdclk	主机到 SD 卡
sdcmd	发起命令时为主机到 SD 卡，响应命令时为 SD 卡到主机
sddat0、sddat1、sddat2、sddat3	写数据时为主机到 SD 卡，读数据时为 SD 卡到主机

接下来将展示如何读取 SD 卡中的权重文件并通过串口进行回传，其中的 SD 卡模块接口如图 5-18 所示。

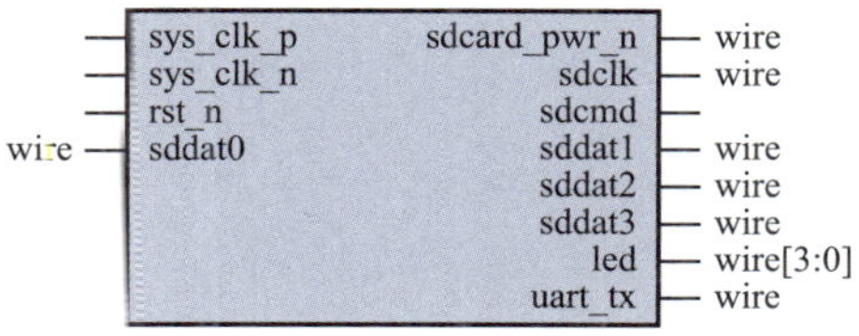

图 5-18　SD 卡模块接口

Verilog 示例代码如下：

```
//----------------------------------------------------------------
//                        SD 卡权重读取
//----------------------------------------------------------------
module fpga_top (
    input               sys_clk_p,
    input               sys_clk_n,
    input               rst_n,
    output wire         sdcard_pwr_n,
    // SD 卡数据传输信号
    output wire         sdclk,
    inout               sdcmd,
```

```
    input  wire          sddat0,
    output wire          sddat1, sddat2, sddat3,
    output wire [3:0]    led,
    output wire          uart_tx
);



assign sdcard_pwr_n = 1'b0;              // 保证 SD 卡电位拉高

assign {sddat1, sddat2, sddat3} = 3'b111;// 为了避免进入 SPI 模式，将 sddat1、sddat2、sddat3 均拉高


//--------------------------------------------------------------------------------
// generate 50 MHz clk from 100 MHz clk
//--------------------------------------------------------------------------------
wire       sys_clk;
wire       clk_50Mhz;


IBUFDS sys_clk_ibufgds
(
    .O                   (sys_clk     ),
    .I                   (sys_clk_p   ),
    .IB                  (sys_clk_n   )
);
sys_pll sys_pll_m0
 (
    .clk_in1             (sys_clk     ),
    .clk_out1            (clk_50Mhz   ),
    .reset               (1'b0        ),
    .locked              (            )
 );



//--------------------------------------------------------------------------------
// sd_file_reader
//--------------------------------------------------------------------------------
wire       outen;  // when outen=1, a byte of file content is read out from outbyte
wire [7:0] outbyte; // a byte of file content

sd_file_reader #(
    .FILE_NAME_LEN   ( 7          ),  // 文件名的长度
    .FILE_NAME       ( "111.txt"  ),  // 读取的文件
    .CLK_DIV         ( 2          )   // 时钟分频
) u_sd_file_reader (
    .rstn            ( rst_n      ),
    .clk             ( clk_50Mhz  ),
    .sdclk           ( sdclk      ),
```

```
    .sdcmd            ( sdcmd        ),
    .sddat0           ( sddat0       ),
    .card_stat        (              ),
    .card_type        ( led[3:2]     ),   // 0=UNKNOWN      , 1=SDv1      , 2=SDv2     , 3=SDHCv2
    .filesystem_type  ( led[1]       ),   // 0=UNASSIGNED , 1=UNKNOWN  , 2=FAT16   , 3=FAT32
    .file_found       ( led[0]       ),   // 0= 文件未找到 , 1= 文件找到
    .outen            ( outen        ),
    .outbyte          ( outbyte      )
);

uart_tx#
(
    .CLK_FRE(50000000),
    .BAUD_RATE(115200)
) uart_tx_inst
(
    .clk              (clk_50Mhz     ),
    .rst_n            (rst_n         ),
    .tx_data          (outbyte       ),
    .tx_data_valid    (outen         ),
    .tx_data_ready    (              ),
    .tx_pin           (uart_tx       )
);

endmodule
```

将从 SD 卡中读取的权重数据进行串口回传，发现权重数据正常读取并通过串口显示到上位机，具体如图 5-19 所示。

图 5-19　串口回传显示

可以看到，权重数据已经完整地存储在 FPGA 的 BRAM 中，并通过串口显示出来。详细的代码可以在本书配套资料包中查看。利用权重数据可以对预定好的神经网络结构进行部署和推理。关于如何实现模型的部署将在后续章节中详细介绍。

5.4　任务及习题

1. 解释局部性原理在内存管理中的重要性，并说明时间局部性和空间局部性的区别。
2. 比较 SRAM 和 DRAM 在成本、速度和应用方面的主要差异。
3. 描述 DDR SDRAM 的发展历程，并说明每一代 DDR SDRAM 的主要改进之处。
4. 对比 NOR Flash 和 NAND Flash 的主要区别，并说明它们各自的典型应用。
5. 阐述在边缘 AI 加速器中使用 FIFO 的重要性，并说明同步 FIFO 和异步 FIFO 的区别。
6. 使用 Verilog 语言设计单口 RAM、双口 RAM 和 FIFO，并通过仿真检验功能的正确性。

第 **6** 章
神经网络加速器与 SoC 系统集成

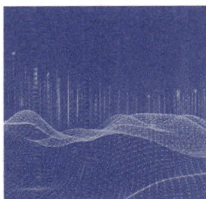

6.1 微处理器与系统芯片介绍

6.1.1 微处理器介绍

微处理器（Micro Controller Unit，MCU）是一种集成了微处理器核心、存储器、输入 / 输出接口和其他外设的单芯片计算机系统。与通用处理器（如 Intel 的 x86 系列、ARM 和 RISC-V 处理器）相比，MCU 具有低功耗、小封装尺寸和简化设计等优势，适用于资源受限的嵌入式系统和物联网设备等。

MCU 主要由以下组件构成。

1. 微处理器核心：作为 CPU，负责执行指令、控制计算、处理数据和管理其他组件，可以采用精简指令集计算（RISC）或复杂指令集计算（CISC）架构。

2. 存储器：用于存储程序指令和数据，包括 Flash（用于存储程序代码）、RAM（用于存储临时数据）和 EEPROM（用于存储非易失性数据）等。

3. 输入 / 输出接口：提供多种输入和输出接口，用于与外部设备进行通信，这些接口包括通用输入 / 输出（GPIO）、模拟输入 / 输出（ADC/DAC）、串行通信（如 UART、SPI、I^2C）和定时 / 计数器等。

4. 外设：内置通用定时 / 计数器、PWM 输出、看门狗定时器和中断控制器等外设，这些外设提供了额外的功能性和灵活性，以满足不同应用需求。

MCU 因其高集成度、低功耗、低成本、小体积，以及易于编程和使用等优点，广泛应用于家用电器、工业自动化、医疗设备、汽车电子、智能传感器和物联网设备等领域。

不同的 MCU 产品具有不同的性能、架构和特性。根据位宽，MCU 可分为 4 位、8 位、16 位、32 位和 64 位；目前，32 位 MCU 已成为主流，逐渐取代了 8 位和 16 位产品。按指令集架构（ISA）划分，MCU 类型包括 8051、ARM、MIPS、RISC-V、POWER 等。基于 ARM Cortex-M 系列内核 IP 的 MCU 是当前 32 位 MCU 的市场主流。近年来，在新兴的物联网领域，开源的 RISC-V 也日益受到关注。

6.1.2 系统芯片介绍

系统芯片（System on Chip，SoC），是一种集成了多个功能模块和子系统的单芯片计算机系统，具备高性能和全面集成的特点。与传统的 MCU 相比，SoC 在处理能力、功能丰富性和应用领域广度上具有显著优势。

SoC 主要由以下组件构成。

处理器核心：采用高性能的处理器核心，如多核心、多线程的 CPU，能够处理复杂的计算任务和多线程应用。常见的处理器核心包括 ARM Cortex-A 系列、x86 架构、RISC-V 架构等。

高速存储器：内置高速存储器，包括快速缓存（Cache）和内部存储器，用于存储和快速访问程序代码及数据，提高系统的响应速度和运行效率。

图形和多媒体处理器：通常配备专用的 GPU 和多媒体处理单元，用于加速图形渲染、视频解码、音频处理和图像处理等操作，提供流畅的图形显示和高质量的多媒体体验。

输入 / 输出接口：提供多种输入 / 输出接口，包括通用输入 / 输出、模拟输入 / 输出、高速串行通信（如 USB、Ethernet、PCIe）等接口，用于实现与外部的数据交换和通信。

外设和子系统：内置各种外设和子系统，包括高性能的定时 / 计数器、通信接口（UART、SPI、I^2C 等）、高速存储控制器（如 DDR 控制器）、网络接口控制器等。

SoC 的优势在于其高性能和全面集成的能力，能够提供强大的计算能力、较高的数据处理效率和快速的响应速度，适用于需要处理复杂任务和大规模数据的应用。SoC 的全面集成也简化了系统设计和布局，减少了组件数量，降低了功耗，提高了系统的可靠性和稳定性。

6.2 AMBA 系统总线

6.2.1 总线的概念

总线（Bus）是计算机系统中用于在各组件之间传输数据、地址和控制信号的公共通信通道。

总线可分为片上总线和片外总线。片外总线通常用于不同芯片或设备之间的数据通信，常见协议包括 UART、I^2C、CAN、SPI 等，这些协议提供了在不同设备之间进行数据传输和通信的标准化方法。片上总线用于芯片内部不同模块之间的规范化数据交换，常用的片上总线包括 AMBA、AHB、APB 和 AXI 等。

总线的存在使计算机系统中的各个组件能够以一种规范的方式进行数据交换，提高了系统的可扩展性、兼容性和可靠性。总线的规范化设计使不同组件之间可以更容易地进行连接和通信，简化了系统的设计和开发过程。

6.2.2 总线的作用

现代计算机和嵌入式系统的基本组件包括 CPU（由运算器和控制器构成）、存储器和 I/O

设备。然而，在实际应用中，计算机和嵌入式系统往往需要连接多个 CPU、存储器和 I/O 设备，以构建完整的系统。为了实现这种连接，需要一种规范化的数据交换方式，这就是引入总线的原因。

总线提供了一种通用接口，用于连接计算机和嵌入式系统中的不同组件，并规定了数据传输和控制逻辑。总线可被视为一个共享通道，不同组件可以通过总线进行通信。

以下是总线的一些重要作用和优势。

结构灵活：总线提供了一种简单而灵活的方式来连接多个组件，使系统可以轻松地扩展或缩减组件，而无须重新设计整个系统的连接方式。

高可靠性和快速响应：总线的设计充分考虑了高可靠性和快速响应的需求，确保了高效的数据传输，能够满足系统对于实时性和性能的要求。

资源共享能力：总线允许多个组件共享同一数据传输通道，这意味着当一个组件向总线发送数据时，其他组件都可以接收这些数据，即支持广播通信模式。

综上所述，总线在计算机和嵌入式系统中起到连接各个组件、实现数据传输和控制的关键作用。总线使系统结构更加灵活、可靠，并且能够满足系统对于性能和实时性的要求。

6.2.3　总线的组成和类型

总线是一组用于在源部件和目的部件之间传输信息的传输线路。除了传输线路，总线的控制逻辑同样至关重要。由于存在输出信息的源组件和多个接收信息的目标组件，发送的信息必须经过选择和判优机制分开发送，以避免多个组件同时发送信息导致冲突。此外，总线还需对传输的信息进行定时，确保信息准确无误地传输，因此在总线中需设置控制线路，其中包含判优或仲裁控制逻辑、驱动器和中断逻辑等。

根据不同的分类标准，总线可以分为多种类型，具体如下。按照功能可分为数据总线、地址总线和控制总线，分别负责传输数据、地址和控制信号。按照传输格式可分为串行总线和并行总线，分别串行、并行地传输数据。按照时序控制方式可分为同步总线和异步总线，同步总线所连接的各组件使用统一的时钟信号，在特定时钟节拍下进行规定的总线操作；异步总线所连接的各组件没有统一的时钟，组件之间通过信号握手的方式进行通信，总线操作时序不固定。本书采用按照总线层级的分类标准将总线划分为片内总线、系统总线、通信总线。

片内总线是 CPU 内部的总线，负责连接控制器、运算逻辑单元、寄存器等功能模块。系统总线是 CPU、GPU、ISP、CODEC、主存储器、I/O 设备等主要功能部件之间的信息传输总线，系统总线将这些部件连接起来构成计算机或嵌入式系统。由于这些部件通常都集成在同一硬件板卡上，系统总线也被称为板级总线或板间总线。通信总线负责系统的对外连接，是计算机（或嵌入式）系统之间、计算机（或嵌入式）系统与外部系统（如远程通信设备、测试设备）之间的信息传送总线，也被称为外部总线。常见的通信总线包括 USB、PCIE、SPI、I²C、UART 等。

6.2.4　AMBA 总线简介

AMBA（Advanced Microcontroller Bus Architecture）总线是由 ARM 公司的一种专为嵌入式系统开发的开放式总线标准。通过定义一套协议和接口，AMBA 总线提供了一种灵活可扩展的系统互联架构，用于连接处理器、存储器和外设等 IP 核。

AMBA 总线的主要作用是实现各种 IP 核之间的高效通信和协同工作，从而构建复杂的嵌入式系统。其设计目标包括高性能、低功耗和可靠性，同时具备灵活性和可扩展性，以满足不同应用领域和设计要求。

AMBA 总线有几个重要版本，其中最为常用和重要的版本包括 AMBA3 和 AMBA4。AMBA3 是较早的版本，引入了 AHB 和 APB 两种重要的总线协议。AHB 是一种高性能、高带宽的总线协议，用于连接主处理器、存储器和高速外设；APB 是一种低带宽、低功耗的总线协议，主要用于连接低速外设。AMBA4 是 AMBA 总线的最新版本，引入了 AXI 系列协议，包括 AXI4、AXI4-Lite 和 AXI Streaming 等。AXI4 是一种高性能、高带宽的总线协议，用于连接处理器、存储器和高速外设，提供了更高的吞吐量和更丰富的功能；AXI4-Lite 是 AXI4 的一个简化版本，适用于低带宽、低功耗的外设连接。AXI4 和 AHB 作为 AMBA 总线中最常用的重要协议，在嵌入式系统设计中起着关键作用：AXI4 提供了更高的性能和灵活性，适用于高性能计算和数据传输；而 AHB 则提供了一种可靠的、低功耗的总线解决方案，适用于对功耗较敏感的应用。

AMBA 总线的应用广泛，已成为嵌入式系统设计中常用的总线标准之一，许多处理器和 IP 核都支持或遵循这一标准，提升了系统级的互操作性和兼容性。

6.3　AHB 总线

AHB（Advanced High-performance Bus）是 AMBA 2.0 协议中的重要组成部分，共有 3 个通道，支持单个时钟边沿操作、非三态传输方式、突发传输、分段传输、多个主控制器等。

在 ARM 公司推出 AXI 总线之前，AHB 是其主要推广的总线标准。虽然目前高性能 SoC 主要使用 AXI 总线，但在很多低功耗 SoC 中仍然大量使用 AHB 总线。

6.3.1　AHB 简介

AHB 的关键特性如下：
- 支持突发（Burst）传输；
- 支持 SPLIT 事务处理；
- 采用非三态传输方式；
- 单一时钟沿操作（上升沿触发）；
- 宽数据总线配置（64/128 位）；
- 流水线操作（第一个时钟传输地址，第二个时钟传输数据，同时传输下一地址）；
- 支持多个总线主设备（最多 16 个主控制器，I/O 资源的占用随主设备的增多而增加）。

AHB 协议支持多主设备、多从设备的结构设计，因此需要配置仲裁器和解码器来实现请求与响应的仲裁，以及编解码映射。AHB 总线示意图如图 6-1 所示。

一个典型的 AMBA AHB 系统由以下核心组件构成。

AHB 主设备（Master）：通过地址和控制信息发起读 / 写操作，同一时间内只允许一个主设备发起读 / 写操作。

AHB 从设备（Slave）：响应有效地址空间内的读/写操作，包括成功、失败或等待数据传输三种状态。

AHB 仲裁器（Arbiter）：确保同一时间内只有一个主设备发起读/写操作；仲裁算法是固定的，但可根据应用进行相应的选择。

AHB 解码器（Decoder）：解码地址和选择相应从设备的响应信号。

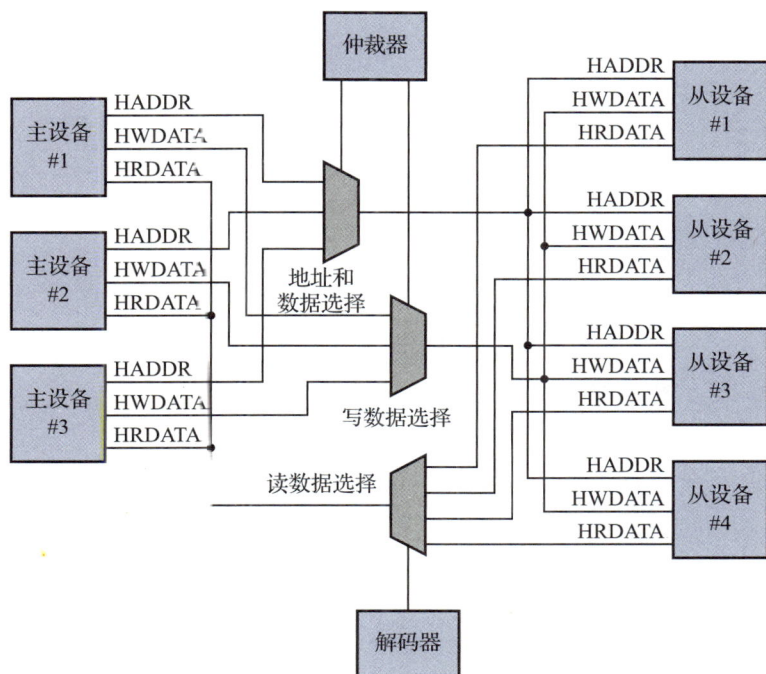

图 6-1　AHB 总线示意图

主设备发送包括 HADDR 在内的控制信号及写操作的 HWDATA 等信号。AHB 总线系统允许多个主设备存在，仲裁器会根据预设算法决定将主设备的控制信号发送给对应的从设备。从设备接收主设备的控制信号，写操作时接收 HWDATA 信号，读操作时返回 HRDATA 信号。解码器根据主设备的控制信号选择相应从设备的响应信号和读操作时的 HRDATA 返回给主设备。

6.3.2　AHB 信号

AHB 支持多个主设备和多个从设备通过寻址方式同时挂载在总线上。一个完整的 AHB 系统包括主设备、总线连接和从设备，即图 6-2 中的 AHB_Master、AHB_Connect 和 AHB_Slave。AHB 总线信号如表 6-1 所示。

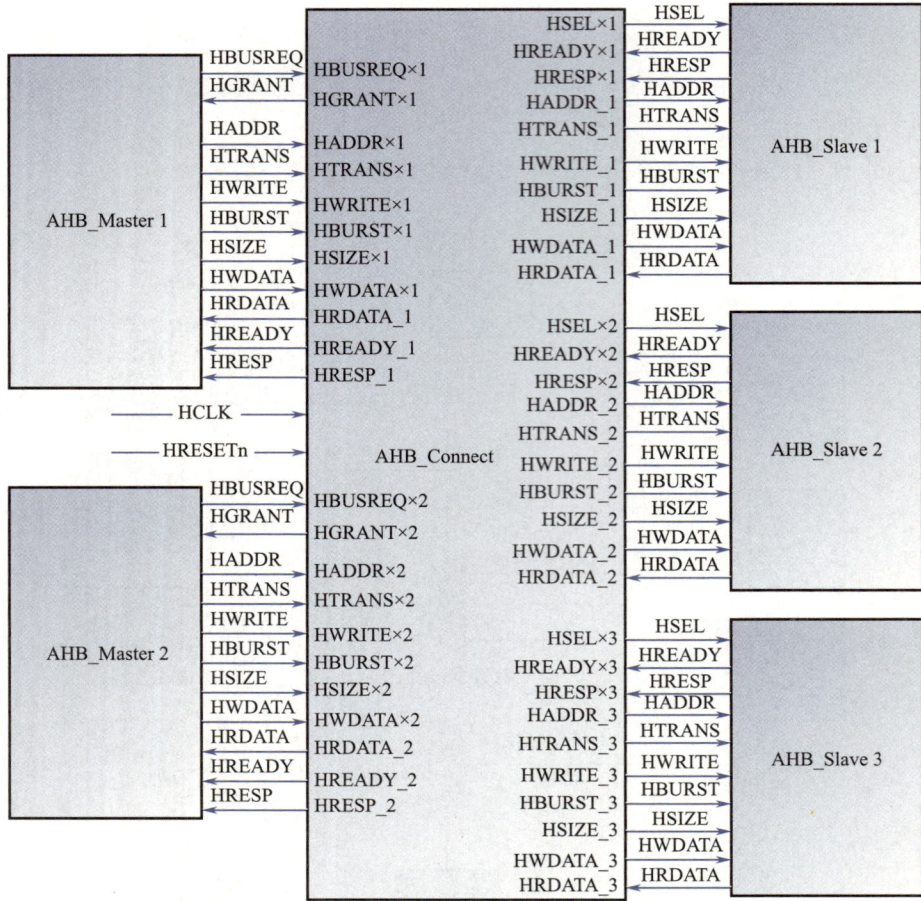

图 6-2　AHB 总线连接图

表 6-1　AHB 总线信号

类型	信号名称	方向	位宽	描述
全局信号	HCLK	输入	1	总线时钟信号
	HRESETn	输入	1	总线复位信号
主设备侧	HWRITE_x	输入	1	读/写操作信号，1代表写操作，0代表读操作
	HPROT_x	输入	4	保护控制信号
	HTRANS_x	输入	2	指明当前的传输类型
	HBURST_x	输入	3	突发传输控制信号
	HSIZE_x	输入	3	指明当前传输信号位宽
	HADDR_x	输入	32	32位地址信号
	HWDATA_x	输入	32	32位写数据信号，写操作中 Master 给 Slave 传输数据的信号
	HREADY_x	输出	1	Slave 向 Master 发送的准备信号，当该信号为"1"时，表明当前 Slave 已经准备好了，可以对其发起读/写操作
	HRESP_x	输出	2	Slave 传输相应信号，提供了关于传输状态的附加信息
	HRDATA_x	输出	32	32位读数据信号，读操作中 Slave 向 Master 提供数据的信号

类型	信号名称	方向	位宽	描述
从设备侧	HREADY_x	输入	1	Slave 向 Master 发送的准备信号
	HRESP_x	输入	2	Slave 传输相应信号
	HRDATA_x	输入	32	32 位读数据信号
	HSEL_x	输出	1	片选信号，表示当前正在工作的 Master 或 Slave
	HREADY_x	输出	1	Master 向 Slave 发送的准备信号
	HWRITE_x	输出	1	读 / 写操作信号
	HPROT_x	输出	4	保护控制信号
	HTRANS_x	输出	2	指明当前的传输类型
	HBURST_x	输出	3	突发传输控制信号
	HSIZE_x	输出	3	指明当前传输信号位宽
	HADDR_x	输出	32	32 位地址信号
	HWDATA_x	输出	32	32 位读数据信号

图 6-3 所示为一次 AHB 数据传输的时序图，可以看到在数据阶段 HREADY 被拉低，导致 Data(A) 需要延迟两个时钟周期才能被读取。

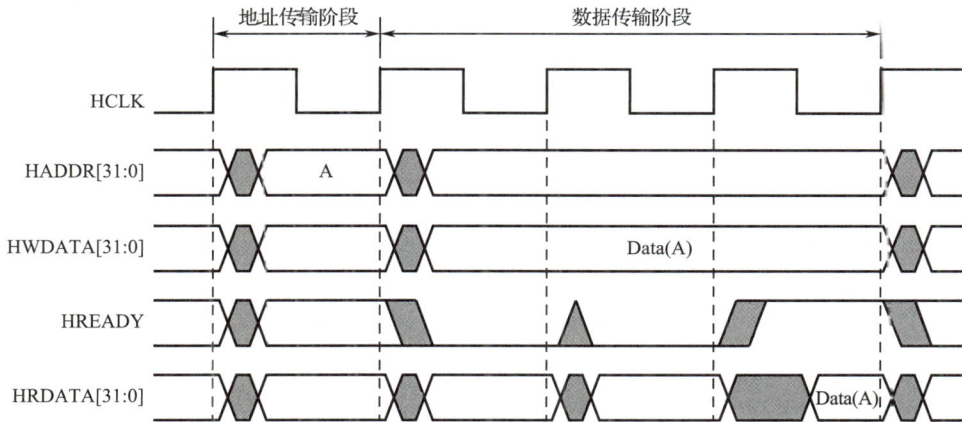

图 6-3　一次 AHB 数据传输的时序图

图 6-4 所示为不同传输类型的时序图。在第一个周期，突发传输开始，HTRANS 信号设置为 NONSEQ，表示正在进行非连续传输（NONSEQ 传输）；在第二个周期，主设备使用 BUSY 传输类型来延迟下一次传输的启动，表明此时主设备无法立即执行第二次传输；在第三个和第四个周期，主设备启动下一次传输，在没有等待状态的情况下完成，此时 HTRANS 信号变为 SEQ，表示正在进行连续传输（SEQ 传输）；在第五个周期，从设备通过拉低 HREADY 信号插入单个等待状态，表明从设备无法传输上一个周期中主设备发送的数据；最终在零等待状态下完成数据的传输。

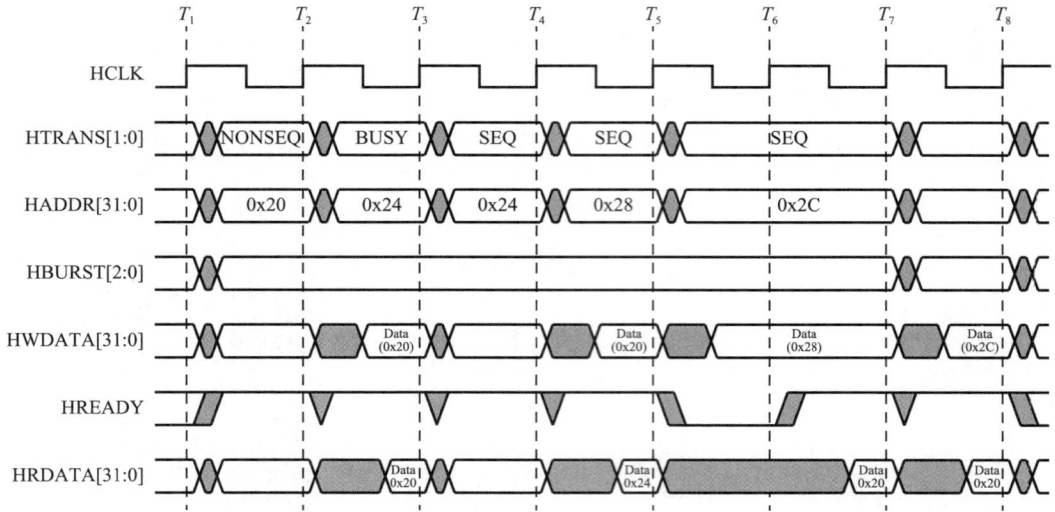

图 6-4　不同传输类型的时序图

图 6-5 所示为首次传输包含等待状态的四拍回环突发传输模式的时序图。可以看到，由于这是一次四拍的突发传输，地址将在 16 字节边界处回环，因此在向地址 0x3C 传输之后紧接着向地址 0x30 传输。

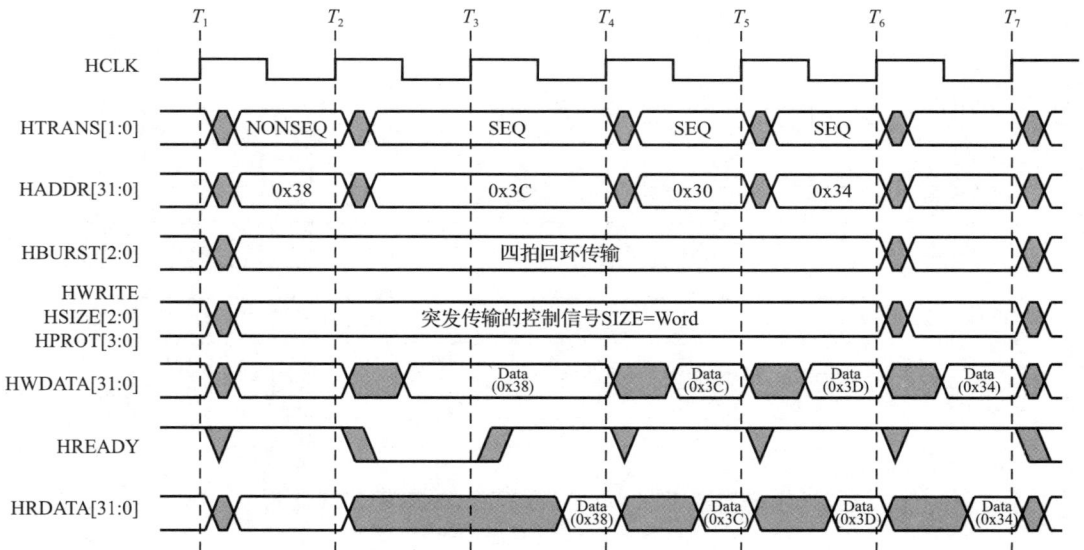

图 6-5　突发传输的时序图（四拍回环）

图 6-6 所示为 SPLIT 传输响应的总线所有权切换时序图。AMBA 2.0 协议规定，主设备在接收到 SPLIT 或 RETRY 响应后必须立即执行一次 IDLE 传输。总线上地址信号的切换发生在 T_1 时刻时钟边沿后，在 T_2 和 T_3 时刻时钟边沿后从设备返回两个周期的 SPLIT 响应。在第一个周期的 SPLIT 响应结束后（T_3 时刻），主设备检测到传输响应信号为 SPLIT，在下一个周期开始时（T_3 时刻），将驱动传输类型变为 IDLE。在 T_3 时刻，若总线中有仲裁器，则仲裁器对响应信号进行采样，并确定已经成功拆分当前传输数据。在下一个周期，仲裁器可以调整仲裁优先级和授权信号，所以新的主设备可以在 T_4 时刻之后访问地址总线。因为 IDLE 传输总在一个周期内完成，

所以协议要求新的主设备能够在 T_4 时刻立即获得总线的使用权。

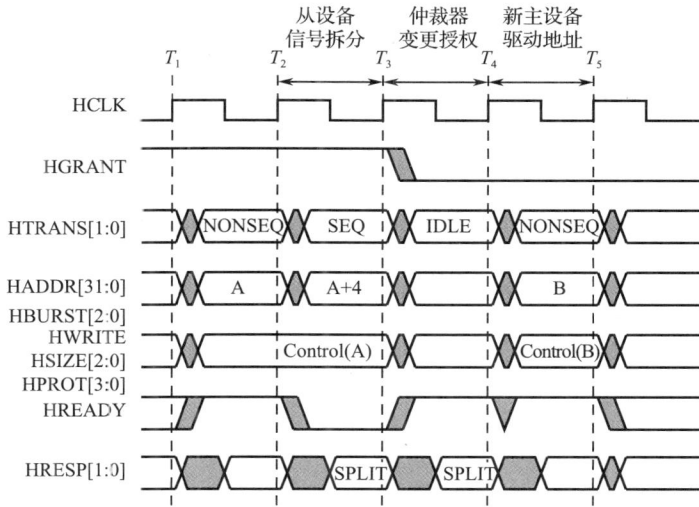

图 6-6　SPLIT 传输响应的总线所有权切换命令时序图

下面举例说明在由 1 个主设备、4 个从设备构成的 SoC 系统中，AHB 总线是如何将主设备与从设备连接起来的，顶层输入 / 输出图如图 6-7 所示。

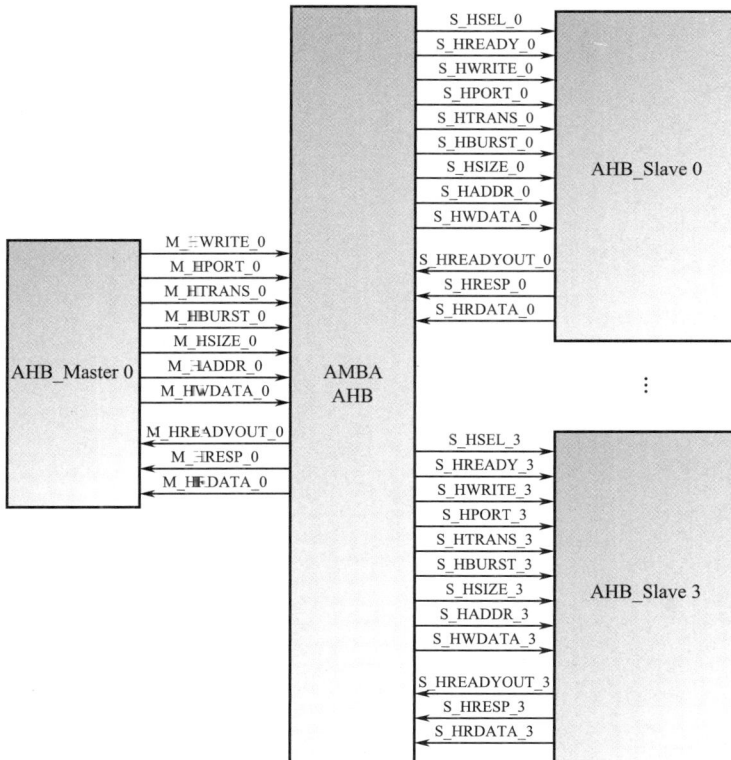

图 6-7　SoC 中的 AHB 总线顶层输入 / 输出图

以下是使用 Verilog 代码定义的总线顶层输入 / 输出接口，分别与 1 个主设备和 4 个从设备相连。

```
1.   module amba_ahb_m1s4
2.   (
3.       // clock & reset
4.       input              HCLK,              //AHB 时钟信号，50MHz
5.       input              HRESETn,           //AHB 复位信号，低电平有效
6.
7.       // input signal
8.       input              remap,
9.
10.      // master0
11.      input              M_HWRITE_0,
12.      input   [ 3 : 0] M_HPROT_0,
13.      input   [ 1 : 0] M_HTRANS_0,
14.      input   [ 2 : 0] M_HBURST_0,
15.      input   [ 2 : 0] M_HSIZE_0,
16.      input   [31 : 0] M_HADDR_0,
17.      input   [31 : 0] M_HWDATA_0,
18.
19.      // slave0
20.      input              S_HREADYOUT_0,
21.      input   [ 1 : 0] S_HRESP_0,
22.      input   [31 : 0] S_HRDATA_0,
23.
24.      // slave1
25.      input              S_HREADYOUT_1,
26.      input   [ 1 : 0] S_HRESP_1,
27.      input   [31 : 0] S_HRDATA_1,
28.
29.      // slave2
30.      input              S_HREADYOUT_2,
31.      input   [ 1 : 0] S_HRESP_2,
32.      input   [31 : 0] S_HRDATA_2,
33.
34.      // slave3
35.      input              S_HREADYOUT_3,
36.      input   [ 1 : 0] S_HRESP_3,
37.      input   [31 : 0] S_HRDATA_3,
38.
39.      // output signal
40.      // master signals of lite bus1
41.      output             M_HREADYOUT_0,
42.      output  [ 1 : 0] M_HRESP_0,
43.      output  [31 : 0] M_HRDATA_0,
44.
45.      // slave signals
46.      // slave0
47.      output             S_HSEL_0,
48.      output             S_HREADY_0,
49.      output             S_HWRITE_0,
```

```
50.    output     [ 3 : 0] S_HPROT_0,
51.    output     [ 1 : 0] S_HTRANS_0,
52.    output     [ 2 : 0] S_HBURST_0,
53.    output     [ 2 : 0] S_HSIZE_0,
54.    output     [31 : 0] S_HADDR_0,
55.    output     [31 : 0] S_HWDATA_0,
56.
57.    // slave1
58.    output              S_HSEL_1,
59.    output              S_HREADY_1,
60.    output              S_HWRITE_1,
61.    output     [ 3 : 0] S_HPROT_1,
62.    output     [ 1 : 0] S_HTRANS_1,
63.    output     [ 2 : 0] S_HBURST_1,
64.    output     [ 2 : 0] S_HSIZE_1,
65.    output     [31 : 0] S_HADDR_1,
66.    output     [31 : 0] S_HWDATA_1,
67.
68.    // slave2
69.    output              S_HSEL_2,
70.    output              S_HREADY_2,
71.    output              S_HWRITE_2,
72.    output     [ 3 : 0] S_HPROT_2,
73.    output     [ 1 : 0] S_HTRANS_2,
74.    output     [ 2 : 0] S_HBURST_2,
75.    output     [ 2 : 0] S_HSIZE_2,
76.    output     [31 : 0] S_HADDR_2,
77.    output     [31 : 0] S_HWDATA_2,
78.
79.    // slave3
80.    output              S_HSEL_3,
81.    output              S_HREADY_3,
82.    output              S_HWRITE_3,
83.    output     [ 3 : 0] S_HPROT_3,
84.    output     [ 1 : 0] S_HTRANS_3,
85.    output     [ 2 : 0] S_HBURST_3,
86.    output     [ 2 : 0] S_HSIZE_3,
87.    output     [31 : 0] S_HADDR_3,
88.    output     [31 : 0] S_HWDATA_3
89. );
90.
91. endmodule
```

　　AHB 总线顶层模块的实例化代码如下，主设备与从设备均各自连接到 AHB 总线的输入 / 输出接口上。

```
1.  ahb_lite_s4 U1_ahb_lite_s4
2.  (
```

```
3.          // clock & reset
4.          .HCLK                    (HCLK           ),
5.          .HRESETn                 (HRESETn        ),
6.
7.          // Input From Master
8.          .M_HWRITE_1              (M_HWRITE_1     ),
9.          .M_HPROT_1               (M_HPROT_1      ),
10.         .M_HTRANS_1              (M_HTRANS_1     ),
11.         .M_HBURST_1              (M_HBURST_1     ),
12.         .M_HSIZE_1               (M_HSIZE_1      ),
13.         .M_HADDR_1               (M_HADDR_1      ),
14.         .M_HWDATA_1              (M_HWDATA_1     ),
15.
16.         // Input From Slave
17.         .S_HREADYOUT_0           (S_HREADYOUT_0 ),
18.         .S_HRESP_0               (S_HRESP_0      ),
19.         .S_HRDATA_0              (S_HRDATA_0     ),
20.
21.         // Output To Master
22.         .M_HREADYOUT_1           (M_HREADYOUT_1 ),
23.         .M_HRESP_1               (M_HRESP_1      ),
24.         .M_HRDATA_1              (M_HRDATA_1     ),
25.
26.         // Output To Slave
27.         .S_HSEL_0                (S_HSEL_0       ),
28.         .S_HREADY_0              (S_HREADY_0     ),
29.         .S_HWRITE_0              (S_HWRITE_0     ),
30.         .S_HPROT_0               (S_HPROT_0      ),
31.         .S_HTRANS_0              (S_HTRANS_0     ),
32.         .S_HBURST_0              (S_HBURST_0     ),
33.         .S_HSIZE_0               (S_HSIZE_0      ),
34.         .S_HADDR_0               (S_HADDR_0      ),
35.         .S_HWDATA_0              (S_HWDATA_0     ),
36.                          .
37.                          .
38.                          .
39.          );
```

6.4　APB 总线

6.4.1　APB 总线简介

APB（Advanced Peripheral Bus）是 AMBA 总线中的专为低速外设设计的总线标准，如

UART 等。与 AXI 和 AHB 不同，APB 不支持多主设备操作，其唯一的主设备是 APB 桥。APB 的核心特性包括：支持两个时钟周期传输，无须等待周期和回应信号，控制逻辑简单，只有 4 个控制信号等。

　　由于 ARM 公司长期推广 APB 协议，该协议几乎成为低速设备总线实际上的标准，广泛应用于 SoC 系统中的低速设备和 IP 核。APB 总线和 AHB-to-APB 转接桥示意图如图 6-8 所示。

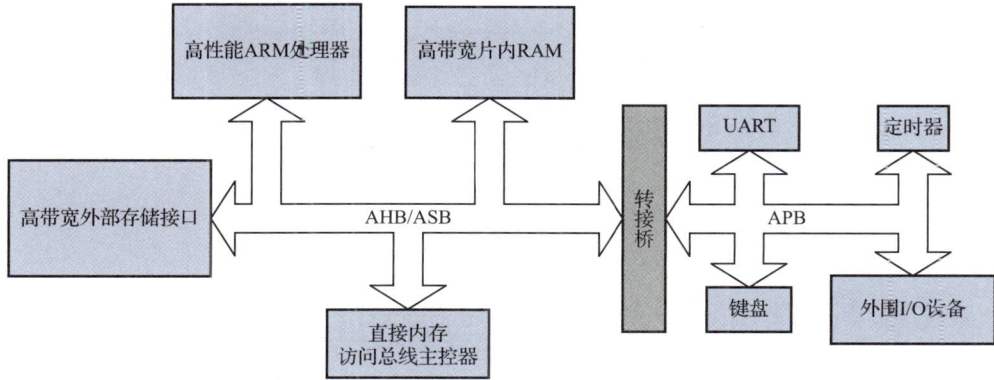

图 6-8　APB 总线和 AHB-to-APB 转接桥示意图

下面介绍 APB 的关键信号。

PCLK_EN：APB 时钟使能信号，与 HCLK 进行与运算得到 PCLK。

PADDR[31:0]：32 位地址信号。

PENABLE：APB 使能信号，控制 APB 选通。

PWRITE：读 / 写控制信号，"1" 代表写操作，"0" 代表读操作。

PWDATA[31:0]：32 位写数据信号，写操作中主设备输出数据的信号。

PSEL_Sx：从设备的选择信号，表示当前哪个从设备正在传输信号；x 取值为 0 ～ 3，分别代表 APB 上的 4 个外设。

PRDATA_Sx[31:0]：32 位读数据信号，读操作中从设备返回数据的信号；x 取值为 0 ～ 3，分别代表 APB 上的 4 个外设。

　　APB 写操作时序图如图 6-9 所示，在 T_2 时刻上升沿，地址信号提供地址 Acdr1，写操作控制信号 PWRITE 和片选信号 PSEL 被拉高，此时写操作开始，传输的第一个时钟周期称为 SETUP 周期。在 T_3 时刻时钟上升沿，使能信号 PENABLE 被拉高，此时进入写操作的第二个时钟周期，即 ENABLE 周期。地址、数据和控制信号在整个 ENABLE 周期内都保持有效，数据传输在这个周期结束时完成。在 T_4 时刻传输结束，使能信号 PENABLE 被拉低。同时，如果传输结束之后不在同一个外设上进行另一次数据传输，则片选信号 PSEL 也被拉低。为了降低功耗，地址信号和写信号在传输结束后直到下一次访问发生时才会改变。

　　读操作时序描述如图 6-10 所示，地址信号和片选信号的变化与写操作一致。读 / 写控制信号 PWRITE 在 T_2 时刻后变为 0。在读操作中，从设备必须在 ENABLE 周期内提供数据，并在 ENABLE 周期结束时的时钟上升沿采样数据。

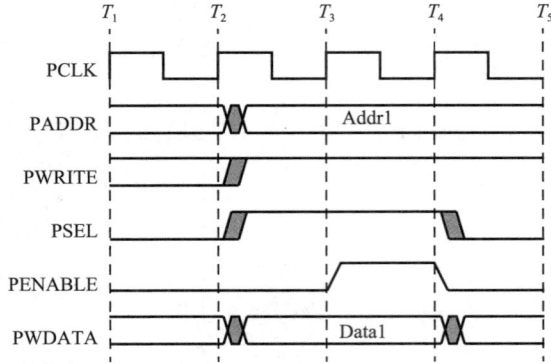

图 6-9　APB 写操作时序图

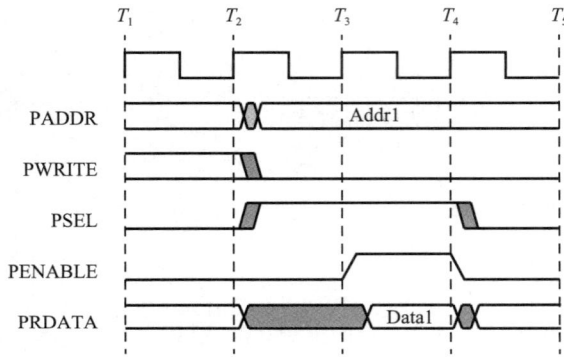

图 6-10　APB 读操作时序图

6.4.2　AHB-to-APB 转接桥

　　AHB-to-APB 转接桥（Bridge）用于实现 AHB 总线与 APB 总线之间的协议转换和数据传输，其系统架构如图 6-11 所示，主要功能如下：

- 在 APB 总线上作为唯一的主设备（Master），负责发起 APB 传输；
- APB 时钟（PCLK）与 AHB 时钟（HCLK）同步，分频关系由 PCLKEN 信号控制；
- 支持输入 / 输出数据寄存或直通模式，由模块参数配置；
- 支持 APB 字节选通信号，用于部分写入保护；
- 支持 APB 模块使能信号，控制传输有效性；
- 支持 4 个 APB 从设备（Slave），对应 4 个 PSELx（x = 0 ~ 3）片选信号。

　　转接桥控制器采用四状态有限状态机，其状态转换如图 6-12 所示，包含 S_IDLE、S_READ0、S_WRITE0 和 S_WRITE1 共 4 个状态。S_IDLE 状态为初始状态，信号 HTRANS[1] = 0 表示传输类型为 IDLE 或 BUSY，此时 AHB-to-APB 转接桥保持 S_IDLE 状态不变；信号 HTRANS[1] = 1 表示传输类型为 NONSEQ 或 SEQ，此时如果来自 AHB 的读 / 写控制信号 HWRITE = 0，那么转接桥从 S_IDLE 状态转换到 S_READ0 状态；如果 HWRITE = 1，转接桥则从 S_IDLE 状态转换到 S_WRITE0 状态。当处于 S_WRITE0 状态时，转接桥会在下一个时钟周期自动转换到 S_WRITE1 状态。当 ACKSYNC = 1 时，转接桥会从 S_READ0 或 S_WRITE1 状态转换到 S_IDLE 状态。ACKSYNC = 1 表示一次 APB 数据读 / 写传输已经完成，系统需要回到 S_IDLE 状态。

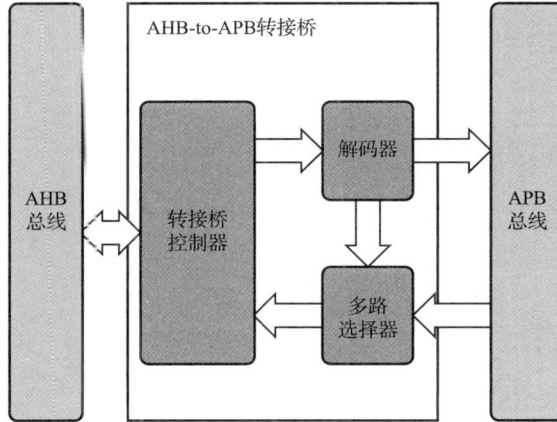

图 6-11　AHB-to-APB 转接桥系统架构

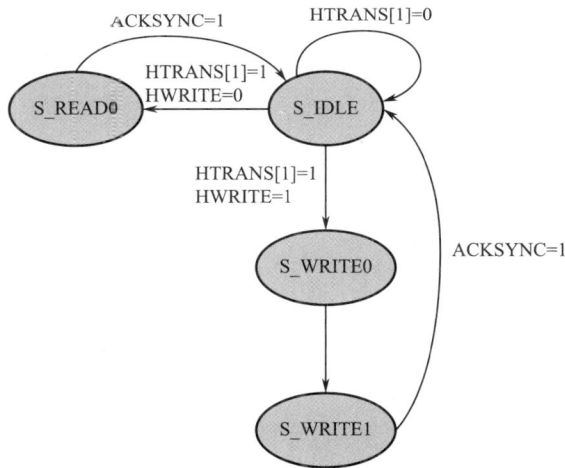

图 6-12　转接桥控制器的状态转换

下面介绍 AHB-to-APB 转接桥总线接口信号及时序。AHB 总线的输入信号经过转接桥处理后，通过 APB 总线输出至 4 个外设从设备。例化后的 Verilog 代码如下：

```
1.    module ahb_to_apb (
2.        //--------------------------------
3.        // IO Declarations
4.        //--------------------------------
5.        // AHB signals
6.        input              HCLK      ,// AHB system clock
7.        input              HRESETn   ,// AHB system reset
8.        input    [ 31:0]   HADDR     ,// AHB bus address
9.        input              HREADY    ,// AHB transfer done
```

```
10.   input              HSEL        ,// AHB slave select
11.   input      [  1:0] HTRANS      ,// AHB transfer type
12.   input      [ 31:0] HWDATA      ,// AHB write data
13.   input              HWRITE      ,// AHB transfer direction
14.   input      [  2:0] HSIZE       ,// AHB transfer size
15.   input      [  2:0] HBURST      ,// AHB burst type
16.
17.   output     [  1:0] HRESP       ,// AHB transfer response
18.   output             HREADY_RESP,// AHB hready feedback
19.   output     [ 31:0] HRDATA      ,// AHB read data bus
20.
21.   // APB signals
22.   input              PCLK_EN     ,// APB clock enable
23.   output     [ 31:0] PADDR       ,// APB bus address
24.   output             PENABLE     ,// APB bus enable
25.   output             PWRITE      ,// APB bus write signal
26.   output     [ 31:0] PWDATA      ,// APB bus write data
27.   output             PSEL_S3     ,// APB bus port 3 peripheral select
28.   output             PSEL_S2     ,// APB bus port 2 peripheral select
29.   output             PSEL_S1     ,// APB bus port 1 peripheral select
30.   output             PSEL_S0     ,// APB bus port 0 peripheral select
31.   input      [ 31:0] PRDATA_S3   ,// APB bus port 3 read data
32.   input      [ 31:0] PRDATA_S2   ,// APB bus port 2 read data
33.   input      [ 31:0] PRDATA_S1   ,// APB bus port 1 read data
34.   input      [ 31:0] PRDATA_S0    // APB bus port 0 read data
35.   );
36.
37.   endmodule
```

AHB-to-APB 转接桥总线接口信号如表 6-2 所示。

表 6-2　AHB-to-APB 转接桥总线接口信号

	信号名称	方向	位宽	描述
AHB 侧信号	HCLK	输入	1	AHB 系统时钟信号
	HRESETN	输入	1	AHB 系统复位信号
	HADDR	输入	32	AHB 总线地址信号
	HSEL	输入	1	AHB 总线 Slave 选择信号
	HTRANS	输入	2	AHB 总线当前传输类型
	HWRITE	输入	1	AHB 读 / 写操作信号
	HSIZE	输入	3	AHB 当前传输信号位宽
	HBURST	输入	3	AHB 总线突发传输类型
	HWDATA	输入	32	AHB 的 32 位写数据信号
	HREADY	输入	1	传输完成信号
	HRESP	输出	2	AHB 总线上 Slave 的传输响应信号
	HREADY_RESP	输出	1	传输完成的反馈信号
	HRDATA	输出	32	AHB 的 32 位读数据信号

续表

	信号名称	方向	位宽	描述
APB 侧信号	PCLK_EN	输入	1	APB 时钟使能信号，与 HCLK 进行与运算得到 APB 总线时钟信号
	PRDATA_Sx	输入	32	APB 32 位读数据信号，x = 0 ～ 3，分别代表 APB 总线上的 4 个外设
	PADDR	输出	32	APB 32 位地址信号
	PENABLE	输出	1	APB 总线使能信号
	PWRITE	输出	1	读 / 写操作控制信号，“1”代表写操作，“0”代表读操作
	PWDATA	输出	32	APB 32 位写数据信号
	PSEL_Sx	输出	1	Slave 的选择信号，表示当前哪个 Slave 正在传输信号；x = 0 ～ 3，分别代表 APB 总线上的 4 个外设从设备

AHB-to-APB 转接桥控制器模块例化后的 Verilog 代码如下：

```
ahb_to_apb_controller Uahb_to_apb_controller(
    .HCLK           (HCLK        ),
    .HRESETn        (HRESETn     ),
    .HADDR          (HADDR       ),
    .HREADY         (HREADY      ),
    .HSEL           (HSEL        ),
    .HTRANS         (HTRANS      ),
    .HWRITE         (HWRITE      ),
    .HSIZE          (HSIZE       ),
    .HBURST         (HBURST      ),
    .HWDATA         (HWDATA      ),
    .HRDATA         (HRDATA      ),
    .HRESP          (HRESP       ),
    .HREADY_RESP    (HREADY_RESP),

    .PCLK_EN        (PCLK_EN     ),
    .PADDR          (PADDR       ),
    .PENABLE        (PENABLE     ),
    .PWRITE         (PWRITE      ),
    .PWDATA         (PWDATA      ),
    .PSEL           (PSEL        ),
    .PRDATA         (PRDATA      )
);
```

当 PSEL 信号被拉高时，表示准备进行传输。

为了知道访问的是哪个从设备，还需要一个片选编码模块。该模块的作用是根据 AHB 总线的高位地址自动生成对应 APB 从设备的片选信号。

最后，根据片选信号读取对应从设备的数据。例化后的 Verilog 代码如下：

```
1.   always @(_PSEL or PRDATA_S0 or PRDATA_S1 or PRDATA_S2
2.             or PRDATA_S3 or PRDATA_S4 or PRDATA_S5 or PRDATA_S6) begin      // 读数据赋值
3.       case(_PSEL )
4.           7'b0000001: PRDATA = PRDATA_S0;
5.           7'b0000010: PRDATA = PRDATA_S1;
6.           7'b0000100: PRDATA = PRDATA_S2;
7.           7'b0001000: PRDATA = PRDATA_S3;
8.           7'b0010000: PRDATA = PRDATA_S4;
9.           7'b0100000: PRDATA = PRDATA_S5;
10.          7'b1000000: PRDATA = PRDATA_S6;
11.          default: PRDATA = 32'b0;
12.      endcase
13.  end
```

6.5 AXI 总线

6.5.1 AXI 总线简介

AXI（Advanced eXtensible Interface）是 AMBA 3.0 标准中的部分，是一种高性能、高带宽、低延迟的片内总线协议。具有以下特点：

● 采用分离的地址和数据传输；
● 支持地址不对齐的数据访问，使用字节掩码来控制部分写操作；
● 使用基于突发的交易（Burst-Based Transaction）类型，对于突发操作仅需要发送起始地址，即可传输大量的数据；
● 具有分离的读通道和写通道，总共有 5 个独立通道；
● 支持多个滞外交易（Outstanding Transaction）；
● 支持乱序返回乱序完成；
● 非常易于添加流水线级数，从而提高电路的时钟频率。

AXI 总线是目前应用最广泛的片内总线之一，广泛用于处理器核及高性能 SoC 中。本节以 AXI4 版本为例进行介绍。

AXI4 总线包含 5 个独立的通道：

● 读地址通道（Read Address Channel）；
● 写地址通道（Write Address Channel）；
● 读数据通道（Read Data Channel）；
● 写数据通道（Write Data Channel）；
● 写响应通道（Write Response Channel）。

数据可以同时在两个方向传输，且数据传输的大小可变。AXI4 中最多支持 256 个突发事务。

AXI4 读地址和读数据通道示意如图 6-13 所示。

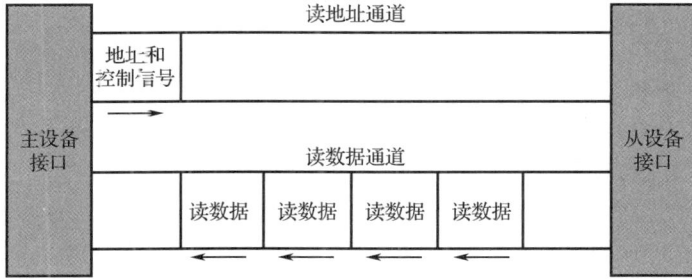

图 6-13 AXI4 读地址和读数据通道

AXI4 写地址和写数据通道示意如图 6-14 所示。

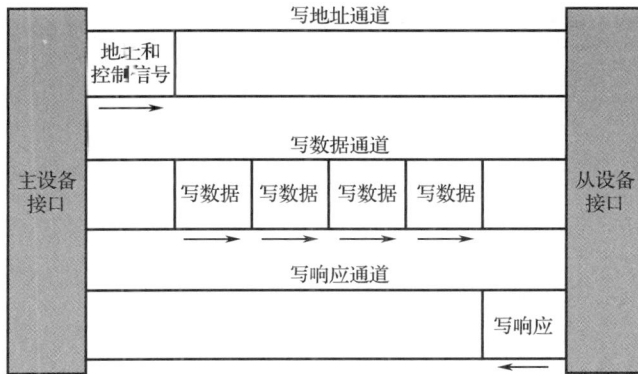

图 6-14 AXI4 写地址和写数据通道

由于 AXI4 读 / 写事务的地址与数据连接分离，所以可以同时进行双向传输，并且一次读或写地址后可进行 256 个突发数据传输。

AXI4 接口定义如下：

● 主设备与互联矩阵；
● 从设备与互联矩阵；
● 主设备与从设备。

互联矩阵内部具有对称的主从设备端口，真实的主设备和从设备可以连接到这些端口，如图 6-15 所示。

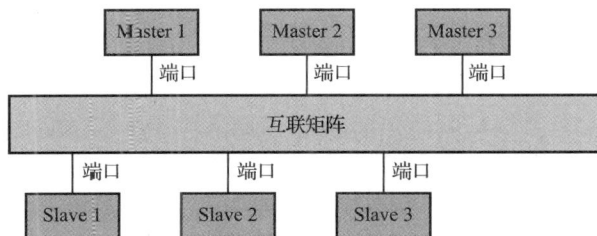

图 6-15 AXI4 互联矩阵主从设备连接示意图

AXI4 支持 3 种突发类型。

- **FIXED**：固定突发模式，每次突发传输的地址相同。
- **INCR**：增量突发模式，突发传输地址递增，与突发尺寸相关。
- **WRAP**：回环突发模式，突发传输地址递增可溢出，突发长度仅支持 2、4、8、16。地址空间被划分成块，块的大小 = 突发尺寸 × 突发长度。传输地址不超出起始地址所在的块，一旦递增超出，则返回该块的起始地址。

当地址出现在地址总线后，传输的数据将出现在读数据通道上。必须保持 RVALID 信号为低电平直至读数据有效。为了表明一次突发读 / 写完成，使用 RLAST 信号来表示最后一个被传输的数据。AXI4 突发读操作的时序图如图 6-16 所示。

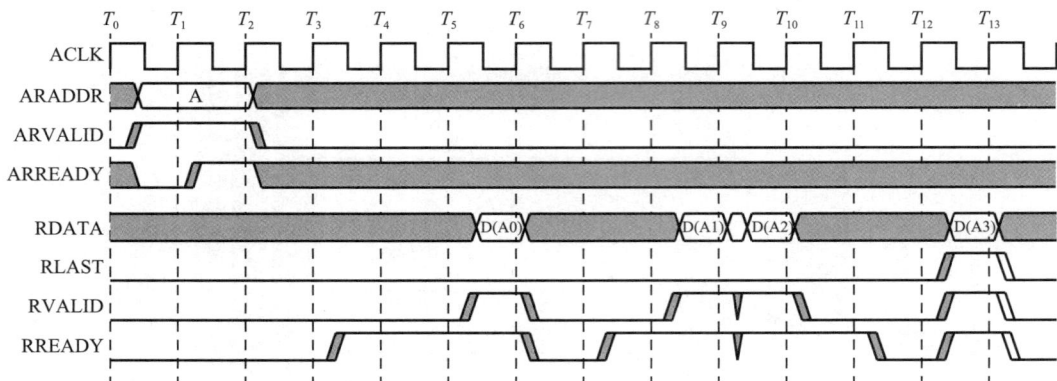

图 6-16　AXI4 突发读操作的时序图

在突发写操作中，主设备发送地址和控制信息到写地址通道，然后发送每一个写数据到写数据通道。当主设备发送最后一个数据时，WLAST 信号被拉高。当从设备接收完所有数据后，会将一个写响应发送回主设备以表明写事务完成，如图 6-17 所示。

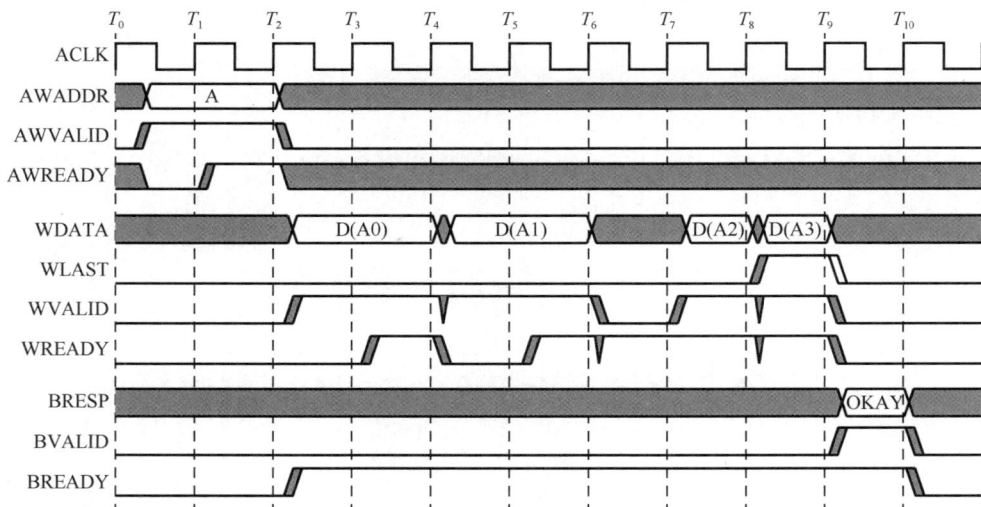

图 6-17　AXI4 突发写操作的时序图

AXI4 接口信号如表 6-3 所示。

表 6-3 AXI4 接口信号

	信号名称	方向	位宽	描述
全局信号	ACLK	输入	1	全局时钟信号，所有信号在此时钟上升沿采样
	ARESETn	输入	1	全局复位信号，低电平有效
写地址通道信号	AWID	主设备到从设备	4	写地址 ID，即写地址组信号的标识标签
	AWADDR	主设备到从设备	32	写地址。写地址总线给出写突发事务中第一次传输的地址。关联的控制信号用于确定突发中剩余传输的地址
	AWLEN	主设备到从设备	4	突发长度。决定与该地址相关联的数据传输量
	AWSIZE	主设备到从设备	3	突发尺寸。表示突发事务中每次传输的大小。配合写选通信号（WSTRB）准确地指示要更新的字节通道
	AWBURST	主设备到从设备	2	突发类型。该信号与 AWSIZE 说明如何在突发中计算每个传输的地址
	AWLOCK	主设备到从设备	2	锁类型。该信号提供有关传输原子特性的附加信息（普通或互斥访问）
	AWCACHE	主设备到从设备	4	缓存类型。该信号指示事务的可缓冲（Bufferable）、可缓存（Cacheable）、透写（Write-Through）、回写（Write-Back）和分配（Allocate）属性
	AWPROT	主设备到从设备	3	保护类型。该信号指示传输事务的正常（Normal）、私有（Private）或安全保护（Secure Protection）级别，以及事务是数据访问（Data Access）还是指令访问（Instruction Access）
	AWVALID	主设备到从设备	1	写地址有效。该信号表示有效的写地址和控制信息可用，1 表示可用，0 表示不可用。地址和控制信息保持稳定，直到 AWREADY 信号被拉高
	AWREADY	从设备到主设备	1	写地址准备。该信号表示从设备准备好接收一个地址和相关的控制信号，1 表示就绪，0 表示未就绪
写数据通道信号	WID	主设备到从设备	4	写 ID 标签。该信号是写数据传输的 ID 标签，WID 值必须与 AWID 值匹配
	WDATA	主设备到从设备	32	写数据。写数据总线可以是 8 位、16 位、32 位、64 位、128 位、256 位、512 位或 1024 位宽
	WSTRB	主设备到从设备	4	写选通。该信号指示内存中要更新的字节位置。每位对应 WDATA 的 1 字节，WSTRB[n] 控制 WDATA[8n+7:8n]
	WLAST	主设备到从设备	1	写最后一个数据指示信号。表示写入突发中的最后一次传输
	WVALID	主设备到从设备	1	写有效。该信号表示有效的写数据和写选通可用。1 表示可用，0 表示写数据和 WSTRB 不可用
	WREADY	从设备到主设备	1	写准备。该信号表示从设备可以接收写数据，1 表示就绪，0 表示未就绪

	信号名称	方向	位宽	描述
写响应通道信号	BID	从设备到主设备	4	响应 ID。该信号是写响应的标识标签，BID 值必须匹配从设备正在响应的写事务的 AWID 值
	BRESP	从设备到主设备	2	写响应。该信号指示写事务的状态，允许的响应有 OKAY、EXOKAY、SLVERR 和 DECERR
	BVALID	从设备到主设备	1	写响应有效。该信号表明一个有效的写响应可用，1 表示可用，0 表示不可用
	BREADY	主设备到从设备	1	响应就绪信号。该信号表示主设备可以接收响应信息，1 表示就绪，0 表示未就绪
读地址通道信号	ARID	主设备到从设备	4	读地址 ID，即读地址组信号的标识标签
	ARADDR	主设备到从设备	32	读地址。该信号给出突发数据传输的第一个传输地址
	ARLEN	主设备到从设备	4	突发长度。该信号给出突发传输中准确的传输次数，支持 INCR 和 WRAP 传输模式
	ARSIZE	主设备到从设备	3	突发尺寸。该信号确定突发传输中每次传输的大小
	ARBURST	主设备到从设备	2	突发类型。该信号与 ARSIZE 信号说明了如何在突发中计算每个传输的地址
	ARLOCK	主设备到从设备	2	锁类型。该信号提供有关传输原子特性的附加信息（普通或互斥访问）
	ARCACHE	主设备到从设备	4	缓存类型。与 AWCACHE 类似，建议值为 0001
	ARPROT	主设备到从设备	3	保护类型。与 AWPORT 类似，建议值为 000
	ARVALID	主设备到从设备	1	读地址有效。该信号表示有效的读地址和控制信息可用，1 表示可用，0 表示不可用
	ARREADY	从设备到主设备	1	读地址准备。该信号为 1 表示设备已就绪准备接收地址，为 0 表示设备未就绪
读数据通道信号	RID	从设备到主设备	4	读 ID 标签。该信号是读数据传输的 ID 标签，RID 值必须与读事务的 ARID 值匹配
	RDATA	从设备到主设备	32	读数据。位宽与系统配置相关，标准实现为 32 位、64 位或 128 位宽
	RRESP	从设备到主设备	2	读响应。该信号指示读事务的状态
	RLAST	从设备到主设备	1	读最后一个数据指示信号。表示读突发传输中的最后一个数据
	RVALID	从设备到主设备	1	读有效。该信号表示读数据可用，1 表示可用，0 表示不可用
	RREADY	主设备到从设备	1	读数据准备。该信号表示主设备可以接收读数据，1 表示就绪，0 表示未就绪

6.5.2　AXI-to-APB 转接桥

AXI-to-APB 转接桥的结构图如图 6-18 所示，其主要功能如下。

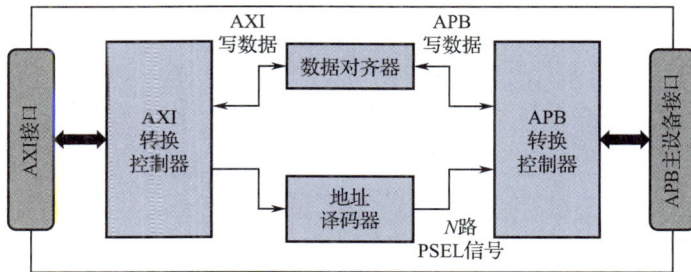

图 6-18　AXI-to-APB 转接桥的结构图

● 总线转换：将高性能的 AXI 总线和低带宽、低功耗的 APB 总线之间进行数据和控制信号的转换。

● 协议适配：适配及转换 AXI 总线与 APB 总线之间的信号协议，确保数据的正确传输和控制。

● 流量控制：确保数据的完整性和稳定性。

● 性能平衡：实现高性能处理器核心与低速外设之间的平衡，满足性能需求并降低功耗。

AXI-to-APB 转接桥在 AXI4 接口上充当从设备，在 APB 接口上充当主设备。

AXI-to-APB 转接桥可以被参数化配置以处理具有如下限制的不同地址和数据：

① AXI4 地址大小必须大于或等于 APB 地址大小；

② AXI4 数据大小必须大于或等于 APB 数据大小；

③ AXI4 数据和 APB 数据字段的大小均应为字节字段大小的倍数。

此外，AXI-to-APB 转接桥支持将 AXI4 端的读 / 写突发拆分为 APB 集群上的单个请求。

下面是 AXI-to-APB 转接桥的一些可配置参数。

● AXI_ID：AXI4 接口上 ID 字段的大小。

● AXI_ADDR：AXI4 接口读 / 写通道上地址字段的大小。

● AXI_DATA：AXI4 接口的读数据和写数据通道上的数据字段大小。

● APB_ADDR：APB 接口的地址字段大小。

● APB_DATA：APB 接口的读 / 写数据字段大小。

● USER：AXI 和 APB 侧的用户字段大小。

AXI-to-APB 转接桥信号如表 6-4 所示。

表 6-4　AXI-to-APB 转接桥信号

	信号名称	方向	位宽
全局信号	ACLK	输入	1
	ARESETn	输入	1
AXI 侧信号	AXI4_AWREADY	输出	1
	AXI4_WREADY	输出	1

	信号名称	方向	位宽
AXI 侧信号	AXI4_BVALID	输出	1
	AXI4_BID	输出	4
	AXI4_BRESP	输出	2
	AXI4_RVALID	输出	1
	AXI4_RID	输出	4
	AXI4_RDATA	输出	32
	AXI4_RRESP	输出	2
	AXI4_RLAST	输出	1
	AXI4_AWVALID	输入	1
	AXI4_AWID	输入	4
	AXI4_AWADDR	输入	32
	AXI4_AWLEN	输入	8
	AXI4_AWSIZE	输入	3
	AXI4_AWBURST	输入	2
	AXI4_AWLOCK	输入	1
	AXI4_AWCACHE	输入	4
	AXI4_AWPROT	输入	3
	AXI4_AWQOS	输入	4
	AXI4_AWREGION	输入	4
	AXI4_WVALID	输入	1
	AXI4_WDATA	输入	32
	AXI4_WSTRB	输入	4
	AXI4_WLAST	输入	1
	AXI4_BREADY	输入	1
	AXI4_ARVALID	输入	1
	AXI4_ARID	输入	4
	AXI4_ARADDR	输入	32
	AXI4_ARLEN	输入	8
	AXI4_ARSIZE	输入	3
	AXI4_ARBURST	输入	2
	AXI4_ARLOCK	输入	1
	AXI4_ARCACHE	输入	4
	AXI4_ARPROT	输入	3
	AXI4_ARQOS	输入	4
	AXI4_ARREGION	输入	4
	AXI4_RREADY	输入	1

信号名称	方向	位宽
APB_PADDR	输出	24
APB_PROT	输出	3
APB_PENABLE	输出	1
APB_PWRITE	输出	1
APB_PWDATA	输出	32
APB_PSTRB	输出	4
APB_PSELx	输出	1
APB_PREADY	输入	1
APB_PRDATA	输入	16
APB_PSLVERR	输入	1

(APB 侧信号)

6.6 常用 SoC 外设介绍

为了使 MCU（微控制器）和加速器能够与外部环境有效交互，除了核心组件和总线系统，还需要一系列的外设支持。

6.6.1 GPIO

GPIO（General Purpose Input Output，通用输入 / 输出）常被称为 I/O 接口或总线扩展器。GPIO 主要由引脚、功能寄存器组成，不同的架构中的 GPIO 封装不同，所使用的引脚数与寄存器数也不同，具体信息可以参考相关芯片的技术手册。

GPIO 的主要作用控制连接在其上的外设，一般通过查阅开发板的原理图可以确定 GPIO 的具体位置，从而与外设连接，并通过 GPIO 进行数据交换和控制。通过在驱动层通过读 / 写 GPIO 的功能寄存器，即可改变连接至此 GPIO 的外设的状态。

在本节中，GPIO 为 MCU 提供了一个包含 32 个独立通道的 I/O 接口。每个通道均可通过软件编程的可配置寄存器或硬件接口信号直接控制，并且每个通道都具备产生中断的能力。GPIO 的可配置寄存器采用内存地址映射的方式，作为低速外设，一般挂载在 APB 总线上。表 6-5 列出了具体的可配置寄存器。

表 6-5 GPIO 的可配置寄存器列表

寄存器名称	复位默认值	描述
GPIO_PADDR	0x0	引脚的工作方向（输入 / 输出）
GPIO_PADIN	0x0	引脚的输入值
GPIO_PADOUT	0x0	引脚的输出值
GPIO_INTEN	0x0	中断使能

寄存器名称	复位默认值	描述
GPIO_INTTYPE0	0x0	中断模式设置
GPIO_INTTYPE1	0x0	中断模式设置
GPIO_INTSTATUS	0x0	中断标志
GPIO_IOFCFG	0x0	I/O 功能设置
GPIO_PADCFG0 ~ GPIO_PADCFG7	0x0	引脚的性能配置

6.6.2 UART

UART（Universal Asynchronous Receiver-Transmitter，通用异步接收 - 发射器）是 MCU 中广泛使用的一种通信模块。在嵌入式系统领域，"串口"一词通常被用来指代 UART 接口。尽管这一说法并不完全严谨，但已逐渐成为行业内的习惯用法。

嵌入式系统通常不配备显示屏，因此开发者常通过 UART 接口与主机（PC）进行通信以实现调试功能。具体来说，UART 的物理端口可以直接连接到 PC 的 COM 端口，或者通过 UART 转 USB 芯片连接到 PC 的 USB 端口。通过这种方式，嵌入式系统中的 printf() 函数可以被重定向，将输出信息显示在 PC 的显示屏上。

在数据传输过程中，UART 的发送端将字节形式的数据以串行方式逐位发送出去，UART 的接收端逐位接收这些数据，并将其重新组合为字节形式。UART 通信中常见的数据帧格式如图 6-19 所示。

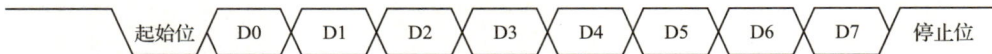

图 6-19　UART 通信中常见的数据帧格式

UART 传输机制如下。

● UART 在空闲状态时，其输出保持高电平。这一设计源于早期的电信系统，采用高电平来表征线路完好（如果为低电平，则无法判别）。

● 在发送 1 字节数据之前，先发送一个时钟周期的低电平来表示起始位（Start Bit）。

● 在发送起始位后，数据位（Data Bit）将按照最低有效位优先或最高有效位优先的方式（取决于具体设备的配置）进行逐位传输。

● 在传输完字节形式的数据后，可选择是否传输 1 个或者多个奇偶校验位（Parity Bit）。

● 最后，发送 1 ~ 2 个时钟周期的高电平作为停止位（Stop Bit）。

衡量 UART 传输速率的主要指标是波特率（Baud Rate），它与比特率（Bit Rate）的区别如下。

● 在信息传输通道中，携带数据信息的信号单元称为码元，每秒通过信息传输通道传输的码元数为码元传输率，简称波特率。波特率是信息传输通道频宽的度量。

● 每秒信息传输通道实际传输的信息量称为比特率。比特率表示有效数据的传输率。

● 波特率与比特率的关系：比特率 = 波特率 × 单个调制状态对应的二进制数。以图 6-19 为例，波特率是指在单位时间内包含起始位和停止位在内的所有码元的传输速率，而比特率仅为单位时间内有效的数据位的传输速率。

6.6.3　RAM

RAM（Random Access Memory，随机存取存储器）通过内存控制器与处理器进行高速数据交换。PC 中的内存如图 6-20 所示。

图 6-20　计算机内存

RAM 是一种高速、易失性的存储介质，具有以下核心特性。

● 随机存取：支持任意地址的读 / 写操作，访问时间与存储位置无关。

● 高速访问：作为 CPU 和加速器的临时数据存储介质，其读 / 写速度远高于 ROM 或 Flash 存储器。

● 易失性：依赖持续供电维持数据，断电后存储内容自动丢失。

● 需要刷新：由于现代 RAM 采用电容器存储数据，而电容器存在漏电现象，若不及时处理，数据会逐渐丢失。为此，必须定期重写电容状态以补充流失的电荷，这一过程称为"刷新"，这也解释了 RAM 的易失性。

在现代 MCU SoC 系统中，SRAM（静态随机存取存储器）是最常用的 RAM 类型，例如，MCU 中的 ITCM（指令紧密耦合存储器）和 DTCM（数据紧密耦合存储器）均由 SRAM 构成。鉴于对数据读 / 写速度的要求，RAM 通常连接到 AHB 或 AXI 等高速总线上，以确保数据传输的高效性和低延迟。

6.6.4　ROM

ROM（Read-Only Memory，只读存储器）是一种只能读取而无法通过常规方式写入的存储器。一旦信息被写入 ROM 中，它将永久保存，即使断电也不会丢失，因此也被称为固定存储器。ROM 所存储的数据非常稳定，不受电源状态的影响，其结构相对简单，使用方便，广泛用于存储各种固定的程序和数据。

ROM 主要包括掩模编程的只读存储器（MROM）、可编程的只读存储器（PROM）、可擦除可编程的只读存储器（EPROM）、电可擦除可编程的只读存储器（EEPROM）和快擦除读 / 写存储器（Flash Memory），每种类型都有其独特的特性和应用场景。

在现代 MCU SoC 中，最常用的 ROM 类型是快擦除读 / 写存储器，即 Flash 存储器。Flash 存储器（见图 6-21）不仅

图 6-21　Flash 存储器

继承了 EEPROM 的所有优点，还具有更高的编程和擦除速度，以及更大的存储容量。这使得它成为嵌入式系统中存储固件和重要数据的理想选择。Flash 存储器能够满足运行时对内容进行修改和更新的需求，极大地提升了系统的灵活性和实用性。

Flash 存储器一般作为外设挂载在 APB 总线上，其主要功能如下。

● 存储引导加载程序（Bootloader）：Flash 存储器中存储的引导加载程序负责在系统启动时初始化硬件、加载操作系统或应用程序，并为系统提供基本的功能和配置。通过将 Flash 挂载在 APB 总线上，引导加载程序可以直接从 ROM 中读取代码和指令，执行初始化和引导操作。

● 存储固件：Flash 上可以存储设备的固件，如固件驱动程序、固件更新程序等。这些固件功能的实现通常不需要频繁地进行读/写操作，因此将它们存储在 Flash 存储器中可以节省其他存储资源，并提供固化的代码保护。

● 存储系统参数和配置：一些系统参数和配置信息（如校准数据、设备 ID、默认设置等），可以存储在 Flash 存储器中。这些信息可以在系统启动时被快速读取并使用，从而为系统的初始配置和运行环境提供支持。

可以将固化的程序代码或数据直接存储在 Flash 存储器中，并通过 APB 总线进行访问。系统在启动时可以直接从 Flash 存储器中读取指令、配置信息或固件，并将其加载到相应的存储器或设备中，以完成系统的初始化和运行。

6.7　加速器与 SoC 系统集成

6.7.1　通过 APB 总线挂载 UART

UART 作为基础串行通信接口，已成为现代 MCU SoC 的标准外设。将 UART 集成到 MCU SoC 的过程涉及物理连接和接口设计。首先需要确定 UART 的功能需求，包括波特率、数据位数、校验位、停止位等参数，这些参数决定了 UART 的具体配置和寄存器设置。UART 外设需要提供用于数据输入（RX）和输出（TX）的引脚。

接口设计包括定义 UART 的寄存器集合及其功能。为了控制 UART 的工作方式和配置参数，需要设计一组寄存器，这些寄存器可以通过 APB 总线进行访问和配置。常见的寄存器包括控制寄存器、状态寄存器和数据寄存器等。

UART 还需要一个数据缓冲区，用于存储接收和发送的数据。数据缓冲区既可以是一个单独的寄存器，也可以是一个 FIFO 缓冲区。数据缓冲区与 APB 总线相连，以实现数据的读/写。

UART 的需要依赖时钟信号来同步数据的传输，因此需要设计时钟控制电路来生成 UART 所需的时钟信号。如果没有特殊要求，UART 的时钟信号与 APB 总线的时钟信号相同；如果有特殊要求，则可以通过内部时钟发生器产生该信号。

完成上述设计后，将 UART 外设的接口、寄存器集合、数据缓冲区和时钟控制电路与 APB 总线进行连接。外设接口一般通过 GPIO 引脚与 SoC 系统中的 I/O 引脚相连，用于串行数据的输入/输出。控制寄存器和数据缓冲区一般与 APB 总线的读/写地址或数据总线连接，可以通过

APB 总线进行读 / 写操作以确定 UART 的工作模式和参数。数据缓冲区可以通过 APB 总线读取和写入数据。

UART 的接口信号可以分为 3 类：APB 总线接口信号、外部串口（RS-232C 接口）信号和控制信号线。其中，UART 面向 APB 总线的接口信号包括 PRESET、PCLK、PSEL、PENABLE、PWRITE、PADDR、PWDATA、PRDATA，其功能如下。

- PADDR：APB 总线地址信号。
- PWDATA：APB 总线写数据信号。
- PWRITE：APB 总线写控制信号。
- PRDATA：APB 总线读数据信号。
- PCLK：APB 总线时钟信号。
- PRESET：APB 总线复位信号。
- PSEL：APB 从设备选择信号。
- PENABLE：APB 从设备使能信号。

UART 面向外设的输入、输出信号包括 TXD 和 RXD，分别连接外设的 RXD（接收）和 TXD（发送）引脚。UART 还有很多可扩展的功能，这里只介绍 UART 最简单的通信模式，仅需 2 根数据线和 1 根地线。一个经典的基于 AMBA 总线的 SoC 系统结构如图 6-22 所示。

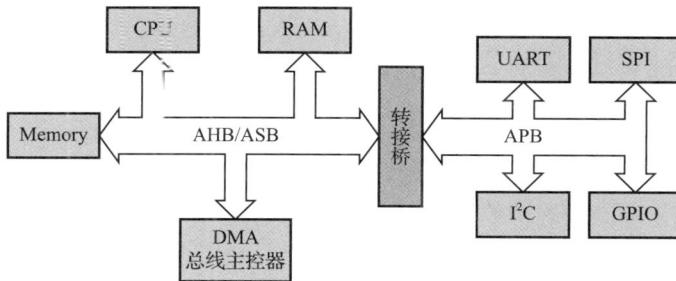

图 6-22　基于 AMBA 总线的 SoC 系统结构

UART 模块通过标准 APB 接口与系统总线相连，其本质是通过 AHB-to-APB 转接桥（详见 6.4.2 节）接入 AMBA 总线架构。下面是将 UART 通过标准 APB 接口连接到 APB 总线的 Verilog 代码示例，其中 UART 作为 APB 总线上的从设备（Slave-0）。

```
1.    module top_apb(
2.    input HCLK    ,// AHB system clock
3.    input HRESETn // AHB system reset
4.    );
5.
6.    // APB signals
7.        wire          PCLK_EN   ;
8.        wire   [ 31:0] PADDR     ;
9.        wire          PENABLE   ;
10.       wire          PWRITE    ;
11.       wire   [ 31:0] PWDATA    ;
12.       wire          PSEL_3    ;
```

```
13.     wire            PSEL_2    ;
14.     wire            PSEL_1    ;
15.     wire            PSEL_0    ;
16.     wire  [ 31:0]   PRDATA_3  ;
17.     wire  [ 31:0]   PRDATA_2  ;
18.     wire  [ 31:0]   PRDATA_1  ;
19.     wire  [ 31:0]   PRDATA_0  ;
20.
21.  ahb_to_apb u0_ahb_to_apb(
22.
23.     // AHB signals
24.     .HCLK        (HCLK         ),// AHB system clock
25.     .HRESETn     (HRESETn      ),// AHB system reset
26.     .HADDR       (HADDR        ),// AHB bus address
27.     .HREADY      (HREADY       ),// AHB transfer done
28.     .HSEL        (HSEL         ),// AHB slave select
29.     .HTRANS      (HTRANS       ),// AHB transfer type
30.     .HWRITE      (HWRITE       ),// AHB transfer direction
31.     .HSIZE       (HSIZE        ),// AHB transfer size
32.     .HBURST      (HBURST       ),// AHB burst type
33.     .HRESP       (HRESP        ),// AHB transfer response
34.     .HREADY_RESP(HREADY_RESP),// AHB hready feedback
35.     .HWDATA      (HWDATA       ),// AHB write data
36.     .HRDATA      (HRDATA       ),// AHB read data bus
37.
38.     // APB signals
39.     .PCLK_EN     (PCLK_EN      ),// APB clock enable
40.     .PADDR       (PADDR        ),// APB bus address
41.     .PENABLE     (PENABLE      ),// APB bus enable
42.     .PWRITE      (PWRITE       ),// APB bus write signal
43.     .PWDATA      (PWDATA       ),// APB bus write data
44.     .PSEL_S3     (PSEL_3       ),// APB bus port 3 peripheral select
45.     .PSEL_S2     (PSEL_2       ),// APB bus port 2 peripheral select
46.     .PSEL_S1     (PSEL_1       ),// APB bus port 1 peripheral select
47.     .PSEL_S0     (PSEL_0       ),// APB bus port 0 peripheral select
48.     .PRDATA_S3   (PRDATA_3     ),// APB bus port 3 read data
49.     .PRDATA_S2   (PRDATA_2     ),// APB bus port 2 read data
50.     .PRDATA_S1   (PRDATA_1     ),// APB bus port 1 read data
51.     .PRDATA_S0   (PRDATA_0     ) // APB bus port 0 read data
52. );
53.
54. // UART signals
55. uart_apb u0_uart_apb(
56.     .UART_CLK_EN (PCLK_EN      ),
57.     .UART_ADDR   (PADDR        ),
58.     .UART_ENABLE (PENABLE      ),
```

```
59.      .UART_WRITE    (PWRITE      ),
60.      .UART_WDATA    (PWDATA      ),
61.      .UART_SEL      (PSEL_0      ),
62.      .UART_RDATA    (PRDATA_0    )
63.    );
64.
65.  endmodule
```

6.7.2　挂载神经网络加速器

在 SoC 系统中，神经网络加速器通常并不直接挂载在 AHB 总线上，而是挂载在具有更高性能的 AXI4 总线上。这是因为神经网络加速器通常需要高带宽和低延迟的数据传输，而 AXI4 总线恰好满足神经网络计算对数据传输的严苛要求。

在设计神经网络加速器的总线接口时，需要重点关注三个方面。

（1）明确神经网络加速器的功能需求。确定加速器需要支持的网络模型结构、计算精度及数据格式要求，这些参数将直接影响加速器的架构设计。

（2）设计加速器的接口和寄存器。由于接口直接与 AXI4 总线相连，因此必须严格遵循 AXI4 协议标准设计接口信号。此外，需要设计一组寄存器用于配置和控制加速器的工作方式，如设置神经网络模型参数、启动计算任务以及读取计算结果等。对于 AXI4 读数据通道，加速器输出数据信号应与读通道的数据输出信号（RDATA）相连，这样处理器可以从加速器读取计算结果；对于 AXI4 写数据通道，加速器的输入数据信号应与写通道的数据输入信号（WDATA）相连，这样处理器可以通过总线将输入数据发送给加速器；对于 AXI4 地址通道，加速器的寄存器映射地址信号应与写地址和读地址通道的地址信号相连，这样处理器可以通过总线地址通道访问加速器中的寄存器。

（3）设计加速器的计算单元和存储器。计算单元负责执行神经网络的计算任务，如卷积运算、矩阵乘法和激活函数等；存储器用于存储神经网络的权重、激活数据和中间结果等。应根据加速器的设计要求，设计适合的计算单元和存储器架构，并将其与接口和寄存器进行连接。在设计过程中，还需要考虑加速器的控制逻辑，以协调各组件（如接口、寄存器、计算单元和存储器）之间的交互。通常，控制逻辑可以通过状态机或流水线等方式实现，以处理来自 AXI4 总线的读/写请求，并根据请求类型进行相应的数据读取或写入操作。对于控制逻辑，加速器的启动信号应与 AXI4 总线的读/写请求信相连，处理器通过向加速器发送请求信号来控制加速器开始执行计算任务；加速器中的模型配置信号应与总线的写请求信号连接，使处理器可以配置加速器中运算的模型参数；加速器的状态信号应与总线的读请求信号连接，使处理器可以读取加速器的状态信息，从而决定下一步操作；加速器的中断请求信号应与总线的中断请求信号相连，使加速器可以通过总线向处理器发送中断请求。

Xilinx 提供的一个可配置的硬件 IP 模块，即 AXI Interconnect IP 核，可用于在 FPGA 或 SoC 设计中高效管理 AXI 总线协议的设备互连。它的核心功能是协调多个主设备与多个从设备之间的数据传输，同时解决地址映射、协议转换和仲裁等问题。该 IP 核支持 4 种典型的连接模式：

- 仅协议转换（Conversion Only）；
- 多主设备到单从设备连接（N-to-1）；

- 单主设备到多从设备连接（1-to-N）；
- 多主多从交叉连接（N-to-M）。

下面在 Xilinx Vivado 2021.2 开发环境中，展示如何调用 AXI Interconnect IP 核。首先，在"IP Catalog"中搜索"AXI Interconnect"，可以看到支持 AXI4-Stream 和 AXI4 两种协议版本的 IP 核，如图 6-23 所示。

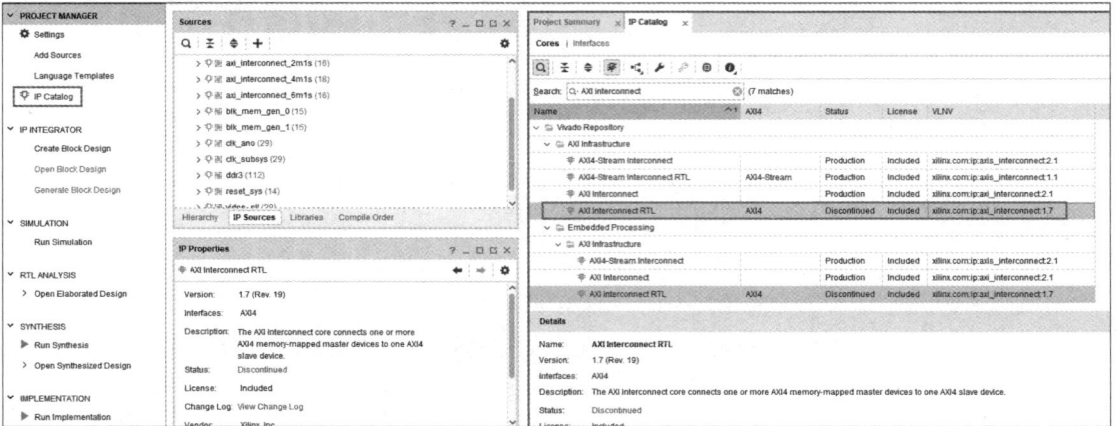

图 6-23　AXI Interconnect IP 核

在"AXI Infrastructure"中选择"AXI Interconnect RTL"后，可以配置从设备的接口数量、ID 位宽、地址位宽、数据位宽、交叉同步时钟等参数，如图 6-24、图 6-25 和图 6-26 所示。

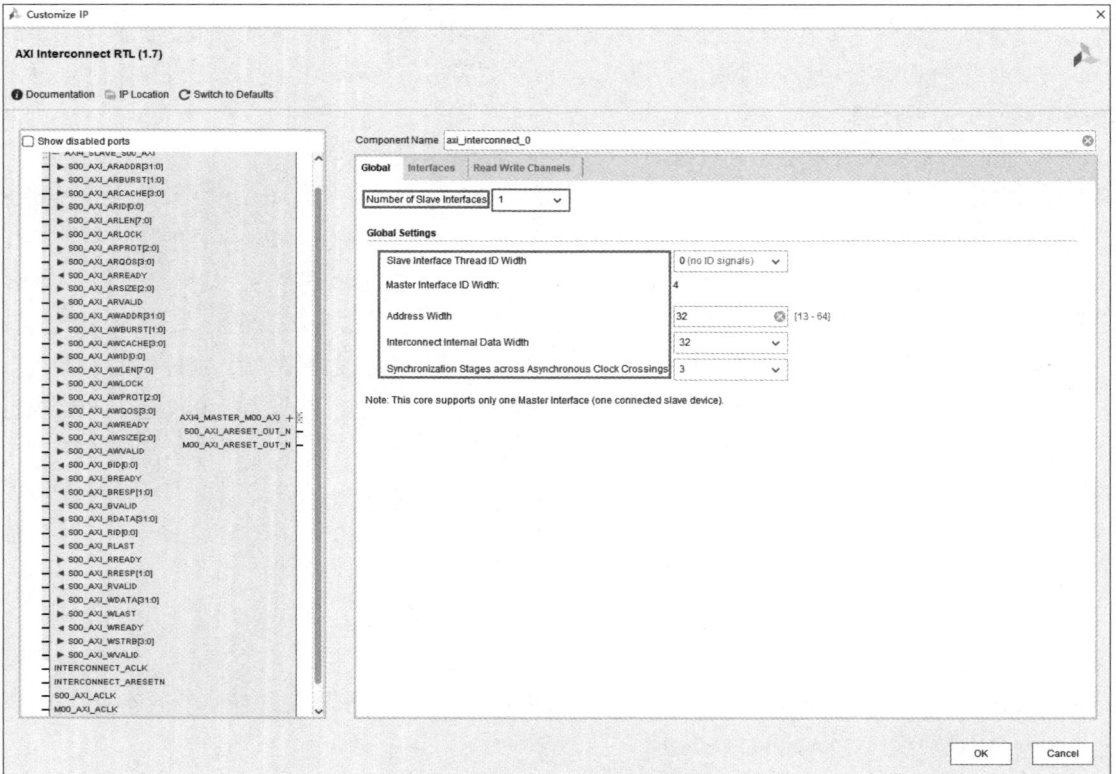

图 6-24　AXI Interconnect IP 核设置 1

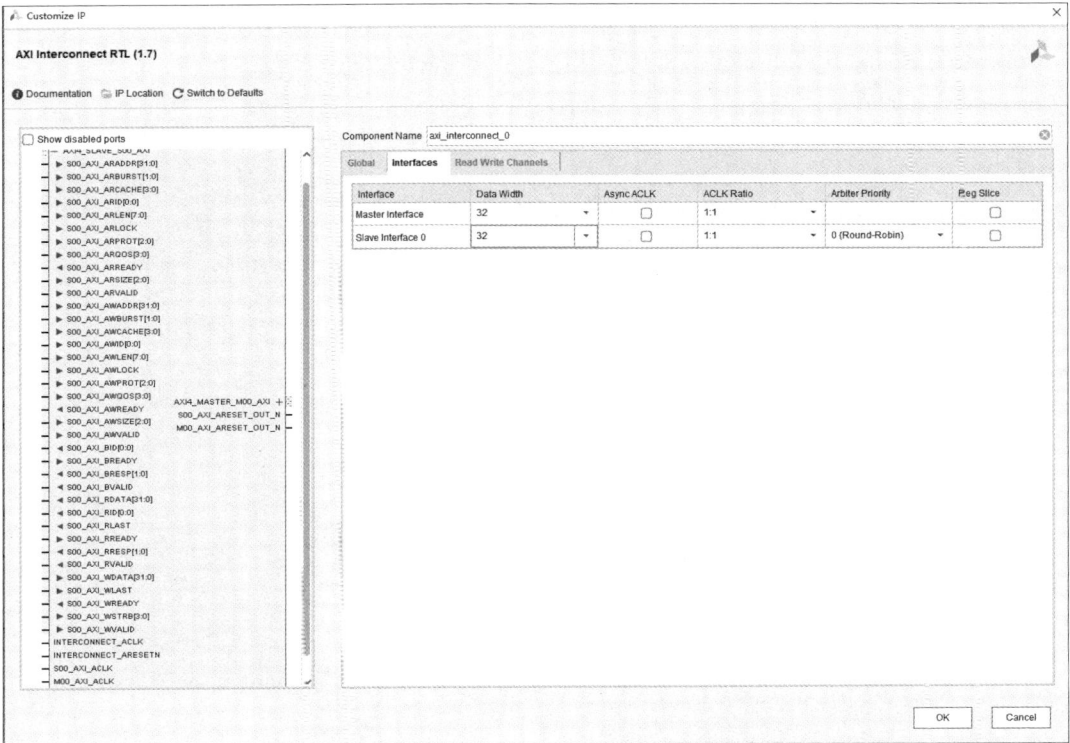

图 6-25 AXI Interconnect IP核设置 2

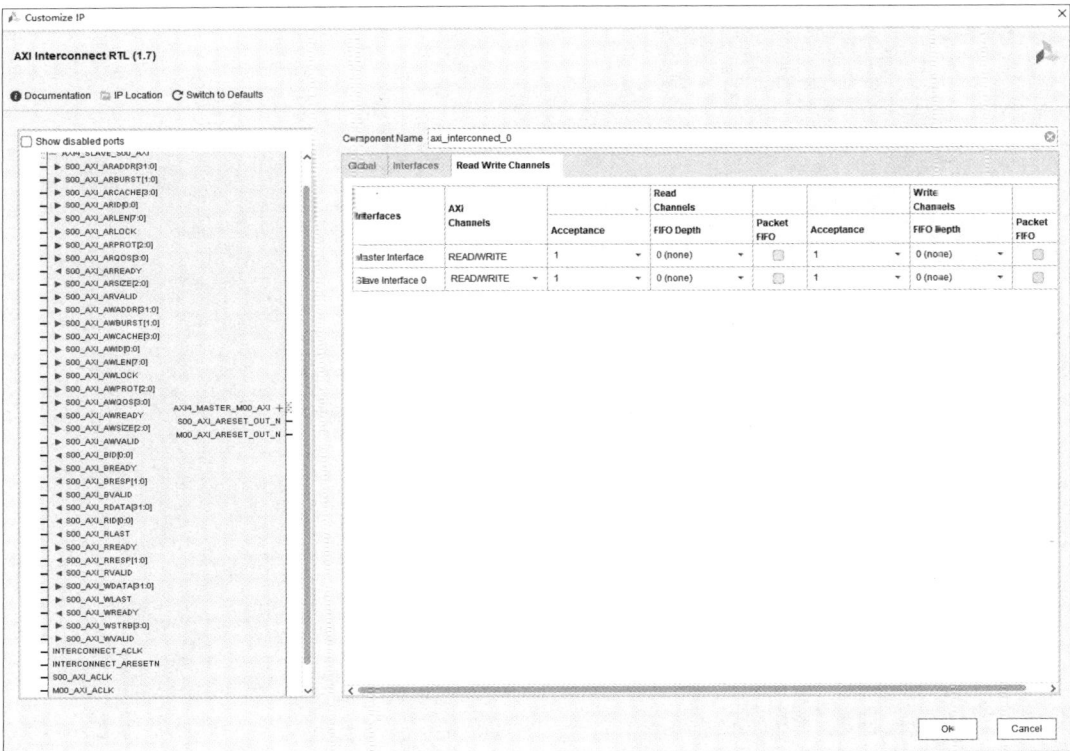

图 6-26 AXI Interconnect IP 核设置 3

这里选择默认的一个主设备一个从设备的配置，单击"OK"按钮，并在弹出的对话框中单击"Generate"按钮（见图 6-27），即可生成一个 AXI Interconnect IP 核。

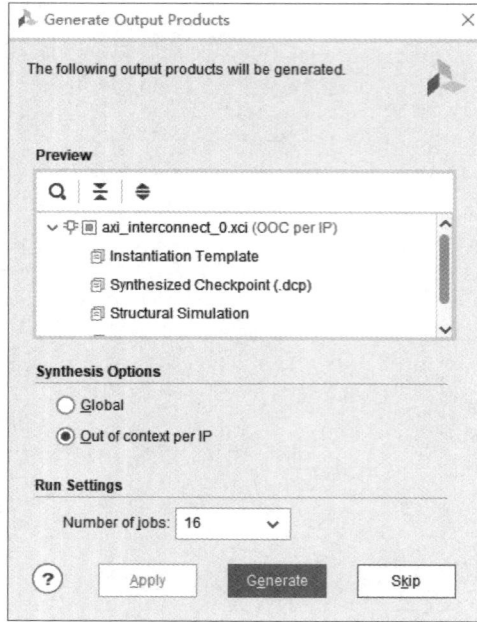

图 6-27　生成 AXI Interconnect IP 核

使用时，在"Instantiation Template"目录下打开 IP 核实例化模板（.veo 文件），可以获取模块例化代码参考，如图 6-28 所示。

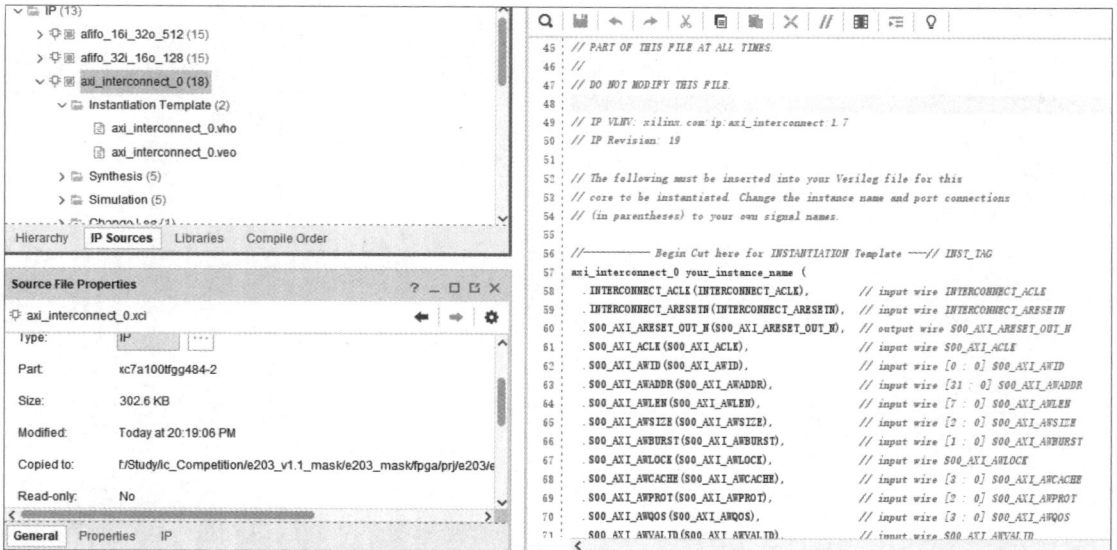

图 6-28　AXI Interconnect IP 示例代码

需要注意，在神经网络加速器 SoC 设计中，通常 MCU 作为主设备，加速器作为从设备，但是 AXI Interconnect IP 的端口定义与常规认知相反，即使用 AXI Interconnect IP 时，MCU 应连接至从设备端口，加速器应连接至主设备端口。下面是一个主设备一个从设备配置的 AXI 互联矩阵模块的例化代码。

```verilog
1. axi_interconnect_1m1s  AXI_interconnect(
2.  .INTERCONNECT_ACLK      (ui_clk            ),
3.  .INTERCONNECT_ARESETN   (rst_n             ), //mnd: low for at least 16 cycles
4.
5.    // CPU
6.  .S00_AXI_ARESET_OUT_N   (                  ),// output wire S00_AXI_ARESET_OUT_N
7.  .S00_AXI_ACLK           (clk               ),// input wire S00_AXI_ACLK
8.  .S00_AXI_AWID           (S00_AXI_AWID      ),// input wire [0 : 0] S00_AXI_AWID
9.  .S00_AXI_AWADDR         (S00_AXI_AWADDR    ),// input wire [31: 0] S00_AXI_AWADDR
10.  .S00_AXI_AWLEN          (S00_AXI_AWLEN     ),// input wire [7 : 0] S00_AXI_AWLEN
11.  .S00_AXI_AWSIZE         (S00_AXI_AWSIZE    ),// input wire [2 : 0] S00_AXI_AWSIZE
12.  .S00_AXI_AWBURST        (S00_AXI_AWBURST   ),// input wire [1 : 0] S00_AXI_AWBURST
13.  .S00_AXI_AWLOCK         (S00_AXI_AWLOCK    ),// input wire S00_AXI_AWLOCK
14.  .S00_AXI_AWCACHE        (S00_AXI_AWCACHE   ),// input wire [3 : 0] S00_AXI_AWCACHE
15.  .S00_AXI_AWPROT         (S00_AXI_AWPROT    ),// input wire [2 : 0] S00_AXI_AWPROT
16.  .S00_AXI_AWQOS          (S00_AXI_AWQOS     ),// input wire [3 : 0] S00_AXI_AWQOS
17.  .S00_AXI_AWVALID        (S00_AXI_AWVALID   ),// input wire S00_AXI_AWVALID
18.  .S00_AXI_AWREADY        (S00_AXI_AWREADY   ),// output wire S00_AXI_AWREADY
19.  .S00_AXI_WDATA          (S00_AXI_WDATA     ),// input wire [31: 0] S00_AXI_WDATA
20.  .S00_AXI_WSTRB          (S00_AXI_WSTRB     ),// input wire [3 : 0] S00_AXI_WSTRB
21.  .S00_AXI_WLAST          (S00_AXI_WLAST     ),// input wire S00_AXI_WLAST
22.  .S00_AXI_WVALID         (S00_AXI_WVALID    ),// input wire S00_AXI_WVALID
23.  .S00_AXI_WREADY         (S00_AXI_WREADY    ),// output wire S00_AXI_WREADY
24.  .S00_AXI_BID            (S00_AXI_BID       ),// output wire [0 : 0] S00_AXI_BID
25.  .S00_AXI_BRESP          (S00_AXI_BRESP     ),// output wire [1 : 0] S00_AXI_BRESP
26.  .S00_AXI_BVALID         (S00_AXI_BVALID    ),// output wire S00_AXI_BVALID
27.  .S00_AXI_BREADY         (S00_AXI_BREADY    ),// input wire S00_AXI_BREADY
28.  .S00_AXI_ARID           (S00_AXI_ARID      ),// input wire [0 : 0] S00_AXI_ARID
29.  .S00_AXI_ARADDR         (S00_AXI_ARADDR    ),// input wire [31: 0] S00_AXI_ARADDR
30.  .S00_AXI_ARLEN          (S00_AXI_ARLEN     ),// input wire [7 : 0] S00_AXI_ARLEN
31.  .S00_AXI_ARSIZE         (S00_AXI_ARSIZE    ),// input wire [2 : 0] S00_AXI_ARSIZE
32.  .S00_AXI_ARBURST        (S00_AXI_ARBURST   ),// input wire [1 : 0] S00_AXI_ARBURST
33.  .S00_AXI_ARLOCK         (S00_AXI_ARLOCK    ),// input wire S00_AXI_ARLOCK
34.  .S00_AXI_ARCACHE        (S00_AXI_ARCACHE   ),// input wire [3 : 0] S00_AXI_ARCACHE
35.  .S00_AXI_ARPROT         (S00_AXI_ARPROT    ),// input wire [2 : 0] S00_AXI_ARPROT
36.  .S00_AXI_ARQOS          (S00_AXI_ARQOS     ),// input wire [3 : 0] S00_AXI_ARQOS
37.  .S00_AXI_ARVALID        (S00_AXI_ARVALID   ),// input wire S00_AXI_ARVALID
38.  .S00_AXI_ARREADY        (S00_AXI_ARREADY   ),// output wire S00_AXI_ARREADY
39.  .S00_AXI_RID            (S00_AXI_RID       ),// output wire [0 : 0] S00_AXI_RID
40.  .S00_AXI_RDATA          (S00_AXI_RDATA     ),// output wire [31: 0] S00_AXI_RDATA
41.  .S00_AXI_RRESP          (S00_AXI_RRESP     ),// output wire [1 : 0] S00_AXI_RRESP
42.  .S00_AXI_RLAST          (S00_AXI_RLAST     ),// output wire S00_AXI_RLAST
43.  .S00_AXI_RVALID         (S00_AXI_RVALID    ),// output wire S00_AXI_RVALID
44.  .S00_AXI_RREADY         (S00_AXI_RREADY    ),// input wire S00_AXI_RREADY
```

```
45.
46. // ACCELERATOR
47.    .M00_AXI_ARESET_OUT_N   (                 ),// output wire M00_AXI_ARESET_OUT_N
48.    .M00_AXI_ACLK           (ui_clk           ),// input wire M00_AXI_ACLK
49.    .M00_AXI_AWID           (M00_AXI_AWID     ),// output wire [3 : 0] M00_AXI_AWID
50.    .M00_AXI_AWADDR         (M00_AXI_AWADDR   ),// output wire [31: 0] M00_AXI_AWADDR
51.    .M00_AXI_AWLEN          (M00_AXI_AWLEN    ),// output wire [7 : 0] M00_AXI_AWLEN
52.    .M00_AXI_AWSIZE         (M00_AXI_AWSIZE   ),// output wire [2 : 0] M00_AXI_AWSIZE
53.    .M00_AXI_AWBURST        (M00_AXI_AWBURST  ),// output wire [1 : 0] M00_AXI_AWBURST
54.    .M00_AXI_AWLOCK         (M00_AXI_AWLOCK   ),// output wire M00_AXI_AWLOCK
55.    .M00_AXI_AWCACHE        (M00_AXI_AWCACHE  ),// output wire [3 : 0] M00_AXI_AWCACHE
56.    .M00_AXI_AWPROT         (M00_AXI_AWPROT   ),// output wire [2 : 0] M00_AXI_AWPROT
57.    .M00_AXI_AWQOS          (M00_AXI_AWQOS    ),// output wire [3 : 0] M00_AXI_AWQOS
58.    .M00_AXI_AWVALID        (M00_AXI_AWVALID  ),// output wire M00_AXI_AWVALID
59.    .M00_AXI_AWREADY        (M00_AXI_AWREADY  ),// input wire M00_AXI_AWREADY
60.    .M00_AXI_WDATA          (M00_AXI_WDATA    ),// output wire [31 : 0] M00_AXI_WDATA
61.    .M00_AXI_WSTRB          (M00_AXI_WSTRB    ),// output wire [3 : 0] M00_AXI_WSTRB
62.    .M00_AXI_WLAST          (M00_AXI_WLAST    ),// output wire M00_AXI_WLAST
63.    .M00_AXI_WVALID         (M00_AXI_WVALID   ),// output wire M00_AXI_WVALID
64.    .M00_AXI_WREADY         (M00_AXI_WREADY   ),// input wire M00_AXI_WREADY
65.    .M00_AXI_BID            (M00_AXI_BID      ),// input wire [3 : 0] M00_AXI_BID
66.    .M00_AXI_BRESP          (M00_AXI_BRESP    ),// input wire [1 : 0] M00_AXI_BRESP
67.    .M00_AXI_BVALID         (M00_AXI_BVALID   ),// input wire M00_AXI_BVALID
68.    .M00_AXI_BREADY         (M00_AXI_BREADY   ),// output wire M00_AXI_BREADY
69.    .M00_AXI_ARID           (M00_AXI_ARID     ),// output wire [3 : 0] M00_AXI_ARID
70.    .M00_AXI_ARADDR         (M00_AXI_ARADDR   ),// output wire [31 : 0] M00_AXI_ARADDR
71.    .M00_AXI_ARLEN          (M00_AXI_ARLEN    ),// output wire [7 : 0] M00_AXI_ARLEN
72.    .M00_AXI_ARSIZE         (M00_AXI_ARSIZE   ),// output wire [2 : 0] M00_AXI_ARSIZE
73.    .M00_AXI_ARBURST        (M00_AXI_ARBURST  ),// output wire [1 : 0] M00_AXI_ARBURST
74.    .M00_AXI_ARLOCK         (M00_AXI_ARLOCK   ),// output wire M00_AXI_ARLOCK
75.    .M00_AXI_ARCACHE        (M00_AXI_ARCACHE  ),// output wire [3 : 0] M00_AXI_ARCACHE
76.    .M00_AXI_ARPROT         (M00_AXI_ARPROT   ),// output wire [2 : 0] M00_AXI_ARPROT
77.    .M00_AXI_ARQOS          (M00_AXI_ARQOS    ),// output wire [3 : 0] M00_AXI_ARQOS
78.    .M00_AXI_ARVALID        (M00_AXI_ARVALID  ),// output wire M00_AXI_ARVALID
79.    .M00_AXI_ARREADY        (M00_AXI_ARREADY  ),// input wire M00_AXI_ARREADY
80.    .M00_AXI_RID            (M00_AXI_RID      ),// input wire [3 : 0] M00_AXI_RID
81.    .M00_AXI_RDATA          (M00_AXI_RDATA    ),// input wire [31 : 0] M00_AXI_RDATA
82.    .M00_AXI_RRESP          (M00_AXI_RRESP    ),// input wire [1 : 0] M00_AXI_RRESP
83.    .M00_AXI_RLAST          (M00_AXI_RLAST    ),// input wire M00_AXI_RLAST
84.    .M00_AXI_RVALID         (M00_AXI_RVALID   ),// input wire M00_AXI_RVALID
85.    .M00_AXI_RREADY         (M00_AXI_RREADY   ) // output wire M00_AXI_RREADY
86. ) ;
87.
```

6.8　任务及习题

1. AHB 总线、APB 总线和 AXI 总线之间的主要区别是什么？它们分别在什么情况下使用？

2. 分别解释 AHB 总线和 APB 总线的工作原理，并比较它们的特点和性能。

3. 什么是 AXI 总线协议？它有哪些主要特征和优势？

4. 在 MCU SoC 系统中，为什么会同时使用 AHB 总线和 APB 总线？

5. 在设计一个包含多个外设的系统时，如何选择适当的总线协议（AHB、APB 或 AXI）来满足性能和资源需求？

6. 什么是总线互联和总线桥接？它们在系统设计中的作用分别是什么？

7. 如何在 MCU SoC 系统中实现 UART 外设与 APB 总线的连接和访问？

8. 除了 UART，还有哪些常见的外设会使用 AHB 总线、APB 总线或 AXI 总线进行连接和控制？

第7章
人工智能芯片的软硬件协同设计

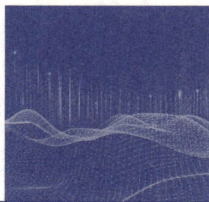

7.1 算法与硬件的数据交互

7.1.1 算法的实现方式

算法的实现一般分为两种，一种是使用专用芯片（硬件）或 FPGA 进行硬件实现，另一种是使用通用 CPU 进行软件实现。计算机中的 CPU 是一种通用 CPU，它是基于通用任务型计算而设计的，可以处理网页浏览、数学运算等多种任务，其特点是可以采用高级编程语言（如 C/C++、Python 等）来实现功能。比如一个图像压缩算法，实现之后需要把 C/C++ 或 Python 代码编译成通用 CPU 能够执行的二进制文件，再交给 CPU 来执行，指令是按时钟（clock）周期顺序执行的，一个时钟周期只能执行一条指令。通用 CPU 的优点是算法可在硬件层面直接实现，且支持并行处理。但在软件实现中，任务通常是串行执行的，例如，五个任务 a、b、c、d、e，通用 CPU 软件实现的顺序是 a → b → c → d → e，不能同时执行操作（不考虑指令流水线）。

在硬件实现中，如果芯片的计算资源足够强大，多个操作可以并行执行。硬件实现的主要限制在于中间数据的存储和访问。为了确保数据的顺利传递，通常需要将中间结果（数据）暂存在寄存器或存储器中，这会引入额外的存取操作。如果存取速度足够快且硬件设计中不存在数据传递的依赖关系，多个计算任务可以在极短的时间内并行执行，从而提升计算效率。

相较于通用 CPU，专用硬件往往为特定功能而设计，能够在优化的计算资源下高效完成任务。通用 CPU 在执行算法时需要经过一系列的指令解析和执行步骤，每个步骤都受到硬件架构的限制，通常需要调用较多的资源。因此，从硬件的计算资源分配和执行效率的角度来看，专用硬件通常能够在执行特定任务时显著提升性能，而通用 CPU 由于其通用性，在处理特定任务时效率较低。硬件算法这一概念是随着大规模集成电路的发展而出现的，最初仅作为逻辑设计的同义词，主要描述逻辑设计问题的解决步骤和实现方法。随着逻辑设计的规模越来越大、越来越复杂，硬件实现本身又具有较大的灵活性和自由度，硬件算法作为单独的研究对象出现在设计领域。

硬件算法以硬件的物理实现为前提，其核心在于解决具体问题：如何实现所要求的功能、选择哪些组件、如何组织这些组件、这些组件之间相互关系，以及如何实现对组件的控制等。通过形式化的方法描述这些实现过程，即构成硬件算法。

硬件算法涉及数字系统的各个设计级别，上至系统结构，下至门级。对硬件算法的研究将会使硬件设计更加科学化、合理化和形式化，有利于实现从系统设计到逻辑设计的自动化，并为将软件系统转化为专用硬件提供支持。

硬件算法与软件算法在形式上并无不同。许多硬件算法实际上是从软件算法演变而来的，特别是软件硬件化的专用硬件大都是以软件算法为基础的。

对硬件设计要求具有尽可能高的性能和可靠性，以及尽可能低的开销，因此需要对硬件算法的性能做定量分析和评价。

在评价软件算法时，主要考虑计算时间和占用空间（存储量）。评价硬件算法时同样需要考虑计算时间和占用空间的问题。计算时间主要体现在输入端到输出端的延迟，占用空间主要指硬件（芯片）所需的面积，这取决于元件个数、每个元件所占的面积，以及线长、线宽与间隔等。

综上所述，应根据算法的应用场景与需求进行选择，如果对算法的计算延迟要求不高，且要求尽快实现，则可以使用高级语言在通用 CPU 上进行软件算法实现；如果对性能和功耗的要求比较严苛，且有专门的应用场景，则可以选择硬件算法实现。实际应用中，往往将两种方式结合起来，先在通用 CPU 上进行算法的验证与优化，确保算法本身正确，再在硬件上进行复现与调优，这样可以兼顾开发效率和性能需求。

7.1.2　深度学习算法的软硬件协同设计

近年来，深度学习取得了巨大的成功，催生了许多令人瞩目的应用。从图像和语音识别中的对象分类，到图像标注、视觉场景理解、视频摘要、语言翻译，以及图像与声音（包括语音、音乐）的生成，深度学习展示了其在不同领域的应用潜力。深度学习的定义如图 7-1 所示。

随着这些成功案例的出现，深度学习的应用需求也日益增长。想象一下，如果 Google、百度或腾讯等公司找到了一种"解读"用户图像和视频内容的方法，从而更好地了解用户的喜好及关注点，他们会怎么做？

举例来说，他们可能会运行 ResNet、Xception 或 DenseNet 等模型版本，将用户的图像划分到数千个类别中。如果是一家拥有大量服务器和数据中心的互联网巨

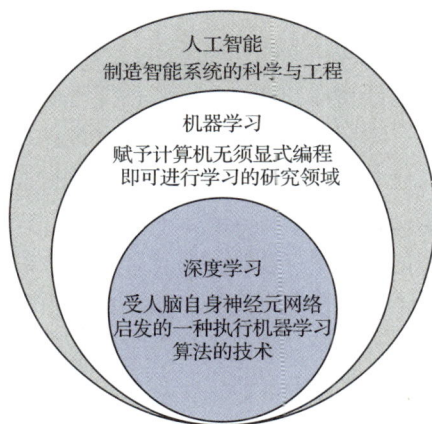

图 7-1　深度学习的定义

头，他自然希望在现有基础设施上运行深度学习算法。然而，随着使用过程中产生的数据流越来越快，用于处理文本的服务器现在需要执行比之前单个图像分类任务高出数百万倍的计算量。想象一下，该公司的用户每分钟可能产生共计 300 小时的视频数据。

数据中心的大规模运行同样消耗大量电力。如果需要使用超过一百万台服务器进行图像和视频处理，将需要建造大量的发电厂，或者寻找更有效的方式在云服务器中进行深度学习。考虑到电力供应并非易事，因此选择更加高效的方法进行深度学习尤为重要。

然而，数据中心只是需要优化的硬件领域之一。在自动驾驶汽车系统中，部署一个功耗1000W 的计算系统可能没有问题，但在许多其他应用场景中，功耗是一个严格的限制，如本书中的边缘设备，包括无人机、机器人、手机、平板电脑和其他移动设备，都需要在几瓦的功耗预算内运行。甚至一些消费产品，如智能相机、增强现实眼镜等，也需要较低的功耗并且可能不适合使用云计算的解决方案以防隐私泄露。

因此，随着人们的日常生活变得越来越智能，许多设备将需要运行深度学习应用程序，持

续收集和处理数据。在这种情况下，我们需要新的硬件解决方案：一种比 Intel 至强处理器更高效的硬件。该服务器 CPU 可能消耗 100 ~ 150W，并且通常需要具备强大的冷却系统以支持其性能。

在硬件选型上，除了通用的服务器 CPU，还有其他选择，如 GPU、FPGA、ASIC 或 SoC、数字信号处理器（DSP）。这些新的硬件解决方案能够提供更高效的计算能力，并在功耗和性能方面实现更佳的平衡，适用于各种深度学习应用场景。上述设备都可以增强边缘计算的性能，如减少延迟、增强处理能力和提高能源利用效率。GPU 是计算边缘人工智能中常用的设备，最初是为处理图像和视频而开发的，它包含多个并行处理器，有助于程序处理并行化，即将复杂的问题分解为可以同时处理的简单任务。这一特性使得 GPU 适合于处理大量数据的计算任务及人工智能训练和推理，其并行计算能力显著加快了这些过程。近年来，GPU 在加速 AI 任务方面发挥了关键作用。然而，GPU 的功耗通常高于其他针对 AI 的特定设备（如 TPU），或具有专门针对该目标设计的硬件配置的设备（如 FPGA 或 ASIC 设备）。

鉴于 GPU 的高功耗问题，Google 公司开发了一款专门用于高效运行深度学习模型的设备，即 TPU（张量运算单元），它由乘加单元阵列组成。Google 的 TPU 的初代产品 TPU1 和 TPU2 最初是为云计算而设计的，是一种用于在数据中心计算数据的巨型服务器芯片。然而，边缘计算的发展推动了边缘 TPU 的发展，边缘 TPU 旨在满足功耗和尺寸要求的同时，提供高性能的深度学习应用。Google Coral 就是这类设备的一个实例，它被选用以实现本文中开发的神经网络，从而能够与其他目标设备进行比较。

不同于 Google 的 TPU，FPGA 是一种可重新配置的设备，能够实现定制的硬件设计。由于其固有的灵活性，FPGA 可应用于广泛的领域，也是人工智能领域的关键组成部分。通过开发定制硬件来计算目标神经网络并在 FPGA 内部进行所需的操作，可以根据设计限制和目标硬件设备的容量来优化和并行化计算。FPGA 器件的架构不仅具有优化神经网络架构的优势，而且能够灵活地实现应用场景中所需的额外功能。

深度学习算法的计算成本很高，需要大量计算资源和内存来进行训练和推理。CPU 本质上支持有限数量的并行工作负载，尽管可以通过超线程技术进行上下文切换，但是该技术本质上是不连续的。CPU 可能比其他硬件架构（如 GPU 或 FPGA）拥有更多的资源、更大的缓存、更强的分支控制逻辑和更宽的片上带宽，然而 CPU 上的核心数量有限，限制了其并行处理大量数据的能力，而并行处理数据能力正是深度学习加速所必需的，所以 CPU 很难实现复杂的深度神经网络。因此，需要设计专门的硬件来加速深度学习，如 FPGA、ASIC 和 GPU。基于专用硬件的深度学习加速器可分为两类：第一类加速器专注于实现深度学习的计算算子，如卷积运算、全连接运算等；第二类加速器用于优化数据移动和内存访问。这两类加速器提高了深度学习的运行速度并降低了能耗。有两种方法可以提高深度学习加速的性能：一种是优化深度神经网络算法；另一种是优化硬件架构。因此，算法和硬件的协同设计是提高深度学习加速性能的关键。

GPU 因具有高吞吐量和宽内存带，成为最常用的硬件加速器之一。在基于浮点矩阵的计算中，基于 GPU 的硬件加速器非常高效。然而，GPU 的功耗较高，限制了其在某些场景下的适用性。相比之下，基于 ASIC 和 FPGA 的加速器虽然计算和内存资源有限，但能够在较低能耗下实现中等性能。与 GPU 和 FPGA 相比，基于 ASIC 的加速器在性能上更具优势，但牺牲了可重新配置性，而且具有其他一些局限性，包括开发成本高、研发时间长、灵活性差等问题。基于 FPGA 的加速器则是一种折中方案，在可承受的成本范围内提供优异的性能，同时具备可重新配置性和低能耗的优点。

如第 2 章和第 3 章所述，神经网络是一种类似生物神经元结构的计算模型，而深度学习的深度神经网络则是一种具有 3 个以上隐藏层的神经网络，非常适合处理复杂的任务。在现代深度神经网络中，典型的层数范围从 5 层到 1000 层不等。图 7-2 所示为一个具有 N 个隐藏层的深度神经网络。在深度学习中，模型及其参数是通过多次训练过程学习到的，具体将在 7.3 节中详细阐述。

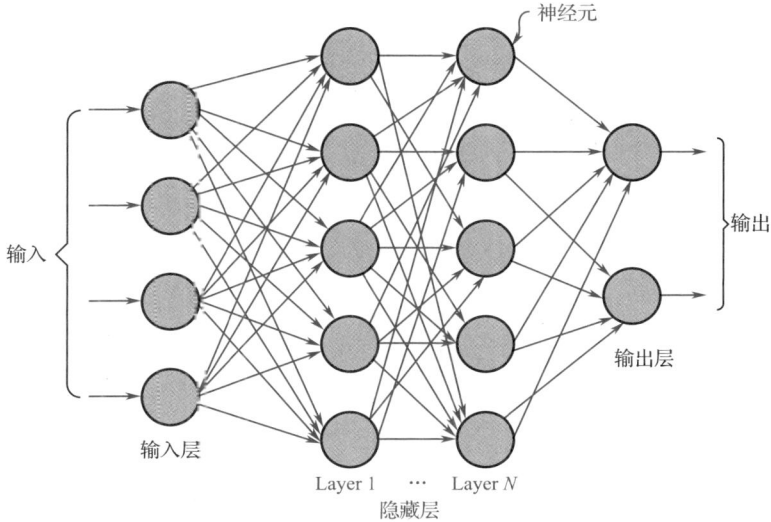

图 7-2　深度神经网络示意图

在已经具有算法模型的前提下，如何实现算法与硬件的协同工作呢？常见的步骤是，先使用 CPU 进行算法验证，再使用 GPU 进行神经网络参数的训练，在满足精度需求后，将训练好的参数取出，根据参数及网络结构进行硬件设计（FPGA 或 ASIC）。也就是说，PC 或服务器（CPU+GPU）协同完成深度学习算法的训练阶段，而专用硬件完成算法的推理部分。

在专用硬件的设计中，MAC 运算是深度学习中最重要的计算操作，并且易于并行化。由于 MAC 操作可以并行执行，因此需要支持并行操作的硬件架构来处理深度学习算法。为了实现更好的性能，通常采用包含空间和时间计算架构的高度并行计算模型来加速深度学习。空间优先和时间优先架构具有相似的计算结构，均包含一组处理单元（PE）。然而，空间优先架构中的 PE 具有内部控制能力，而时间优先架构中控制是集中式的，如图 7-3 所示。每个 PE 可以配备一个寄存器文件（RF）来存储空间优先架构中的数据，而时间优先架构中的 PE 不具备存储容量。PE 还可以在空间计算设计中相互连接用来交换数据。总而言之，时间优先架构中的 PE 仅包含计算和逻辑单元（ALU），而空间优先架构中的 PE 由 ALU、用于存储数据的 RF 及控制单元组成。

时间优先架构（简称时间架构）通过支持多种技术（如 SIMT 或 SIMD）来实现并行性，主要应用于 CPU 和 GPU 中。在时序设计中，ALU 只能访问存储器层次结构中的数据，而不能直接相互通信。存储器（如 RF）和控制单元由所有 ALU 共享。在 CPU 或 GPU 等时间架构中，所有卷积或全连接运算都映射到矩阵乘法中。由于 CPU 中只包含少量处理核心（1 ~ 10 个），只能并行执行少量进程，从而限制了吞吐量。而 GPU 拥有数千个内核，可以高效地运行高度并行的算法（如矩阵乘法），因此常用于深度学习算法的训练和推理。为了提升吞吐量，可以通过优化程序库（如 GPU 的 cuBLAS、cuDNN，CPU 的 Intel MKL、OpenBLAS 等）或采用快速傅里叶变换（FFT）等技术来减少矩阵乘法的计算量。

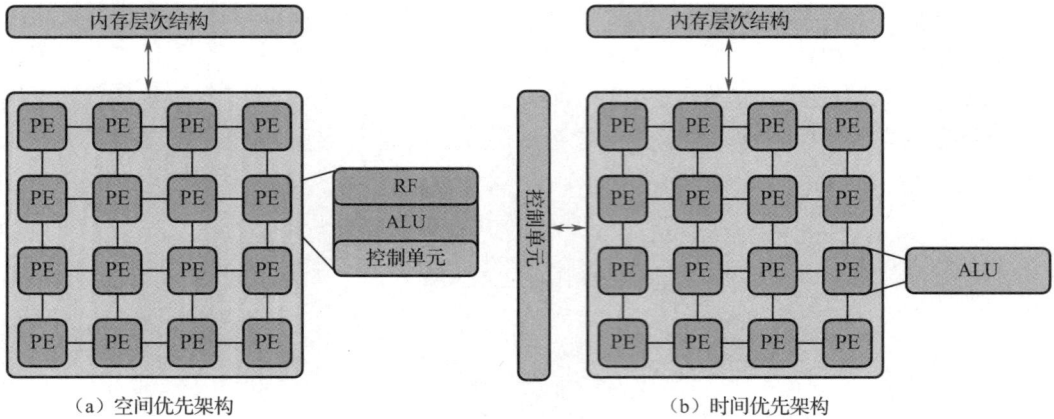

图 7-3　空间优先和时间优先的硬件加速器

在空间优先架构(简称空间架构)中,每个ALU可以拥有自己的本地存储器(如RF)和控制单元。FPGA和ASIC是典型的空间架构硬件。与ASIC相比,FPGA的开发成本更低、研发周期更短且设计流程更简单,但其能源效率较低(因为部分芯片区域用于支持可重新配置性)。而ASIC是专为特定应用设计的,不具备可重构性,设计流程复杂且成本较高,但其经过高度优化,能源效率更高,性能也更优越。

内存访问是深度学习计算性能的主要瓶颈,因此需要尽量减少对片外主存(如DRAM)的访问,因为对片外主存的访问延迟和能耗较高。通过重复使用(重用)存储在更小、更快、能耗更低的存储器中的数据,可以有效减少对片外主存的访问。在空间架构中,可以通过设计权重固定、输出固定、行固定等数据流方法来优化数据重用,从而降低能耗。在空间架构中,数据流可以分为以下几类。

权重固定:在权重固定的数据流中,权重保持固定并存储在PE的寄存器文件中,而输入及部分和分布在PE上。权重固定的数据流最大化了权重的复用,适用于滤波器和卷积操作。

输出固定:每个部分和都固定在PE中并进行累加,直到获得最终结果。与此同时,PE的权重和输入以多种方式分散。输出固定数据流可以最大化卷积复用,减少读/写部分和时所消耗的能量。

行固定:一行卷积操作被映射到行固定数据流中的同一个PE中,并且权重在PE的寄存器文件中保持静止。行固定数据流可以最大化输入特征图、权重及部分和的卷积复用。

无本地复用:在无本地重用数据流中,PE内部不固定任何数据,通过取消PE中的寄存器文件来减小加速器面积。

空间架构中的PE可以通过一维或二维收缩阵列连接。一维收缩阵列中的PE按一维(线性)排列,支持脉动数据流;二维收缩阵列中的PE按二维(矩阵形式)排列,可以从垂直和水平方向接收数据。类似地,时间架构中的PE也可以通过一维或二维阵列连接。一维阵列中的PE从全局缓冲区接收数据,按一维排列;二维阵列中的PE按二维排列,但从全局缓冲区接收数据的方式并不受限于特定的方向。

目前,基于FPGA的深度学习加速器因其高效性而越来越受到关注。FPGA支持并行性,并通过将计算映射到并行硬件上来加速运算使多个深度学习的基本结构可以在FPGA上并行执行。与通用CPU相比,基于FPGA的加速器可实现几个数量级的加速。FPGA使设计人员可以根据目标应用自由地在硬件中实现所需的逻辑。基于FPGA的深度学习加速器架构主要包含主机和

FPGA 两大部分。基于 FPGA 的深度学习加速器大致可分为三类：① 针对特定应用的加速器，如语音识别、目标检测、NLP 等；② 针对特定算法的加速器，如卷积神经网络（见图 7-4）、循环神经网络等；③ 带有硬件模板的加速器框架。前两类加速器的设计复杂度较低，第三类加速器的设计复杂度相对较高。

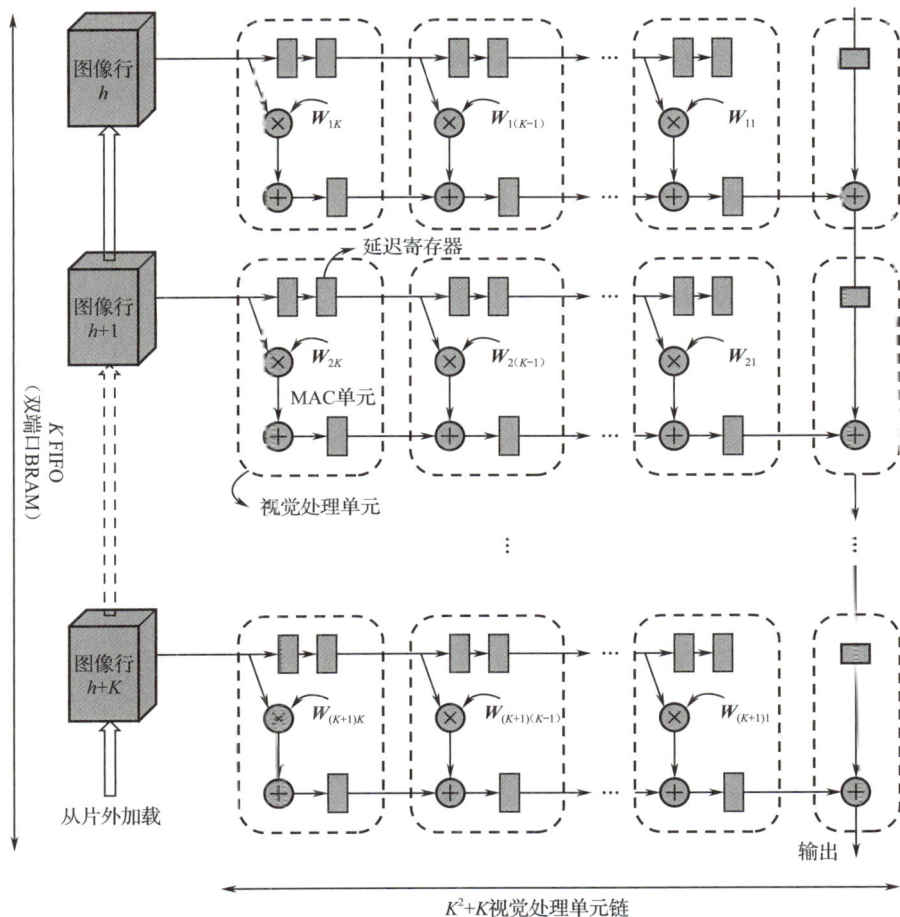

图 7-4　卷积神经网络硬件加速器

硬件加速器实现的具体细节可参见第 8 章，接下来将介绍如何在软件层面上进行模型量化以适配硬件加速器的需求，以及如何生成硬件加速器所需的权重。

7.2　模型训练与权重生成

7.2.1　模型训练

前面的章节介绍了深度学习的基本内容与框架，本节将具体演示如何训练一个深度神经网络，并导出最终训练好的权重。

在进行模型训练之前，首先确定模型的内部结构，本节以 CIFAR-10 数据集和卷积神经网络（CNN）为例，使用 PyTorch 框架进行模型训练。卷积神经网络结构如图 7-5 所示，由 32×32×3 的图像输入层、两个 5×5 的卷积层、一个 2×2 的池化层和全连接层构成。

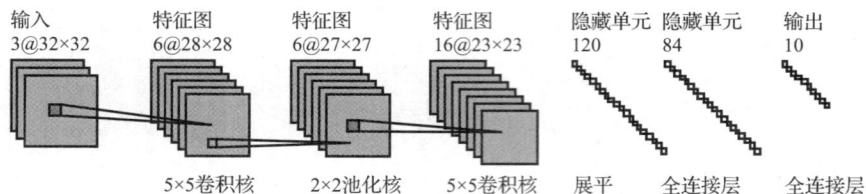

图 7-5　卷积神经网络结构

数据集准备及处理：模型训练时使用的数据集为 CIFAR-10 数据集。如图 7-6 所示，CIFAR-10 数据集由 10 个类别共 60 000 张 32×32 彩色图像组成，每个类别有 6000 张图像。其中，训练集由每个类别中的 5000 张图像组成，共 50 000 张；测试集由每个类别中的 1000 张图像组成，共 10 000 张。数据集分为 5 个训练批次和 1 个测试批次，每个批次有 10 000 张图像。测试批次包含从每个类别中随机选择的 1000 张图像；训练批次以随机顺序包含剩余图像，但某些训练批次的图像可能包含某一类别的图像多于其他类别。

图 7-6　CIFAR-10 数据集图像

```
#-------------------------------------------------------------------------------
#                              数据集下载和导入
#-------------------------------------------------------------------------------
import torch
import torchvision
from torch.utils.data import DataLoader
from torch.utils.tensorboard import SummaryWriter
```

```
train_data = torchvision.datasets.CIFAR10(root="../data/cifar-10-batches-py",
                                    train=True,transform=torchvision.
                                    transforms.ToTensor(), download=True)
test_data = torchvision.datasets.CIFAR10(root="../data/cifar-10-batches-py",
                                    train=False, transform=torchvision.
                                    transforms.ToTensor(), download=True)
# 数据大小
train_data_size = len(train_data)
test_data_size = len(test_data)
# format 可以将 {} 替换为函数内部的内容
print(" 训练数据集的长度为 {}".format(train_data_size))
print(" 测试数据集的长度为 {}".format(test_data_size))

# 利用 DataLoader 加载数据集
train_dataloader = DataLoader(train_data, batch_size=64)
test_dataloader = DataLoader(test_data, batch_size=64)
```

若运行上述 Python 代码得到的结果如图 7-7 所示，证明数据集下载且导入成功，可以得到训练数据集和测试数据集的长度信息。

```
Files already downloaded and verified
Files already downloaded and verified
训练数据集的长度为50000
测试数据集的长度为10000
```

图 7-7　数据集加载信息

搭建模型：通常将模型写在单独的 Python 文件中，例如，新建一个 model.py 文件，在该文件中搭建模型。根据如图 7-5 所示的模型结构实现一个支持 10 分类的网络。在代码实现过程中，需要设定输入通道数（in_channel）、输出通道数（out_channel）、卷积核大小（kernel_size）、步幅（stride）及池化层填充（padding）等参数。

```
#-------------------------------------------------------------------------------
#                          神经网络模型搭建
#-------------------------------------------------------------------------------
import torch.nn as nn
# 神经网络模型
class CNN(nn.Module):
    def __init__(self):
        super(CNN, self).__init__()
        self.model = nn.Sequential(
            # 5*5 卷积: in_channel;out_channel;kernel_size;stride;padding
            nn.Conv2d(3, 32, 5, 1, 2),
            # 池化层
            nn.MaxPool2d(2),
            # 5*5 卷积: in_channel;out_channel;kernel_size;stride;padding
            nn.Conv2d(32, 32, 5, 1, 2),
```

```
        # 最大池化
        nn.MaxPool2d(2),
        # 5*5 卷积: in_channel;out_channel;kernel_size;stride;padding
        nn.Conv2d(32, 64, 5, 1, 2),
        # 最大池化
        nn.MaxPool2d(2),
        # 将所有特征平铺
        nn.Flatten(),
        # 线性层
        nn.Linear(1024, 64),
        # 线性层: 最终得到 10 个输出
        nn.Linear(64, 10)
    )

def forward(self, x):
    x = self.model(x)
    return x
```

上述代码实现了模型的卷积神经网络结构。可以通过给定输入并查看输出结果的形状（Shape）是否符合预期，来验证模型是否正确。

```
#-------------------------------------------------------------------------------------
#                        神经网络模型验证
#-------------------------------------------------------------------------------------
"""
if __name__ == '__main__': 的作用
一个 Python 文件通常有两种使用方法, 一种是作为脚本直接执行,
另一种是 import 到其他 Python 脚本中被调用（模块重用）执行。
因此 if __name__ == 'main': 的作用是控制这两种情况执行代码的过程,
在 if __name__ == 'main': 下的代码只有在第一种情况下（文件作为脚本直接执行）才会被
执行, 而 import 到其他脚本中是不会被执行的
"""
if __name__ == '__main__':
    verify = CNN()
    # 64 个数据, 每个数据包含 3 个通道, 每个通道大小为 32*32
    input = torch.ones((64, 3, 32, 32))
    output = verify (input)
    print(output.shape)
```

```
torch.Size([64, 10])
```

图 7-8　神经网络模型输出结果

当输出为图 7-8 所示的结果时，证明搭建的 CNN 结构无误，表示输入 64 张图像，最后输出 64 个 10 分类结果。

训练过程：搭建完模型后，需要选择优化器、设置训练轮次等参数。具体参数设置可参照如下代码：

```
#-------------------------------------------------------------------------------------
#                        神经网络训练参数设置
```

```
#----------------------------------------------------------------------------------
# 创建网络模型
cnn = CNN()
# 损失函数
loss_fn = nn.CrossEntropyLoss()

# 优化器：选择随机梯度下降
learn_rate = 1e-2
optimizer = torch.optim.SGD(cnn.parameters(), lr=learn_rate)

# 设置训练网络的一些参数
# 记录训练的次数
total_train_step = 0
# 记录测试的次数
total_test_step = 0
# 训练的轮次
epoch = 20
```

在梯度下降过程中，需要对所有样本进行处理以完成一轮训练。如果样本规模特别大，该过程效率会非常低。假如有 500 万甚至 5000 万个样本（在实际应用场景中，经常有几千万行的数据，有些大数据集甚至高达 10 亿行），一轮迭代的时间将会很长，这种对所有样本进行处理的方法叫作 Full Batch。

为了提高效率，可以把样本平均分成若干子集，这种方式叫作 Mini Batch。例如，把 100 万个样本分成 1000 个子集，每个子集中含有 1000 个样本，用一个 for 循环遍历这 1000 个子集，针对每个子集做一次梯度下降，然后更新参数 *w* 和 *b* 的值，接着到下一个子集中继续进行梯度下降。这样，在遍历所有子集后，相当于在梯度下降中做了 1000 次迭代。将遍历一次所有样本的行为叫作一次迭代（Epoch）。在 Mini Batch 梯度下降中进行的操作与 Full Batch 相同，区别在于训练的数据不是所有样本，而是各个子集。在一次迭代中，使用 Full Batch 只执行一次梯度下降，而使用 Mini Batch 可以执行 1000 次梯度下降，极大地提高了算法的运行速度和效率。

下面的代码使用 TensorBoard 将训练过程的效果进行可视化。TensorBoard 是一组用于数据可视化的工具，它包含在开源机器学习库 TensorFlow 中。TensorBoard 的主要功能包括：可视化模型的网络架构，跟踪模型指标（如损失和准确性等），查看机器学习工作流程中权重、偏差和其他组件的直方图，显示非表格数据（包括图像、文本和音频），以及将高维嵌入投影到低维空间等。通过 TensorBoard 可将训练过程中损失（Loss）的变化绘制成图表。

```
#----------------------------------------------------------------------------------
#                             神经网络训练过程
#----------------------------------------------------------------------------------
# 添加 TensorBoard
writer = SummaryWriter("logs")

for i in range(epoch):
    print("=============== 第{}轮训练开始了 ===============".format(i + 1))

    # 训练步骤开始
    cnn.train()
```

```
for data in train_dataloader:
    imgs, targets = data
    outputs = cnn(imgs)
    loss = loss_fn(outputs, targets)

    # 利用优化器优化模型
    # 这里一定要将梯度清零，因为采用的是 Mini Batch 训练方式，避免梯度累加
    optimizer.zero_grad()
    loss.backward()
    optimizer.step()

    total_train_step = total_train_step + 1
    # 每训练100次再将 loss 打印出来
    if total_train_step % 100 == 0:
        print("训练次数:{},Loss:{}".format(total_train_step, loss.item()))
        writer.add_scalar("train_loss", loss.item(), total_train_step)
```

注意，因为采用的是 Mini Batch 训练方法，所以每次进行模型优化之前，需要将梯度清零，以避免梯度累加。

执行完上述代码后，打开 TensorBoard 即可查看训练过程中神经网络模型的训练精度与损失的变化过程，如图 7-9 和图 7-10 所示，可以看到在 20 次迭代中每一次迭代的训练精度和损失的具体值。

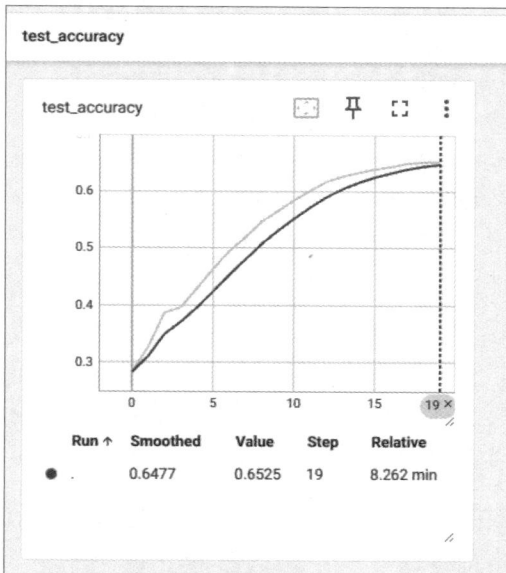

图 7-9　精度变化

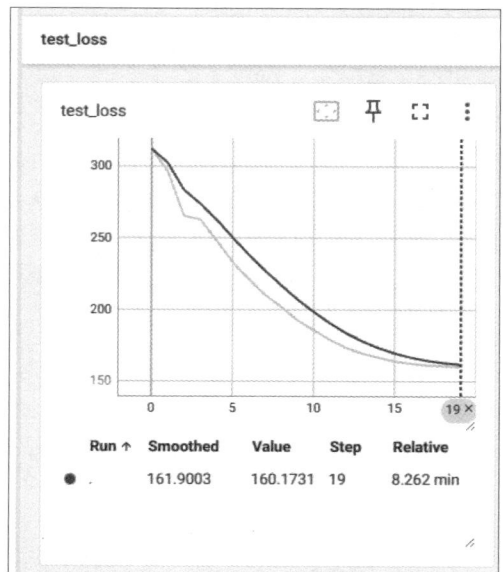

图 7-10　损失变化

测试集验证：在每次迭代训练完成后，利用训练好的模型在测试集上进行验证，查看模型表现。

```
#-------------------------------------------------------------------------------
#                                测试集验证
#-------------------------------------------------------------------------------
```

```
    # 测试步骤开始
    cnn.eval()
    total_test_loss = 0
    total_accuracy = 0
    with torch.no_grad():
        for data in test_dataloader:
            imgs, targets = data
            outputs = cnn(imgs)
            loss = loss_fn(outputs, targets)
            # loss 是 tensor 数据类型，loss.item() 可以将 loss 转化为数值类型
            total_test_loss = total_test_loss + loss.item()
            # 用来查看测试集上的正确率
            accuracy = (outputs.argmax(1) == targets).sum()
            total_accuracy = total_accuracy + accuracy

        print("整体测试集上面的 Loss:{}".format(total_test_loss))
        print("整体测试集上面的正确率 :{}".format(total_accuracy/test_data_size))

        writer.add_scalar("test_loss", total_test_loss, total_test_step)
        writer.add_scalar("test_accuracy", total_accuracy/test_data_size,
total_test_step)
        # with 下面的 for 循环完成一次代表测试完成一次
        total_test_step = total_test_step + 1

writer.close()
```

每次迭代训练结束时，都会将此次迭代的训练信息与训练结果打印出来，以便于更具体地了解训练过程，如图 7-11 所示。

```
==================第19轮训练开始了==================
训练次数:14100,Loss:1.0087692737579346
训练次数:14200,Loss:0.8119526505470276
训练次数:14300,Loss:0.8841038942337036
训练次数:14400,Loss:0.9799023270606995
训练次数:14500,Loss:0.8798393607139587
训练次数:14600,Loss:1.0226999521255493
训练次数:14700,Loss:0.7140651345252991
训练次数:14800,Loss:1.1334080696105957
整体测试集上面的Loss:160.76798754930496
整体测试集上面的正确率:0.6518999934196472
模型已保存
==================第20轮训练开始了==================
训练次数:14900,Loss:0.5611176490783691
训练次数:15000,Loss:0.8932464122772217
训练次数:15100,Loss:0.8346608281135559
训练次数:15200,Loss:0.9188003540039062
```

图 7-11　迭代训练结果

模型保存：常见的模型保存方式有两种：一种是保存整个模型的结构和模型的参数；另一种是采用字典的方式保存模型的参数。相关代码如下：

```
#-----------------------------------------------------------------------------------------
#                                        模型保存
#-----------------------------------------------------------------------------------------
```

```
# 保存方式一：模型结构 + 参数
torch.save(cnn,"cnn_method1.pth")

# 保存方式二（官方推荐）：模型参数
torch.save(cnn.state_dict(),"cnn_method2.pth")
```

使用这两种方式保存的模型，在读取时所采用的方法也有所不同，具体代码如下：

```
#--------------------------------------------------------------------------------
#                                    模型读取
#--------------------------------------------------------------------------------
# 保存方式一的模型加载
model = torch.load("cnn_method1.pth")
print(model)

# 保存方式二的模型加载
cnn = CNN()
torch.save(cnn.state_dict(),"cnn_method2.pth")
model.load_state_dict(torch.load("cnn_method2.pth"))
print(model)
```

在本次实验中，为了更好地观察模型，采用第一种保存方式，并将每次迭代的模型都保存下来，代码如下：

```
#--------------------------------------------------------------------------------
#                                    模型保存
#--------------------------------------------------------------------------------
    # 对模型进行保存
    torch.save(cnn, "cnn_{}.pth".format(i))
    print(" 模型已保存 ")
```

保存后的模型文件如图 7-12 所示。

名称	修改日期	类型	大小
cnn_0.pth	2024/5/2 16:06	PTH 文件	574 KB
cnn_1.pth	2024/5/2 16:06	PTH 文件	574 KB
cnn_2.pth	2024/5/2 16:06	PTH 文件	574 KB
cnn_3.pth	2024/5/2 16:06	PTH 文件	574 KB
cnn_4.pth	2024/5/2 16:06	PTH 文件	574 KB
cnn_5.pth	2024/5/2 16:07	PTH 文件	574 KB
cnn_6.pth	2024/5/2 16:07	PTH 文件	574 KB
cnn_7.pth	2024/5/2 16:07	PTH 文件	574 KB
cnn_8.pth	2024/5/2 16:07	PTH 文件	574 KB
cnn_9.pth	2024/5/2 16:07	PTH 文件	574 KB
cnn_10.pth	2024/5/2 16:07	PTH 文件	574 KB
cnn_11.pth	2024/5/2 16:07	PTH 文件	574 KB
cnn_12.pth	2024/5/2 16:07	PTH 文件	574 KB
cnn_13.pth	2024/5/2 16:08	PTH 文件	574 KB
cnn_14.pth	2024/5/2 16:08	PTH 文件	574 KB
cnn_15.pth	2024/5/2 16:08	PTH 文件	574 KB
cnn_16.pth	2024/5/2 16:08	PTH 文件	574 KB
cnn_17.pth	2024/5/2 16:08	PTH 文件	574 KB
cnn_18.pth	2024/5/2 16:08	PTH 文件	574 KB
cnn_19.pth	2024/5/2 16:08	PTH 文件	574 KB

图 7-12　保存后的模型文件

　　GPU 训练：从上述训练过程可以看出，如果只使用 CPU 进行训练，训练时间会较长，对于更大的模型，只使用 CPU 训练的时间成本将极为庞大，因此，有必要考虑引用 GPU 来辅助模型的训练。本节将使用 CUDA 平台进行 GPU 的调用，CUDA 是 NVIDIA 为其 GPU 开发的一套图形处理器开发平台。GPU 训练可应用于模型、损失函数及数据（输入、标注）三部分。引用 GPU 进行训练有两种方式，方式一的代码如下：

```python
#--------------------------------------------------------------------------
#                                引用 GPU
#--------------------------------------------------------------------------
"""
在这种方式下引入 CUDA，如果计算机没有安装 GPU，将会报错。要想防止报错，需要在每次使用 CUDA
之前进行一次判断
if torch.cuda.is_available():
"""
cnn = CNN()
# ===================== 这里可以用 CUDA=========================
cnn = cnn.cuda()

# 损失函数
loss_fn = nn.CrossEntropyLoss()
# ===================== 这里可以用 CUDA=========================
loss_fn = loss_fn.cuda()



for i in range(epoch):
    print("================ 第 {} 轮训练开始了 ================".format(i + 1))

    # 训练步骤开始
    cnn.train()
    for data in train_dataloader:
        imgs, targets = data
        # ===================== 这里可以用 CUDA=========================
        imgs = imgs.cuda()
        targets = targets.cuda()
        outputs = cnn(imgs)
        loss = loss_fn(outputs, targets)

    # 测试步骤开始
    cnn.eval()
    total_test_loss = 0
    total_accuracy = 0
    with torch.no_grad():
        for data in test_dataloader:
            imgs, targets = data
            # ===================== 这里可以用 CUDA=========================
            imgs = imgs.cuda()
```

```
                targets = targets.cuda()
```

方式二的代码如下（相较于方式一，代码更加简洁）：

```
#------------------------------------------------------------------------------
#                                引用 GPU
#------------------------------------------------------------------------------
"""
使用 GPU 训练模型的方式二
"""
# 定义训练设备：cpu、cuda
device = torch.device("cuda")


cnn = CNN()
# ==================== 这里可以用 CUDA====================
cnn = cnn.to(device)

# 损失函数
loss_fn = nn.CrossEntropyLoss()
# ==================== 这里可以用 CUDA====================
loss_fn = loss_fn.to(device)

for i in range(epoch):
    print("================ 第 {} 轮训练开始了 ================".format(i + 1))

    # 训练步骤开始
    cnn.train()
    for data in train_dataloader:
        imgs, targets = data
        # ==================== 这里可以用 CUDA====================
        imgs = imgs.to(device)
        targets = targets.to(device)

    # 测试步骤开始
    cnn.eval()
    total_test_loss = 0
    total_accuracy = 0
    with torch.no_grad():
        for data in test_dataloader:
            imgs, targets = data
            # ==================== 这里可以用 CUDA====================
            imgs = imgs.to(device)
            targets = targets.to(device)
```

本节采用方式二进行 GPU 调用，并重新进行一次训练。可以发现训练的时间缩短为原来的四分之一。GPU 训练时间图见图 7-13。

　　模型验证：随机选取一张图像（见图 7-14），使用训练好的模型对该图像进行预测。使用训练了 10 次的模型对该图像进行预测，代码如下所示。

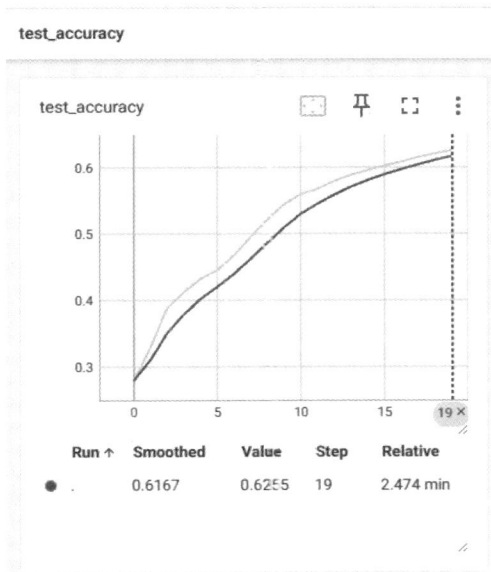

图 7-13　GPU 训练时间图

图 7-14　随机图像

```
#------------------------------------------------------------------------------
#                                    模型验证
#------------------------------------------------------------------------------
import torch
import torchvision
from PIL import Image
from torch import nn


image_path = "image/dog.jpg"
image = Image.open(image_path)
print(image)

transform = torchvision.transforms.Compose([torchvision.transforms.
                                    Resize((32, 32)), torchvision.
                                    transforms.ToTensor()])


image = transform(image)
print(image.shape)


class CNN(nn.Module):
    def __init__(self):
        super(CNN, self).__init__()
        self.model = nn.Sequential(
            # 5*5 卷积: in_channel;out_channel;kernel_size;stride;padding
```

```
            nn.Conv2d(3, 32, 5, 1, 2),
            # 池化层
            nn.MaxPool2d(2),
            # 5*5 卷积: in_channel;out_channel;kernel_size;stride;padding
            nn.Conv2d(32, 32, 5, 1, 2),
            # 最大池化
            nn.MaxPool2d(2),
            # 5*5 卷积: in_channel;out_channel;kernel_size;stride;padding
            nn.Conv2d(32, 64, 5, 1, 2),
            # 最大池化
            nn.MaxPool2d(2),
            # 将所有特征平铺
            nn.Flatten(),
            # 线性层
            nn.Linear(1024, 64),
            # 线性层: 最终得到 10 个输出
            nn.Linear(64, 10)
        )

    def forward(self, x):
        x = self.model(x)
        return x

model = torch.load("./cnn_19.pth",map_location=torch.device('cpu'))
print(model)

image = torch.reshape(image, (1, 3, 32, 32))
model.eval()
with torch.no_grad():
    output = model(image)

print(output)

print(output.argmax(1))
```

最终结果如图 7-15 所示，序号 [5] 在 CIFAR-10 数据集中代表狗，表示模型预测正确。

```
<PIL.JpegImagePlugin.JpegImageFile image mode=RGB size=173x230 at 0x1D840D2CEE0>
torch.Size([3, 32, 32])
CNN(
  (model): Sequential(
    (0): Conv2d(3, 32, kernel_size=(5, 5), stride=(1, 1), padding=(2, 2))
    (1): MaxPool2d(kernel_size=2, stride=2, padding=0, dilation=1, ceil_mode=False)
    (2): Conv2d(32, 32, kernel_size=(5, 5), stride=(1, 1), padding=(2, 2))
    (3): MaxPool2d(kernel_size=2, stride=2, padding=0, dilation=1, ceil_mode=False)
    (4): Conv2d(32, 64, kernel_size=(5, 5), stride=(1, 1), padding=(2, 2))
    (5): MaxPool2d(kernel_size=2, stride=2, padding=0, dilation=1, ceil_mode=False)
    (6): Flatten(start_dim=1, end_dim=-1)
    (7): Linear(in_features=1024, out_features=64, bias=True)
    (8): Linear(in_features=64, out_features=10, bias=True)
  )
)
tensor([[ 1.0997, -0.9290,  1.7238,  0.7256,  1.8291,  2.8243,  0.3991,  2.5332,
         -8.9045, -2.3816]])
tensor([5])
```

图 7-15　模型预测结果

该示例的完整代码如下：

```
#-----------------------------------------------------------------------------
#                                   训练代码
#-----------------------------------------------------------------------------
import torch
import torchvision
from torch import nn
from torch.utils.data import DataLoader
from torch.utils.tensorboard import SummaryWriter
import importlib
import model
from model import CNN

train_data = torchvision.datasets.CIFAR10(root="./data/cifar-10-batches-py",
                                train=True, transform=torchvision.
                            transforms.ToTensor(), download=True)
test_data = torchvision.datasets.CIFAR10(root="../data/cifar-10-batches-py",
                                train=False, transform=torchvision.
                            transforms.ToTensor(), download=True)


# 数据大小
train_data_size = len(train_data)
test_data_size = len(test_data)
# format 可以将 {} 替换为函数内部的内容
print(" 训练数据集的长度为 {}".format(train_data_size))
print(" 测试数据集的长度为 {}".format(test_data_size))

# 利用 DataLoader 加载数据集
train_dataloader = DataLoader(train_data, batch_size=64)
test_dataloader = DataLoader(test_data, batch_size=64)

# 定义训练设备：CPU、CUDA
device = torch.device("cuda")

# 创建网络模型
cnn = CNN()
cnn = cnn.to(device)
# 损失函数
loss_fn = nn.CrossEntropyLoss()
loss_fn = loss_fn.to(device)
# 优化器：选择随机梯度下降
learn_rate = 1e-2
optimizer = torch.optim.SGD(cnn.parameters(), lr=learn_rate)

# 设置训练网络的一些参数
# 记录训练的次数
```

```
total_train_step = 0
# 记录测试的次数
total_test_step = 0
# 训练的轮次
epoch = 20

# 添加 TensorBoard
writer = SummaryWriter("logs")

for i in range(epoch):
    print("================ 第 {} 轮训练开始了 ================".format(i + 1))

    # 训练步骤开始
    cnn.train()
    for data in train_dataloader:
        imgs, targets = data
        imgs = imgs.to(device)
        targets = targets.to(device)
        outputs = cnn(imgs)
        loss = loss_fn(outputs, targets)

        # 利用优化器优化模型
        # 这里一定要将梯度清零，因为采用的是 Mini Batch 训练方式，避免梯度累加
        optimizer.zero_grad()
        loss.backward()
        optimizer.step()

        total_train_step = total_train_step + 1
        # 每训练 100 次再将 loss 打印出来
        if total_train_step % 100 == 0:
            print(" 训练次数 :{},Loss:{}".format(total_train_step, loss.item()))
            writer.add_scalar("train_loss", loss.item(), total_train_step)

    # 测试步骤开始
    cnn.eval()
    total_test_loss = 0
    total_accuracy = 0
    with torch.no_grad():
        for data in test_dataloader:
            imgs, targets = data
            imgs = imgs.to(device)
            targets = targets.to(device)
            outputs = cnn(imgs)
            loss = loss_fn(outputs, targets)
            # loss 是 tensor 数据类型 ,loss.item() 可以将 loss 转化为数值类型
            total_test_loss = total_test_loss + loss.item()
            # 用来查看测试集上的正确率
            accuracy = (outputs.argmax(1) == targets).sum()
```

```
        total_accuracy = total_accuracy + accuracy

    print(" 整体测试集上面的 loss:{}".format(total_test_loss))
    print(" 整体测试集上面的正确率 :{}".format(total_accuracy/test_data_size))

    writer.add_scalar("test_loss", total_test_loss, total_test_step)
    writer.add_scalar("test_accuracy", total_accuracy/
                        test_data_size, total_test_step)
    # with 下面的 for 循环完成一次代表测试完成一次
    total_test_step = total_test_step + 1

    # 对模型进行保存
    torch.save(cnn, "cnn_{}.pth".format(i))
    print(" 模型已保存 ")

writer.close()
```

7.2.2　权重生成

在 7.2.1 节中，权重数据已经生成并保存在 .pth 文件中。如何使用或提取 .pth 文件中的权重数据成为关键。如果仅在 PyTorch 框架下使用这些权重，只需要执行以下代码即可导入模型参数：

```
#---------------------------------------------------------------------------------------
#                              参数导入
#---------------------------------------------------------------------------------------

model = torch.load("./cnn_19.pth",map_location=torch.device('cpu'))
print(model)
```

导入结果如图 7-15 所示，表明模型参数已经正确导入且能正确识别结果。

然而有时并不在 PyTorch 框架下进行模型推理，特别是在一些边缘芯片上，设计时只需要一个 .txt 或 .bin 文件来读取权重数据，并将这些权重数据送入对应的硬件进行处理。提取权重的具体代码如下：

```
#---------------------------------------------------------------------------------------
#                              参数导出
#---------------------------------------------------------------------------------------
import torch
from model import CNN  #  CNN 模型定义在 model.py 中

# 初始化 CNN 模型
cnn = CNN()
torch.save(cnn.state_dict(), "./cnn_19.pth") #将模型重新保存为字典形式
# 加载模型权重
weights = torch.load("./cnn_19.pth")
```

```
# 初始化 CNN 模型
cnn = CNN()

# 将权重加载到模型中
cnn.load_state_dict(weights)

# 将权重保存到文本文件
with open("weights.txt", "w") as f:
    for key, value in cnn.state_dict().items():
        f.write(str(key) + "\n")
        for val in value.numpy().flatten():
            f.write(str(val) + "\n")
```

通过上述操作导出的 weight.txt 文件内容如图 7-16 所示，可以看到所有权重均已导出。由于尚未进行量化操作，当前的权重值均为浮点数。关于量化的内容将在 7.3 节具体讲解。

此外，还可以使用可视化工具 Netron 进行模型结构可视化和权重导出。打开 Netron 软件，直接加载 .pth 文件。注意，应尽量加载完整的模型文件，而不是仅加载字典形式的模型文件（会丢失模型结构）。加载后的模型文件如图 7-17 所示。

图 7-16 导出的 weight.txt 文件内容

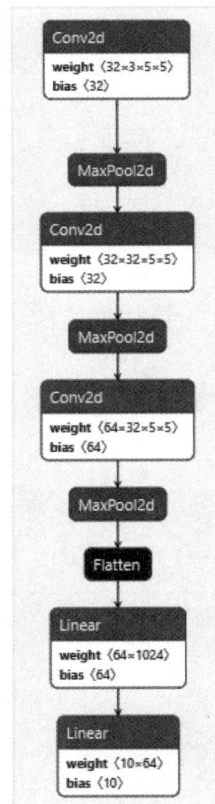

图 7-17 模型文件

可以单击任一模块查看详细信息，包括权重值等数据，如图 7-18 所示。

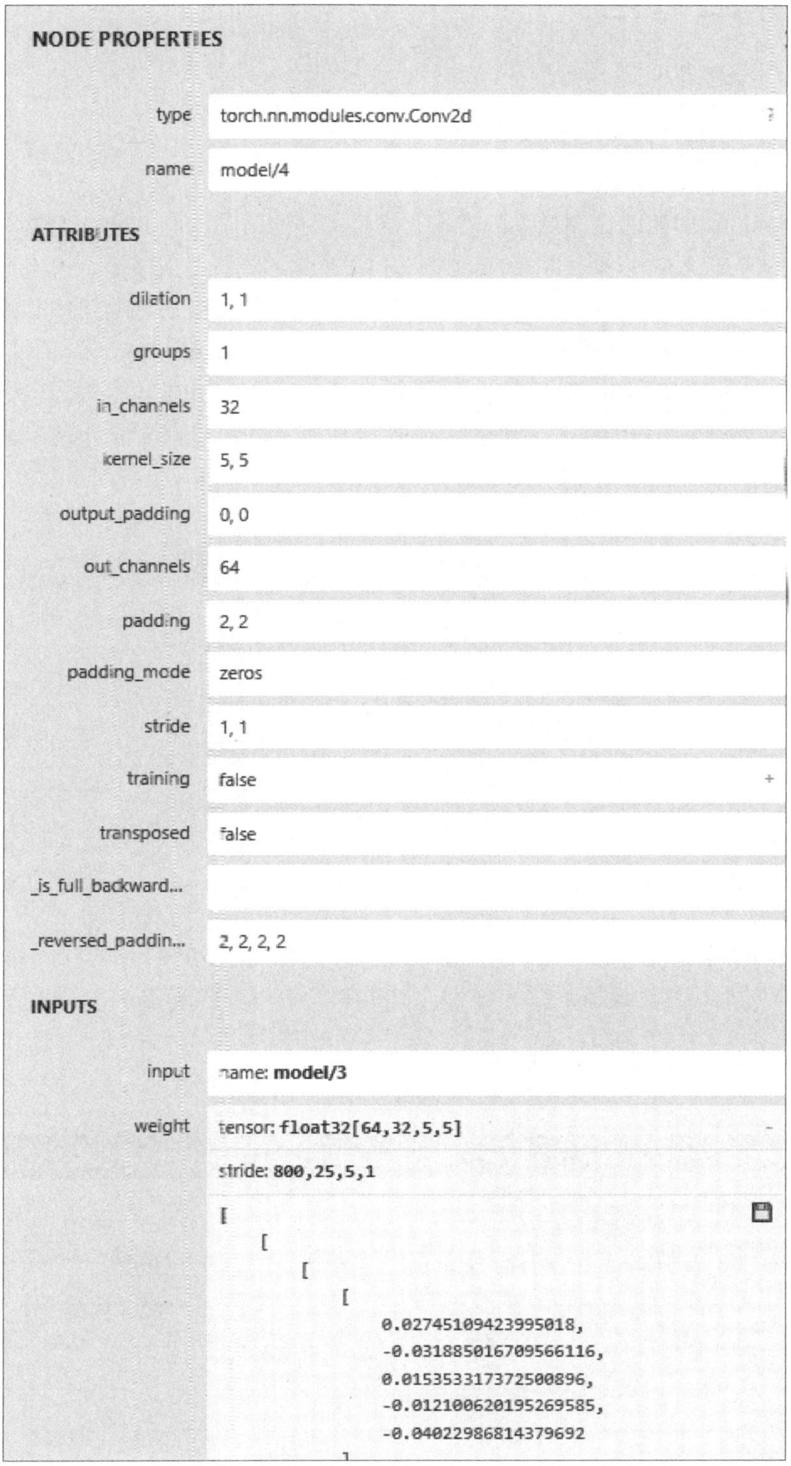

NODE PROPERTIES

type	torch.nn.modules.conv.Conv2d
name	model/4

ATTRIBUTES

dilation	1, 1
groups	1
in_channels	32
kernel_size	5, 5
output_padding	0, 0
out_channels	64
padding	2, 2
padding_mode	zeros
stride	1, 1
training	false
transposed	false
_is_full_backward...	
_reversed_paddin...	2, 2, 2, 2

INPUTS

input	name: **model/3**
weight	tensor: **float32[64,32,5,5]**
	stride: **800,25,5,1**

```
[
    [
        [
            [
                    0.02745109423995018,
                    -0.031885016709566116,
                    0.015353317372500896,
                    -0.012100620195269585,
                    -0.04022986814379692
```

图 7-18　查看详细信息

7.3 算法量化

7.3.1 算法量化的原理

为了满足各种 AI 应用对预测精度的需求，深度神经网络结构的宽度、层数、深度等参数的数量急速增加，自 AlexNet 以来，基于 ImageNet 的深度学习算法（或模型）改进均与模型大小相关。在由 Google 研究人员提供的图 7-19 中，纵轴以精度表示网络在特定任务上的效果，横轴以乘累加运算（MAC）次数表示模型的大小。通过对比图中 AlexNet、GoogleNet 和 VGG 的模型大小与预测的变化趋势可以看出，随着模型规模增大，网络的精度通常也会提高。尽管精心设计的 MobileNet 能在保持较小体积的同时达到与 GoogleNet 相当的精度，但不同大小的 MobileNet 也表明：尽管好的模型可以提高精度，但在同类模型中，更大的网络往往具有更好的性能。

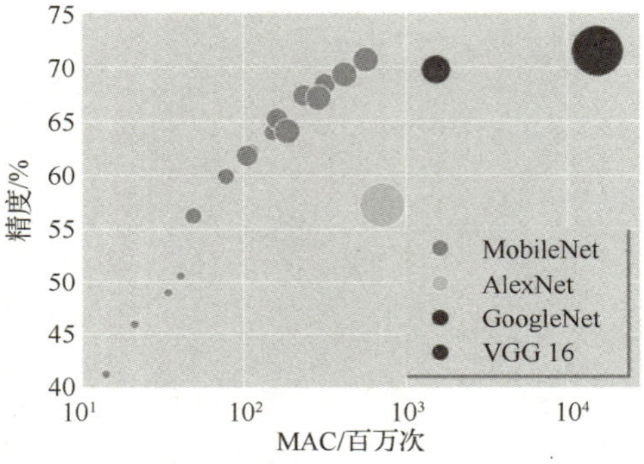

图 7-19　不同模型的参数量和预测精度

随着模型预测越来越准确、网络结构越来越深，神经网络的内存消耗问题日益突出，如表 7-1 所示。特别是在移动设备上，2019 年年初的智能手机一般配备 4GB 内存来支持多个应用程序同时运行，而运行三个模型一次通常就要占用 1GB 内存。

表 7-1　不同模型的大小和算力

模型名称	模型大小 / MB	每秒浮点运算次数（FLOPS）/（次/秒）
AlexNet	233	0.7
VGG-16	528	15.5
VGG-19	548	19.6
ResNet-50	98	3.9
ResNet-101	170	7.6
ResNet-152	230	11.3
GoogleNet	27	1.6
InceptionV3	89	6
MobileNet	38	0.58
SequeezeNet	30	0.84

　　模型大小不仅涉及内存容量，还与内存带宽有关。模型在每次预测时都会使用模型的权重，对于图像处理等应用程序，通常需要实时处理数据（以至少 30 帧 / 秒的速度），因此对内存带宽的要求很高。如果部署相对较小的网络（如 ResNet-50）来进行分类，运行网络模型一般需要 3GB/s 的内存带宽，这会导致运行时内存和 CPU 的能耗急速上升。为了让设备变得智能一点而付出如此高昂的代价是不现实的。此外，商业应用越来越倾向于从云端部署转移到边缘端，而边缘设备的计算资源有限，必须考虑存储、内存、能耗和延迟等问题，特别是在移动终端和嵌入式设备等应用场景中。例如，在本书关注的边缘计算领域，在进行推理部署前通常需要先进行模型量化，否则以边缘设备的算力可能无法满足实时性需求。例如，进行一次人脸识别可能需要一个小时，这对商业和个人应用都是不可接受的。

　　模型量化作为一种通用的深度学习优化手段，能够将深度学习模型转化为更小的定点模型，并显著提升推理速度，而且几乎不会损失精度。它适用于绝大多数模型和应用场景。模型量化以损失精度为代价，将网络中连续取值或离散取值的浮点型参数（权重或张量）线性映射为定点近似的离散值（如 INT8/UINT8），取代原有的 FP32 格式数据，同时保持输入和输出为浮点型数，从而减小模型尺寸，降低模型内存消耗，并加快模型推理速度。

　　由于量化涉及定点数（Fixed Point）和浮点数（Floating Point）的转换，在研究相关研究和解决方案之前，有必要先了解它们的基础知识。

　　定点数和浮点数都是数值的表示方式，区别在于小数点位置的处理：定点数保留固定位数的整数和小数，而浮点数保留固定位数的有效数字和指数。表 7-2 列出了定点数与浮点数的格式。

表 7-2　定点数与浮点数的格式

	定点数（AAAA.BBBB）	浮点数（有效数字 × 基底^指数）
十进制数	123.789	1.2345×10^4
十六进制数	A2B.FF1	$A.345DF \times 16^4$
二进制数	1011.011	1.0111×2^3

　　在指令集架构（Instruction Set Architecture，ISA）中，内置数据类型包括定点数和浮点数。定点数通常表示为整数，而浮点数以二进制格式存储。在指令集层面，定点数是连续的，因为它们是整数，且相邻可表示数字之间的间隔为 1。相比之下，浮点数用于表示实数，其数值间隔由指数决定，因此具有更广的值域。例如，32 位有符号整数的最大值为 $2^{31}-1$，而 32 位浮点数的最大值为 $(2-2^{-23}) \times 2^{127}$。浮点数越接近零点，其精度越高。在给定指数的情况下，浮点数在不同值域的数值数量相同。例如，区间 [1,2) 中的浮点数数量与区间 [0.5,1)、[2,4] 和 [4,8] 中的数量相同，如图 7-20 所示。

　　浮点运算可以通过整数运算实现。在计算机发展的早期，浮点运算是通过软件在定点硬件上模拟的。可以用定点乘法和加法来表示浮点乘法：$A \times B = (M_1 \times M_2) \times 2^{E_1+E_2}$，其中 A、B 为浮点数，M_1 和 M_2 为尾数位，E_1 和 E_2 为指数位。实际上，在执行有效数字（尾数）的整数乘法后，如果乘法结果超出了浮点数可表示的范围，通常需要进行重新缩放处理。如图 7-21 所示，重新缩放操作会将部分有效数字转移到指数部分，并使用最近舍入的方法对剩余的有效数字进行舍入。这意味着在某些情况下，部分数字信息可能会因舍弃而丢失，如图 7-21（b）所示。

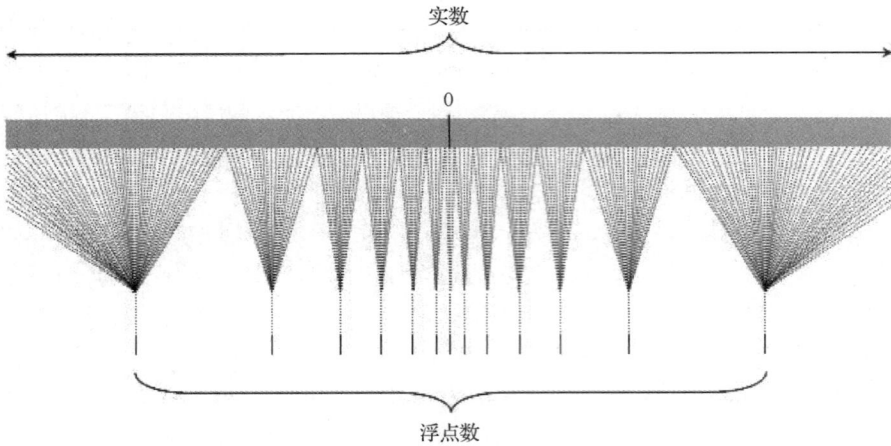

图 7-20　浮点数在不同值域的精度

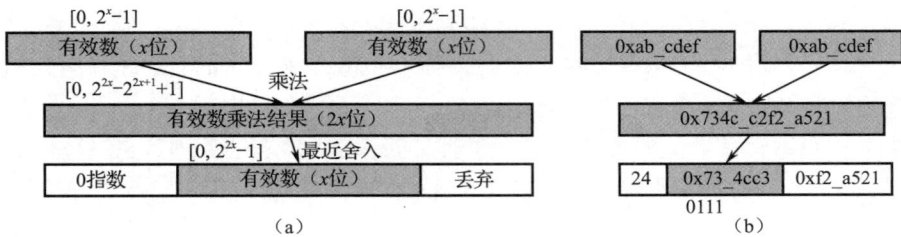

图 7-21　浮点乘法误差

　　神经网络的运算一般基于浮点运算。如前所述，FP32 和 INT8 的值域分别为 $[-(2-2^{-23})\times2^{127}, -1\times2^{-126}] \cup [1\times2^{-126}, (2-2^{-23})\times2^{127}]$ 和 $[-128,127]$，而取值数量大约分别为 2^{32} 和 2^8。因此，将深度学习算法从 FP32 转换为 INT8 并不是简单的数据类型转换或截断。

　　但是神经网络权重的值分布范围很窄，且非常接近于零。图 7-22 给出了 MobileNetV1 中权重值最多的十层的权重分布情况。

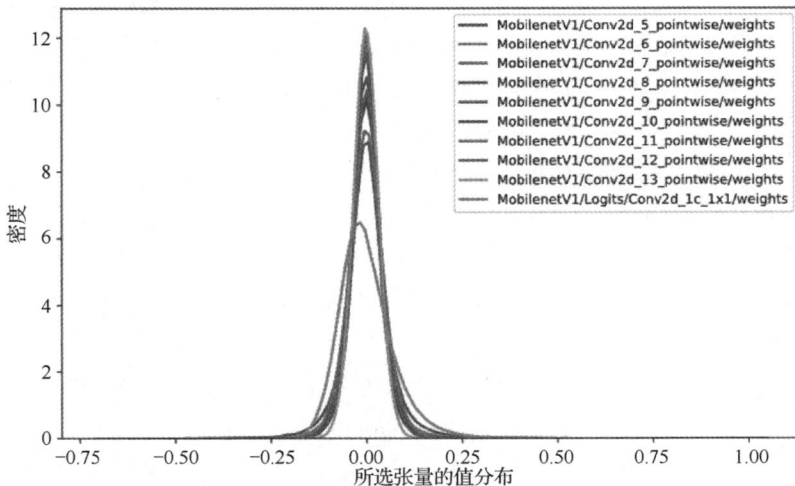

图 7-22　MobileNetV1 部分权重分布

当值落在区间 $(-1,1)$ 时，可以使用量化浮点公式 $X_{float} = X_{scale} * X_{quantized}$ 将 FP32 数映射为 INT8 数。其中，X_{float} 表示 FP32 权重，$X_{quantized}$ 表示量化的 INT8 权重，X_{scale} 为映射因子（缩放因子）。若不让 FP32 的零点与 INT8 的零点对应，则量化浮点公式需要修改为 $X_{float} = X_{scale} * (X_{quantized} - X_{zero\text{-}point})$。

大多数情况下，量化使用无符号整数（UINT 类型），那么 INT8 的值域为 $[0, 255]$。具体而言，量化浮点值可以分为以下两个步骤：

（1）通过在权重张量（Tensor）中找到最小值和最大值来确定 X_{scale} 和 $X_{zero\text{-}point}$；

（2）将权重张量的每个值从 FP32 类型转换为 INT8 类型。

注意，当浮点运算结果不为整数时，需要额外的舍入步骤。例如，将 FP32 的值域 $[-1,1]$ 映射到 INT8 的值域 $[0, 255]$ 时，有 $X_{scale} = 255/2$，而 $X_{zero\text{-}point} = 255-255/2 \approx 127$。

量化过程中不可避免地存在误差，与数字信号处理中的量化误差类似。图 7-23 显示了数字信号处理的量化及其误差。

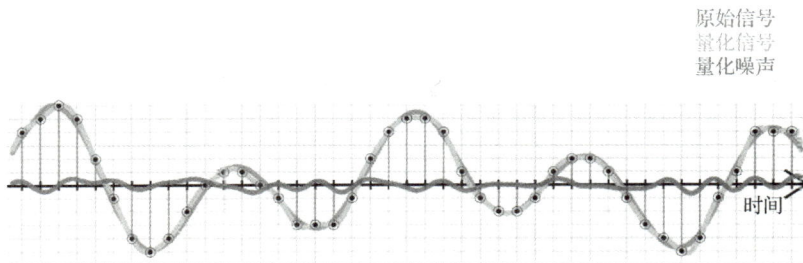

图 7-23　数字信号处理中的量化及其误差

量化的意义在于在精度和时间上取得平衡，尤其是在边缘计算领域，过大的模型将导致设备无法正常运行。量化的具体优点可以总结为以下 4 点。

- 减小模型尺寸，降低设备的存储压力；
- 模型中每一层的参数（如权重、偏差）都是确定的，且波动不大，适合量化；
- 减少存储和计算量，提升模型推理速度，适用于移动和边缘设备；
- 降低设备的能耗。

本节对深度学习算法中的模型量化进行了初步介绍，下面将具体介绍各种量化类型与策略的优缺点及其应用场景。

7.3.2　算法量化方式

前面介绍了算法量化的原理及优势，本节将具体介绍算法量化过程中常用的量化方式。

根据量化过程的不同，量化方式可以分为两大类：训练后量化和量化感知训练，如图 7-24 所示。

1. 训练后量化

训练后量化直接对已训练完成的模型进行量化，无须复杂的微调或训练过程，因此训练后量化的开销较小。训练后量化通常不需要或只需要少量数据驱动量化参数的计算，因此非常适合应用于数据敏感的场景。但是相比量化感知训练，训练后量化的模型精度下降可能更为显著。训练后量化可以分为权重量化和全量化两种。

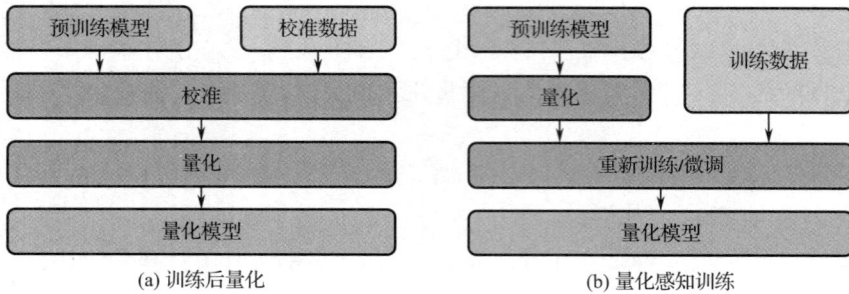

图 7-24　训练后量化和量化感知训练过程示意图

在权重量化中，仅对模型的权重进行量化操作，并以整型数形式存储模型权重，从而压缩模型尺寸。在推理阶段，首先将量化的权重反量化为浮点数形式，然后进行浮点运算，所以权重量化并未加速推理过程。权重量化又称为动态量化。

在全量化中，同时对模型权重和激活值进行量化，这种操作不仅能压缩模型尺寸，减少推理过程的内存占用，而且可以通过使用高效的整型运算单元来加速推理过程（因为激活值和权重都为整型数据）。全量化又称为静态量化。在静态量化中，模型权重和激活的量化参数是离线计算好的，推理时无须调整可直接使用。由于对激活值的量化需要获取激活值的分布信息，因此，静态量化需要提供一定的数据来推理网络并收集网络的激活值信息，以确定相关的量化参数。在动态量化中，激活值的量化参数是在推理阶段实时计算的，虽然效果更好，但是会给推理带来额外的计算成本。

后续将通过实例展示动态量化和静态量化的具体细节，便于更直观地对比二者之间的区别。

2.　量化感知训练

量化感知训练通过在预训练模型中插入伪量化算子（对数值量化后再反量化）来模拟量化产生的误差，然后在训练数据集上更新权重并调整相应的量化参数，或者直接将量化参数作为可学习的参数在反向传播中更新。这种方法得到的量化模型精度较高，但由于需要额外的训练步骤，成本较高，而且对数据的要求相比训练后量化也更高。

然而，量化操作是不连续的，这在反向传播过程中导致了梯度计算的困难，由于量化点处的梯度为零，这种"梯度消失"问题会阻碍模型参数的更新，进而影响训练效果。

直通估计器（Straight-Through Estimator，STE）是量化训练中常用的一种方法，用于解决反向传播中的梯度传递问题。在 STE 中，前向传播时执行正常的量化操作，但在反向传播时，量化操作的梯度被特殊处理以简化计算并保证训练的可行性。具体来说，假设量化操作的梯度恒为 1，即在反向传播时将量化前浮点数的梯度直接传递到量化后整型数的值上。这种方法实际上忽略了量化操作的不连续性和非线性，将其视为"无梯度效应"的操作，以便于梯度正常传递。STE 的优点在于简化了量化训练中的梯度计算，同时允许模型参数的正常更新，最终获得接近全精度模型的性能表现。尽管 STE 是一种近似处理方法，可能无法完全反映真实的梯度信息，但在许多实际应用中，STE 能够有效支持量化模型的训练，并在量化后保持较高的性能。具体的 STE 处理过程可参见图 7-25。

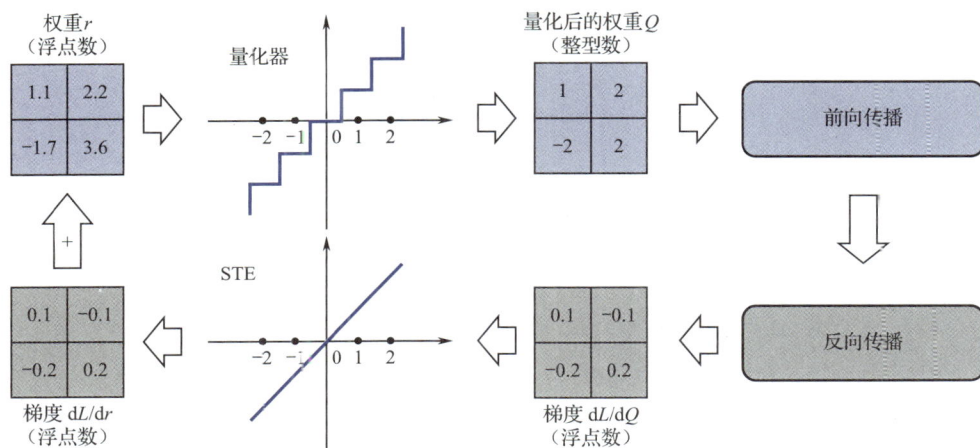

图 7-25　STE 处理过程示意图

7.3.3　算法量化实例

本节将对 7.2.1 节中训练的卷积神经网络模型进行量化。量化基于 Pytorch 框架，分别采用动态量化和静态量化两种方式，并对比量化后模型的尺寸和准确率。

动态量化由于只量化了权重，而未对激活值进行量化，因此其模型压缩率相对于静态量较低。但由于保留了原始模型的激活值精度，量化后的模型性能表现更佳。具体代码如下：

```
#---------------------------------------------------------------
#                          动态量化
#---------------------------------------------------------------
import torch
import torchvision
import torch.ao.quantization.quantize_fx as quantize_fx
import copy
from torch import nn
from model import CNN
from torch.utils.data import DataLoader
from torch.ao.quantization import (
    get_default_qconfig_mapping,
    get_default_qat_qconfig_mapping,
    QConfigMapping,
)


train_data = torchvision.datasets.CIFAR10(root="../data/cifar-10-batches-py",
                          train=True, transform=torchvision.
                          transforms.ToTensor(), download=True)
test_data = torchvision.datasets.CIFAR10(root="../data/cifar-10-batches-py",
                          train=False, transform=torchvision.
                          transforms.ToTensor(), download=True)
```

```
# 利用 DataLoader 加载数据集
train_dataloader = DataLoader(train_data, batch_size=64)
test_dataloader = DataLoader(test_data, batch_size=64)

#CUDA 对量化的支持不完善，在 CPU 上进行量化
device = torch.device("cpu")

# 加载整个模型
model_fp = torch.load("cnn_19.pth")

# 将模型加载到指定设备并重命名保存
model_fp = model_fp.to("cpu")
torch.save(model_fp," model_fp.pth")
# 复制模型用来量化
model_to_quantize = copy.deepcopy(model_fp).to(device)
model_to_quantize.eval()
qconfig_mapping = QConfigMapping().set_global(torch.ao.quantization.default_
dynamic_qconfig)

# 跟踪模型
example_inputs = next(iter(train_dataloader))[0]

# 准备
model_prepared = quantize_fx.prepare_fx(model_to_quantize, qconfig_mapping,
                   example_inputs)
# 量化
model_quantized_dynamic = quantize_fx.convert_fx(model_prepared)
torch.save(model_quantized_dynamic.state_dict(), "./model_quantized_dynamic.pth")
```

经过动态量化后的模型大小如图 7-26 所示，可以看到模型尺寸明显下降。

PC model_fp.pth	2024/5/4 15:54	PTH 文件	573 KB
PC model_quantized_dynamic.pth	2024/5/4 15:54	PTH 文件	381 KB

图 7-26　动态量化后的模型尺寸变化

静态量化对应的是上文中的训练后量化的全量化，由于权重和激活值均被量化，所以量化后的模型尺寸和精度均可能有较显著的下降，具体代码如下：

```
#-------------------------------------------------------------------------
#                              静态量化
#-------------------------------------------------------------------------
import torch
import torchvision
import torch.ao.quantization.quantize_fx as quantize_fx
import copy
from torch import nn
```

```
from model import CNN
from torch.utils.data import DataLoader
from torch.ao.quantization import (
    get_default_qconfig_mapping,
    get_default_qat_qconfig_mapping,
    QConfigMapping,
)
train_data = torchvision.datasets.CIFAR10(root="../data/cifar-10-batches-py",
                            train=True, transform=torchvision.
                            transforms.ToTensor(), download=True)
test_data = torchvision.datasets.CIFAR10(root="../data/cifar-10-batches-py",
                            train=False, transform=torchvision.
                            transforms.ToTensor(), download=True)


# 利用 DataLoader 加载数据集
train_dataloader = DataLoader(train_data, batch_size=64)
test_dataloader = DataLoader(test_data, batch_size=64)


#CUDA 对量化的支持不完善，在 CPU 上进行量化
device = torch.device("cpu")
# 加载整个模型
model_fp = torch.load("cnn_19.pth")

# 将模型加载到指定设备
model_fp = model_fp.to("cpu")
model_to_quantize = copy.deepcopy(model_fp)
qconfig_mapping = get_default_qconfig_mapping("qnnpack")
model_to_quantize.eval()
example_inputs = next(iter(train_dataloader))[0]
# 准备
model_prepared = quantize_fx.prepare_fx(model_to_quantize, qconfig_mapping,
example_inputs)
# 校验
with torch.no_grad():
    for i in range(20):
        batch = next(iter(train_dataloader))[0]
        output = model_prepared(batch.to(device))
# 量化
model_quantized_static = quantize_fx.convert_fx(model_prepared)
torch.save(model_quantized_static.state_dict(), "./model_quantized_static.pth")
```

经过静态量化后的模型大小如图 7-27 所示，可以看到模型尺寸下降为原来的四分之一左右。

PC	model_fp.pth	2024/5/4 16:02	PTH 文件	573 KB
PC	model_quantized_dynamic.pth	2024/5/4 15:54	PTH 文件	381 KB
PC	model_quantized_static.pth	2024/5/4 16:02	PTH 文件	151 KB

图 7-27 静态量化后的模型尺寸变化

为了对比原始模型和量化后模型的精度变化，通过多次模型推理计算准确率（精度）具体代码如下：

```
#-------------------------------------------------------------------------------
#                                准确率对比
#-------------------------------------------------------------------------------

# 使用模型进行推理
def get_accuracy(model, test_dataloader):
    correct = 0
    total = 0
    with torch.no_grad():
        for data in test_dataloader:
            images, labels = data
            images = images.to(device)
            labels = labels.to(device)
            outputs = model(images)
            _, predicted = torch.max(outputs, 1)
            total += labels.size(0)
            correct += (predicted == labels).sum().item()
    accuracy = 100 * correct / total
    return accuracy


fp_model_acc = get_accuracy(model_fp,train_dataloader)
dy_model_acc = get_accuracy(model_quantized_dynamic,train_dataloader)
static_model_acc = get_accuracy(model_quantized_static,train_dataloader)


print("Acc on fp_model:" ,fp_model_acc)
print("Acc on model_quantized_dynamic:", dy_model_acc)
print("Acc on model_quantized_static" ,static_model_acc)
```

运行上述代码后，产生的量化前和量化后的模型精度如图 7-28 所示。

```
Acc on fp_model: 68.792
Acc on model_quantized_dynamic: 68.7
Acc on model_quantized_static 68.57
```

图 7-28　模型精度

根据图 7-27 和图 7-28 所示结果，得到量化前后模型尺寸和精度的对比如图 7-29 所示。

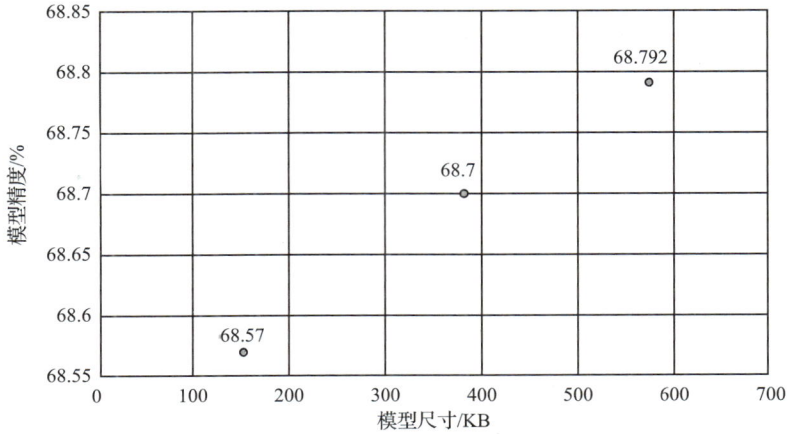

图 7-29　量化前后模型尺寸和精度的对比

7.4　任务及习题

1. 描述专用芯片与通用 CPU 在实现算法时的主要区别，并说明它们各自的优势。
2. 解释什么是深度学习算法的软硬件协同设计，并说明其重要性。
3. 什么是算法量化，它在深度学习模型中扮演什么角色?
4. 请使用 Pytorch 框架进行任一神经网络模型的量化，并与未量化的模型对比精度和尺寸。

第8章
人工智能边缘计算芯片应用

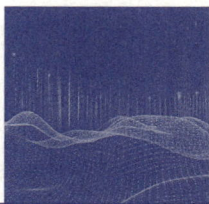

8.1 人脸识别

智能识别作为人工智能领域的重要分支，在社会生产生活的自动化与智能化进程中扮演着关键角色，具有巨大的应用价值和市场需求。特别是在后疫情时代，口罩佩戴识别在医院、工厂车间等场所的需求依然旺盛。随着 5G 通信技术的普及，预计未来几年将有数十亿终端设备接入网络。然而，仅依赖云计算技术难以满足如此大规模设备的智能数据处理需求。一方面，智能设备产生的海量数据可能导致网络拥堵，且云端集中存储的用户数据也面临隐私泄露的风险；另一方面，终端与云端之间的数据传输延迟对高实时性智能识别任务来说是不可接受的。

边缘计算作为 5G 时代的新型计算范式，主张在边缘设备上直接进行本地数据处理和 AI 模型推理，具有低延迟、隐私保护和避免网络拥堵的优势。因此，在终端设备上实现边缘计算以支持智能识别功能是一种更为理想的解决方案。

然而，将智能识别应用部署到终端设备上，需要依赖高性能、高算力的硬件平台。目前市面上的相关硬件平台普遍存在高成本、高功耗和难以小型化的问题，这使得在实际应用中难以大规模部署基于边缘计算的智能识别功能。

基于上述原因，本章以搭建专用 AI 硬件加速器的 SoC 片上系统为例进行探讨。该系统具备低功耗、低成本和小型化的特点，能够满足大规模设备部署的实际需求。

8.1.1 人脸口罩识别 SoC 系统介绍

本系统基于芯来科技的开源蜂鸟 E203 SoC 平台，并对其部分外设进行了裁剪。E203 SoC 平台提供了快速 I/O 接口，通过 ICB 转 AXI 桥接器连接到 AXI 总线矩阵。AXI 总线矩阵上挂载了 DDR 和摄像头模块的 AXI_master，使得摄像头能够实时传输图像数据，同时 CPU 也可以通过 AXI 总线矩阵访问 DDR 中的图像数据。此外，私有设备总线上挂载了一个摄像头模块的控制外设，用于对摄像头模块进行简单控制，从而初步实现了一个可实时进行人脸口罩识别的 SoC 系统。该系统的主要功能模块包括 E203 处理器，人脸识别、口罩识别加速器、AXI 总线矩阵、ICB-AXI 转换接口，DDR3 存储器，摄像头，HDMI 显示，以及挂载在私有设备总线上的外设等。系统框架如图 8-1 所示。

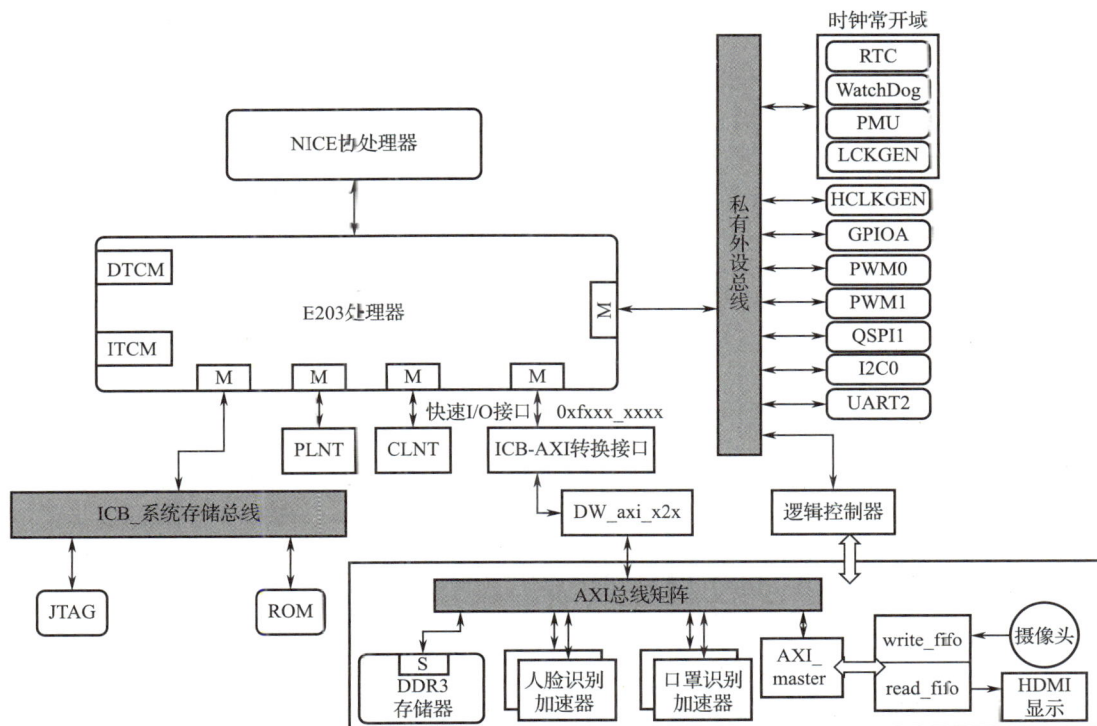

图 8-1 人脸口罩识别 SoC 系统框架

8.1.2 加速器算法

本实例对基于像素强度对比的决策树人脸检测（Pixel Intensity Comparison-based Object detection，PICO）算法进行了改进，并采用多种策略使其能够在 SoC 中高效运行，从而加速人脸检测过程。

PICO 算法能够快速处理图像并保持较高的准确性，其基本思想是在图像的所有合理位置和尺度上使用一系列二元分类器进行扫描，并在每个分类器中对相邻像素进行像素强度对比的二元测试（Binary Test）。如果图像区域通过所有级联分类器的测试，则该图像区域被归类为感兴趣的对象。在图像扫描（识别）过程中，每个二元分类器由一组决策树构成，而像素强度比较则作为决策树内部节点的二元测试。这使得检测器能够以极高的速度处理图像区域。如图 8-2 所示，本系统将每组决策树的深度设为 6，最后一层的叶子节点代表经过这组决策树后的累加置信度（Confidence）。系统采用 468 组决策树进行级联，对每次输入的两个图像区域进行二元决策。每级决策树会根据累加的置信度与训练得到的阈值进行比较，从而过滤掉一定比例的图像区域。级联结构后端的决策树比前端的过滤要求更为严格，后级每组决策树的数量少于前级，因此大多数非图像区域在早期阶段已被过滤掉，显著减少了处理时间。

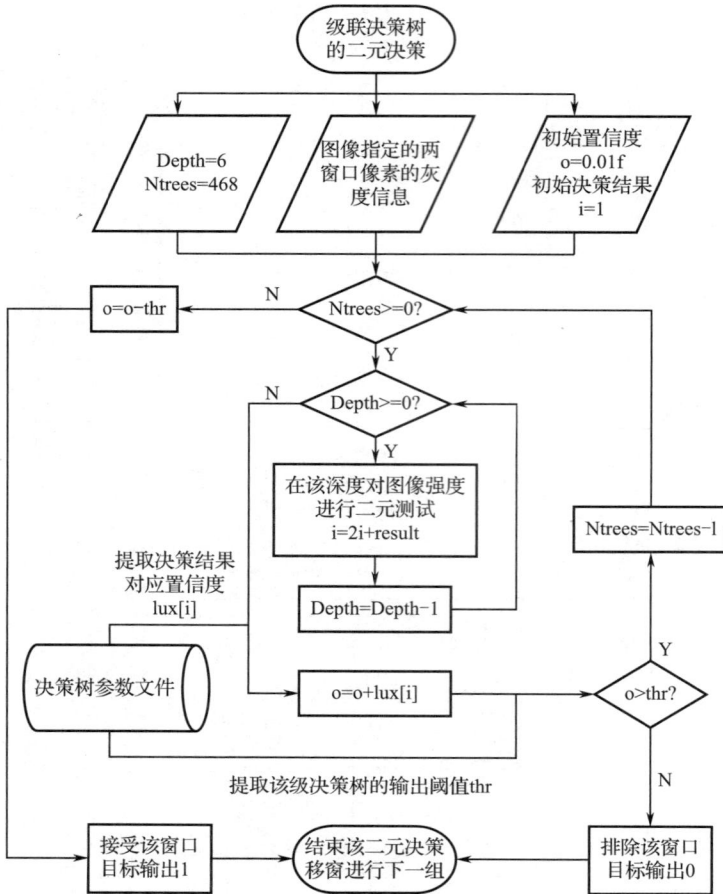

图 8-2 每次移窗后图像像素的二元决策流程

整个人脸检测算法模型的部署分为三个阶段：

（1）决策树参数模型的训练；

（2）二元分类器图像扫描算法的硬件实现；

（3）图像数据的预处理和后处理。

基于上述算法模型的部署方案，本实例采用 AIZOO 开源的口罩佩戴检测数据集对决策树级联器进行训练。该数据集共包含 7959 张图像，分为口罩佩戴类（face_mask）和人脸类（face）两类对象。该数据集由 MAFA 数据集和 WIDER FACE 数据集中抽取的人脸及口罩佩戴的图像组成，其中 WIDER FACE 是常用的人脸检测数据集，而 MAFA 数据集主要包含遮挡人脸的图像。具体而言，训练集由 6120 张图像构成，包括从 MAFA 数据集中选取的 3006 张戴口罩图像和从 WIDER FACE 数据集中选取的 3114 张人脸图像。验证集则包含 1839 张图像，其中 1059 张来自 MAFA 数据集，780 张来自 WIDER FACE 数据集。

决策树（Decision Tree）是一种以树形数据结构来展示决策规则和分类结果的模型，作为一种归纳学习算法，其重点是将看似无序、杂乱的已知数据，通过某种技术手段转化成可以预测未知数据的树状模型，每一条从根节点（对最终分类结果贡献最大的属性）到叶子节点（最终分类结果）的路径都代表一条决策的规则。以西瓜识别为例的决策树结构如图 8-3 所示。

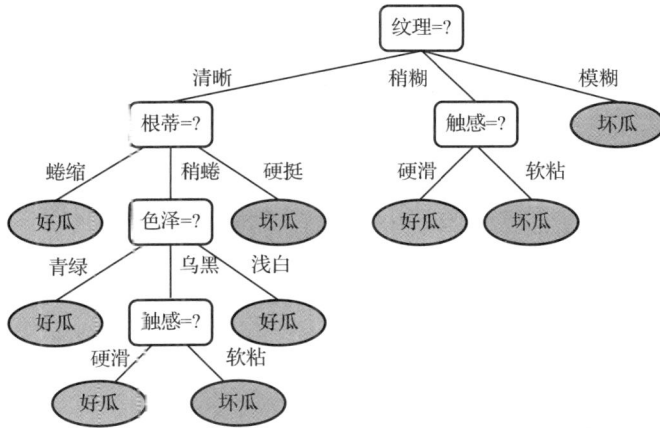

图 8-3　以西瓜识别为例的决策树结构

决策树的基本流程如图 8-4 所示。

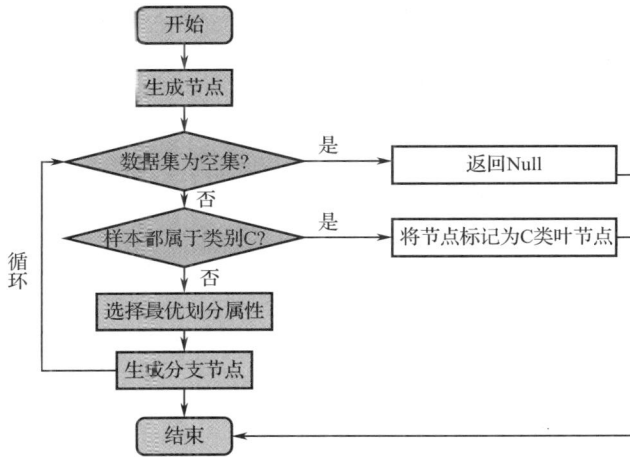

图 8-4　决策树的基本流程

（1）从开始位置，将所有数据划分到一个节点，即根节点。

（2）判断条件：若数据集为空集，则跳出循环；如果该节点是根节点，则返回 Null；如果该节点是中间节点，则将该节点标记为训练数据中类别最多的类；如果样本都属于同一类别，则跳出循环，节点标记为该类别。

（3）如果经过灰色标记的判断条件都没有跳出循环，则考虑对该节点进行划分。考虑到效率和精度，划分时需选择当前条件下的最优属性（最优属性的选择是决策树的核心，后续会详细说明）。

（4）经历上述步骤划分后生成新的子节点，并循环执行判断条件，直到所有节点都满足终止条件。

（5）结束，最终生成一棵决策树。

在决策树生成过程中，寻找最优划分属性是关键。常用的划分方法包括信息增益、增益比、基尼指数等。根据不同的划分方法，决策树的实现算法也有所不同，代表性的算法包括ID3、C4.5和CART等。

按照上述方法形成的决策树可能存在以下问题：决策树会持续生长，直至训练样本中的所有数据都被正确分类。实际上训练样本中含有异常点，当决策树的节点样本数量较少时，异常点可能导致节点划分错误，从而影响模型的准确性。另外，样本属性可能无法完全代表分类标准，可能存在遗漏或不准确的特征。这会导致决策树在训练集上表现良好，但在测试集上效果较差，泛化能力弱。因此需要适当控制决策树的生长。

剪枝处理是防止决策树过拟合的有效手段。剪枝就是把决策树里不该生长的枝叶剪掉，也就是不该划分的节点停止划分。剪枝分为"预剪枝"和"后剪枝"两种。两种处理在决策树生成步骤中的位置如图8-5所示。

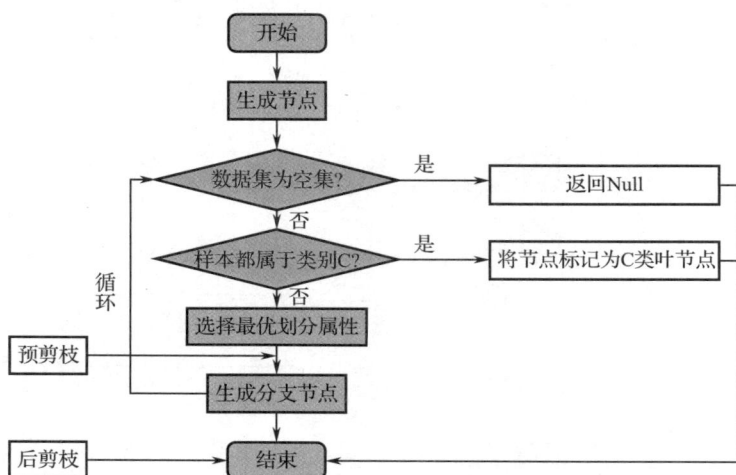

图8-5 预剪枝和后剪枝

预剪枝：在决策树生成过程中，对每个节点在划分前进行估计。若当前节点的划分不能提升决策树的泛化性能，则停止划分并将当前节点标记为叶节点。预剪枝在每一次生成分支节点前执行，先判断有无必要生成，若无必要，则停止划分。

后剪枝：先从训练集生成一棵完整的决策树（相当于结束位置），然后自底向上对非叶节点进行评估，若将该节点对应的子树替换为叶节点能提升决策树的泛化性能，则将该子树替换为叶节点（剪枝）。注意，后剪枝通常需要使用测试数据集来验证剪枝效果。

理论上，后剪枝的效果优于预剪枝，但计算复杂度更高。

决策树不仅可以处理分类问题，还可以处理回归问题。下面简要介绍处理回归问题的流程，如图8-6所示。

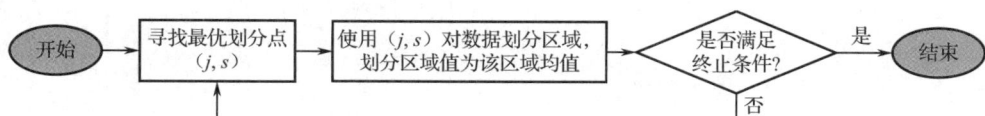

图8-6 决策树回归问题

决策树回归是指 CART 决策树回归，其生成的树结构是严格的二叉树形式。决策树回归流程如下。

（1）开始算法，将样本集划分到根节点。

（2）寻找最优划分点：选择某属性（j）的某个值（s）作为划分点。

（3）使用最优划分点（j, s）将数据划分到两个子节点，将属性值小于 s 的划分到一个子节点，属性值大于 s 的划分到另一个子节点。该节点的输出值为节点均值。

（4）判断是否满足终止条件（如子节点最少样本数量、决策树最大深度等），如果满足，则结束划分；否则继续循环划分。

（5）结束，生成回归树。

决策树的训练通常使用 sklearn 工具包中的决策树算法。以下是一些调用方法和常用的参数及其意义。

```
1. from sklearn.tree import DecisionTreeClassifier # 导入分类模型
2. from sklearn.tree import DecisionTreeRegressor # 导入回归模型
3.
4. model_c = DecisionTreeClassifier(max_depth=10,max_features=5)
                                              # 括号内加入需要人工设定的参数
5. model_r = DecisionTreeRegressor(max_depth=10,max_features=5)
                                              # 加入参数设定值，不仅局限于这几个
6.
7. model_c.fit(x_train,y_train)   # 训练分类模型
8. model_r.fit(x_train,y_train)   # 训练回归模型
9.
10.result_c = model_c.predict(x_test)   # 使用模型预测分类结果
11.result_r = model_r.predict(x_test)   # 使用模型预测回归结果
```

criterion：字符型，规定了该决策树所采用的最佳分割属性的判决方法，可选值包括 gini（默认）和 entropy。

splitter：字符型，用于在每个节点选择分割的策略，可选值包括 best（默认）和 random。best 表示选择最优划分点，适合样本数量不多的情况；random 表示随机选择划分点，适合样本数量多的情况。

max_depth：int 型或 None（默认），表示决策树的最大深度。用于限制决策树的生长，防止过拟合。如果不设置该参数，决策树在构建时会无限制地生长。当数据量较小或特征数量较少时，可以不设置该参数；当数据量较大或特征较多时，建议限制最大深度，具体取值需根据数据分布和实际需求调整，通常建议在 10 ～ 100 之间进行尝试。

min_samples_split：int 型或 float 型，可选，默认值为 2。定义分割内部节点所需的最少样本数量。如果为 int 型，则表示最少样本数量。如果为 float 型，则表示样本的比例，实际最少样本数量为 ceil(min_samples_split * n_samples)。

min_samples_leaf：int 型或 float 型，可选，默认值为 1。定义叶节点上所需的最少样本数量。如果为 int 型，则直接表示最少样本数量。如果为 float 型，则表示样本的比例，实际最少样本数量为 ceil(min_samples_leaf * n_samples)。

min_weight_fraction_leaf：float 型，可选，默认值为 0。定义叶节点上所有输入样本的权重之和的最小加权分数。当未提供 sample_weight 时，所有样本的权重相等。

max_features: int 型、float 型、字符串（string）或 None，可选，默认值为 None。定义在寻找最佳分割时需要考虑的特征数量；如果为 int 型，则直接表示每次分割时考虑的特征数量。如果为 float 型，则表示特征的比例，实际考虑的特征数量为 int(max_features * n_features)。如果为字符串"auto"或"sqrt"，则 max_features=sqrt(n_features)；如果为字符串"log2"，则 max_features=log2(n_features)。如果为 None，则考虑所有特征（max_features=n_features）。

class_weight: 指定样本各类别的权重，主要为了防止训练集中某些类别样本过多，导致决策树偏向于这些类。如果为"balanced"，则算法自动计算权重，样本数量少的类别权重会升高。如果样本类别分布均衡，可选择默认值 None。

random_state: int 型、RandomState 实例或 None，可选，默认值为 None。用于控制随机数生成器的种子，确保结果可复现。如果为 int 型，作为随机数生成器使用的种子。如果为 RandomState 实例，则直接使用该实例作为随机数生成器。如果为 None，则使用 np.random 模块的默认 RandomState 实例。

8.1.3　人脸口罩识别加速器系统硬件实现

1. 硬件加速系统

本实例在实现核心的 PICO 决策树算法单元时，主要参考了 Markus 等人在 Github 上开源的算法思想，同时参考了其他相关开源项目的工作，实现了人脸识别功能。除了核心的 PICO 决策树级联算法加速单元，系统还设计了图像处理单元和参数存储单元等硬件加速模块，这些模块共同协作，完成人脸口罩识别任务。

并行决策树级联算法加速单元是硬件加速系统的核心，其设计思想是通过多线程并行移窗，同时进行多个二元决策，从而加速对每帧图像的扫描，减少等待时间，以提高人脸口罩识别的速度。如图 8-7 所示，本实例采用的决策树级联算法在摄像头采集到的每帧图像上设置了两个边长为 s 的正方形窗口，通过对比两个窗口内的像素值大小来完成二元决策。如果采用图 8-7 所示的单线程移窗的方法，只有在一次二元决策完成后，才能移动窗口到下一个位置进行下一次决策树级联运算。由于完成一幅图像的检测需要覆盖整个图像的所有窗口像素值对比，所以要完成多次移窗操作，意味着单线程移窗方案需要耗费大量时间，导致整个 SoC 系统的人脸口罩识别效率变得很低。

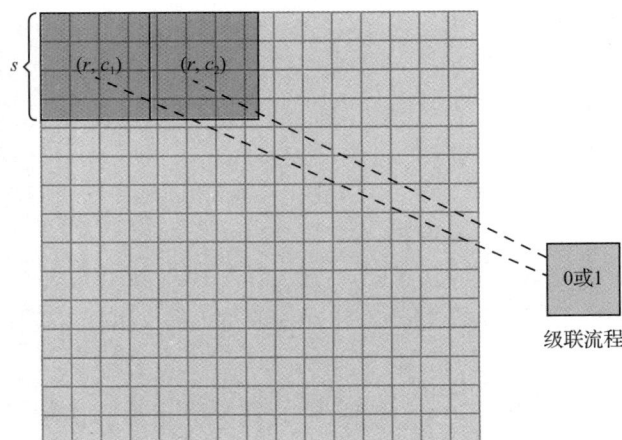

图 8-7　单线程移窗进行一次二元决策示意图

第 8 章　人工智能边缘计算芯片应用

　　为解决上述问题，本系统引入多线程并行移窗的概念。如图 8-8 所示，系统采用多线程并行移窗的方法，多个二元决策核共同组成一个并行的决策树级联算法加速单元，每个二元决策核都可以独立遍历整个级联决策树，完成其对应窗口的二元决策。在图 8-8 所示的模式下，系统采用两个决策树级联算法单元并行处理一帧图像，共同完成人脸口罩识别任务，并将识别结果存储到相应的地址，供 E203 处理器进行图像数据的后处理。处理后的图像数据存储在 DDR3 中，用于后续 HDMI 输出。

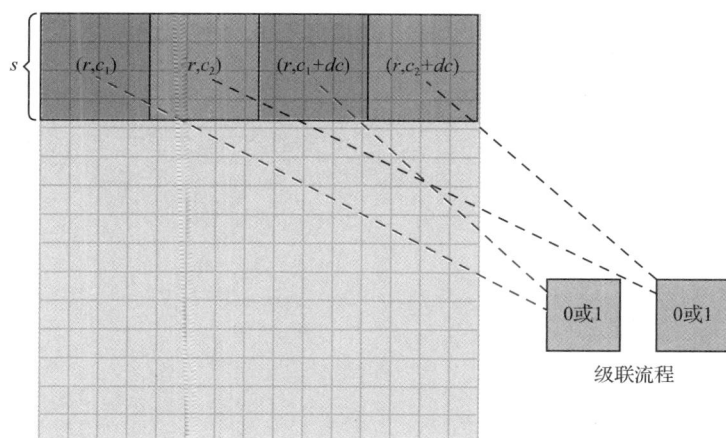

图 8-8　多线程并行移窗分别独立完成一次二元决策示意图

2. 图像处理单元

　　由于摄像头采集到的视频数据流为 RGB565 格式，而决策树级联算法加速单元仅需图像的像素强度信息即可完成检测，因此需要对图像进行预处理，将其转换为单通道的灰度图像。由于 E203 处理器对像素的转换仅支持串行处理，效率较低，本实例在决策树级联算法加速单元中直接部署了图像处理单元，用于执行 8 位精度的 RGB565 转灰度运算，这样即可并行处理所有像素点，从而大大缩短图像灰度转换时间，使决策树级联算法加速单元能够快速获取可处理的图像信息，从而显著提升 SoC 系统的人脸口罩识别效率。

3. 参数存储单元

　　决策树级联算法的每一级检测率通过调整该级的输出阈值来调节，并且每个阶段会利用前一阶段的置信度作为附加信息以提高辨别能力。这些参数存储在训练得到的决策树参数文件中，需要在算法运行过程中实时读取。由于决策树的参数包含大量 32 位数据，若直接从 DDR3 中读取，每个数据将消耗约 40 个时钟周期。此外，如图 8-8 所示，如果无法及时获取当前所需参数，二元测试将无法继续，这会严重降低决策树级联算法加速单元的效率。为了解决这一问题，本系统将决策树参数文件直接存储到 FPGA 的双端口 DRAM 中，以实现参数的高速读取。由于 DRAM 的访问时间仅需 2 个时钟周期，决策树级联算法加速单元在需要参数时可快速读取，不必产生额外的等待时钟，从而整体提升 SoC 系统的人脸口罩识别效率。

　　本实例使用 Vivado 的 BRAM IP 核。如图 8-9 所示，在 IP Catalog 标签页下，搜索 "memory"，双击打开 "Block Memory Generator"。

・187・

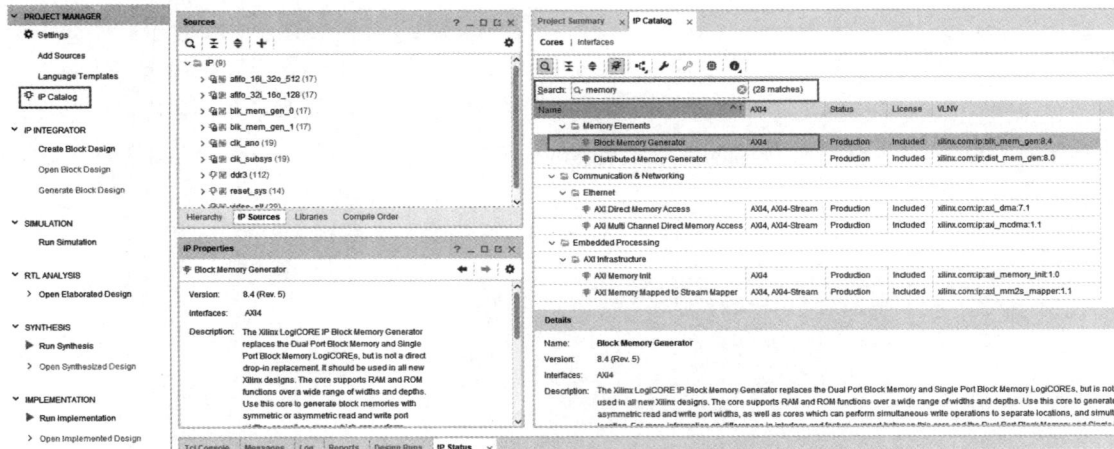

图 8-9　搜索 Vivado BRAM IP 核

　　在配置界面可以选择 BRAM 的接口类型为单端口或双端口、有无使能信号、读 / 写的宽度和深度等，如图 8-10、图 8-11 所示。

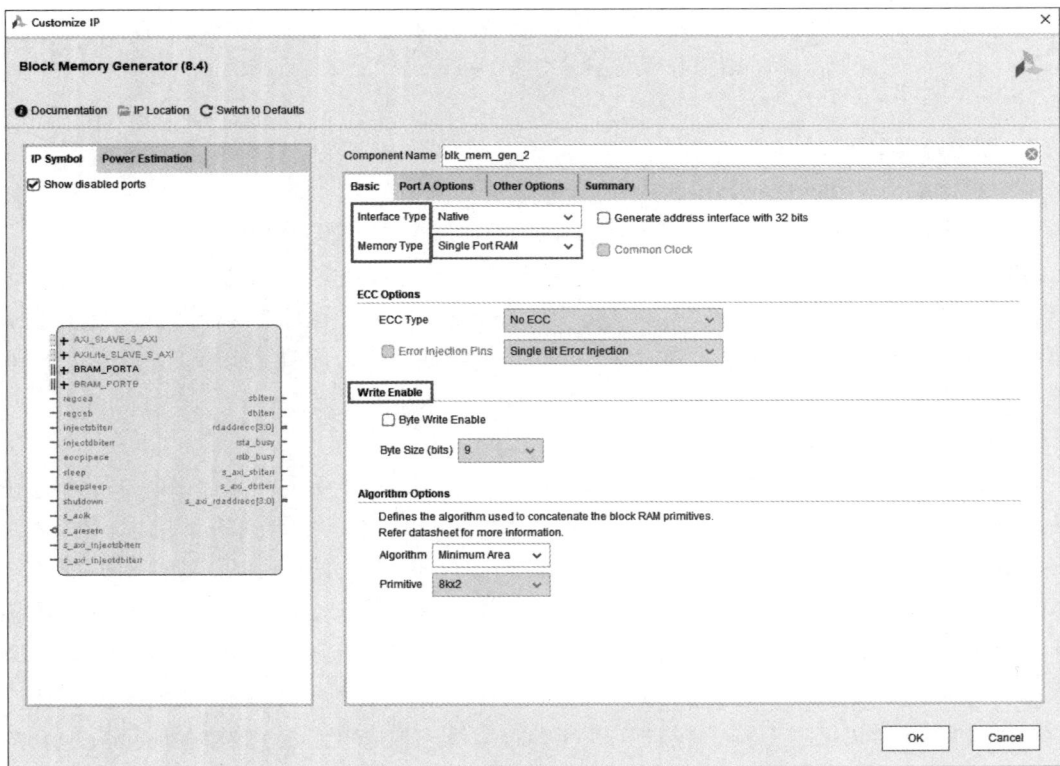

图 8-10　BRAM 配置界面 1

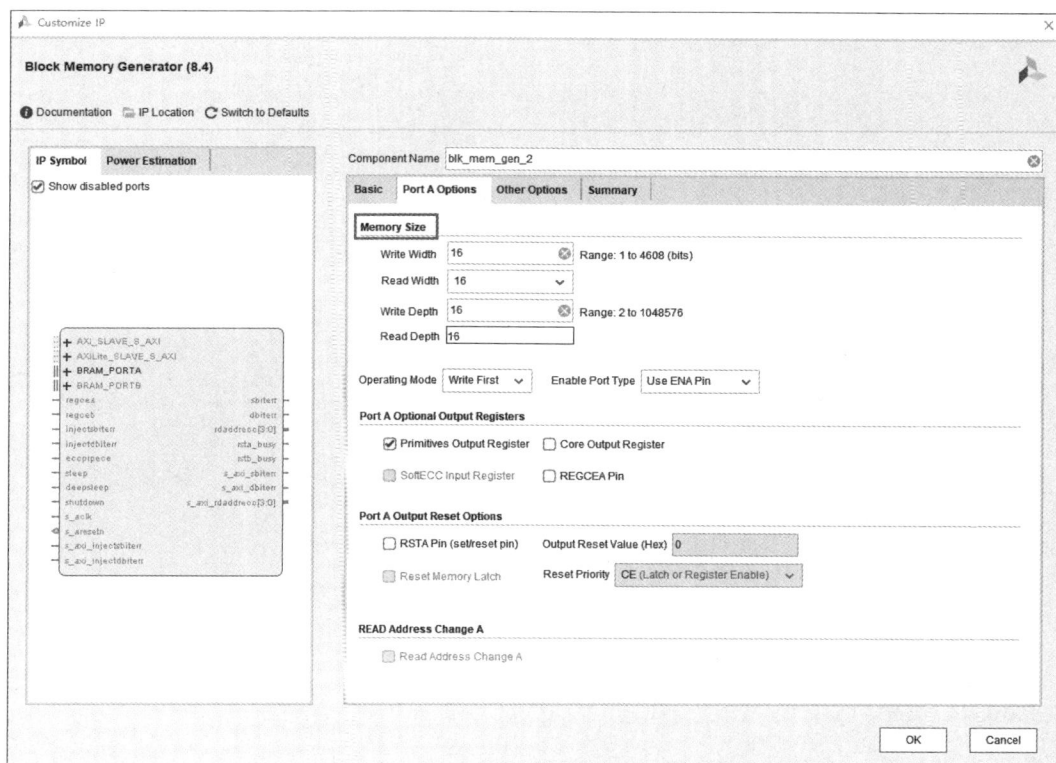

图 8-11　BRAM 配置界面 2

4. SoC 总线架构

本实例采用基于 RISC-V 的蜂鸟 E203 处理器总线架构，如图 8-12 所示。其中，BIU（Bus Interface Onit，总线接口单元）主要负责接收来自 IFU（Instruction Fetch Unit，指令获取单元）和 LSU（Load Store Unit，加载存储单元）的存储器访问请求，并通过判断访问地址区间来选择外部接口。外部接口包括：快速 I/O 接口、私有外设接口、系统存储接口、CLINT 接口、PLIC 接口。

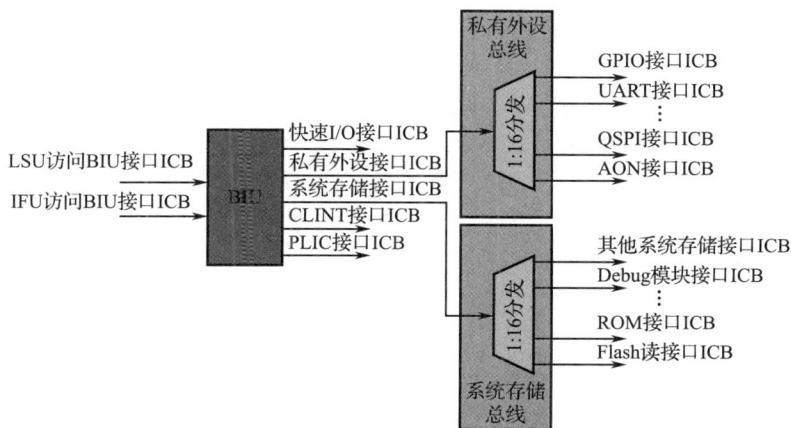

图 8-12　E203 处理器总线架构

以下是实例中使用的外设映射地址:

```
1. // **************0x1000 0000 -- 0x1FFF FFFF
2. // There are several slaves for PPI bus, including:
3. // * AON              : 0x1000 0000 -- 0x1000 7FFF
4. // * HCLKGEN          : 0x1000 8000 -- 0x1000 8FFF
5. // * GPIOA            : 0x1001 2000 -- 0x1001 2FFF
6. // * UART0            : 0x1001 3000 -- 0x1001 3FFF
7. // * PWM              : 0x1001 5000 -- 0x1001 5FFF
8. // * I2C0             : 0x1002 5000 -- 0x1002 5FFF
9. // * UART2            : 0x1003 3000 -- 0x1003 3FFF
10.// * Logical_Controller: 0x1004 2000 -- 0x1004 2FFF
11.//CORE ICB
12.// * CLINT            : 0x0200_0000 -- 0x0200_FFFF
13.// * PLIC             : 0x0C00_0000 -- 0x0CFF_FFFF
14.// * ITCM             : 0x8000_0000 -- 0x8001_FFFF
15.// * DTCM             : 0x9000_0000 -- 0x9001_FFFF
16.//sys mem ICB
17.// * Debug Module     : 0x0000_0000 -- 0x0000_FFFF
18.// * ROM              : 0x0000_1000 -- 0x0000_1FFF
19.// * QSPI0            : 0x2000_0000 -- 0x3FFF_FFFF
20.//FAST I/O
21.// * DDR              : 0xF000_0000 -- 0xFFFF_FFFF
```

5. OV5640 双目摄像头

本系统采用了基于 OmniVision（豪威）CMOS OV5640 图像传感器的双目摄像头模组（简称 OV5640 双目摄像头），如图 8-13 所示，用于实时采集图像数据。为了在 FPGA 平台上实现图像数据的采集与显示，本实例采用了如图 8-14 所示的 OV5640 双目摄像头功能调试程序设计框图。在进行功能调试时，系统驱动两个摄像头同时进行图像数据采集，并使用分屏显示的方式将每个摄像头采集的图像呈现在显示屏上。结合摄像头功能调试程序与实际应用需求，本 SoC 系统的 OV5640 双目摄像头数据采集驱动框图如图 8-15 所示。

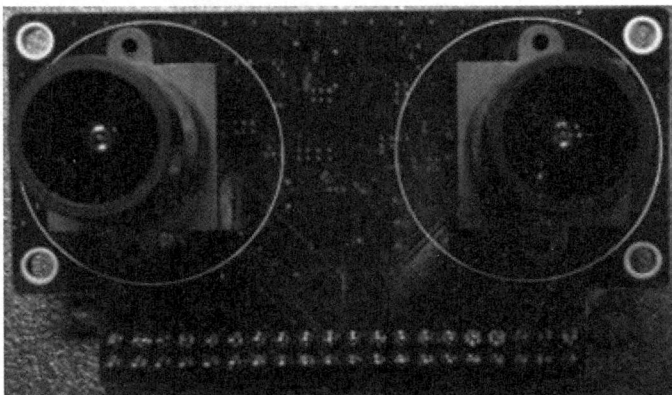

图 8-13 OV5640 双目摄像头实物图

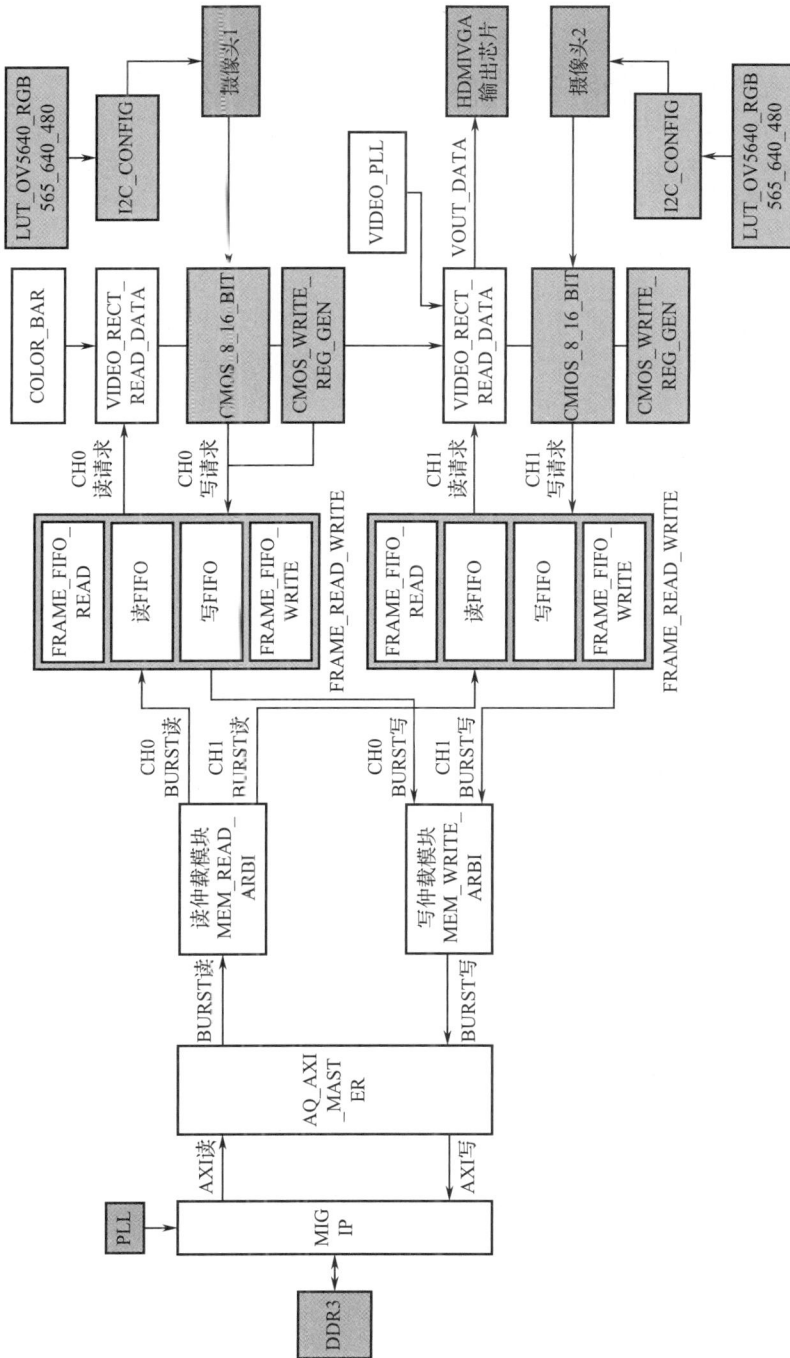

图 8-14　OV5640 双目摄像头功能调试程序设计框图

在图 8-15 所示的驱动框图中，系统通过 CMOS 选择模块选择其中一路摄像头进行图像数据采集，并将采集到的图像数据存储在 DDR3 模块中。在摄像头模块的驱动中，首先通过 FPGA 的 I²C 接口，根据 I²C 协议对 OV5640 的寄存器进行配置，使其输出 RGB565 格式图像数据。经过配置后，摄像头将逐帧采集图像数据，并通过 8-16 比特转换单元及 FIFO 控制单元实现图像数据的位宽转换与存储。经过位宽转换后的图像数据在 FIFO 控制单元的协调下，使 AXI 传输控制单元将数据全部存储到 DDR3 中。最后，当一帧图像数据写入 DDR3 后，摄像头向 E203 处理器发出中断请求，处理器配合硬件加速器检测图像中的人脸信息，并执行图像处理的控制流程。此外，为了在检测速度与准确度之间取得平衡，本实例将采集图像的分辨率设置为 640×480 像素。

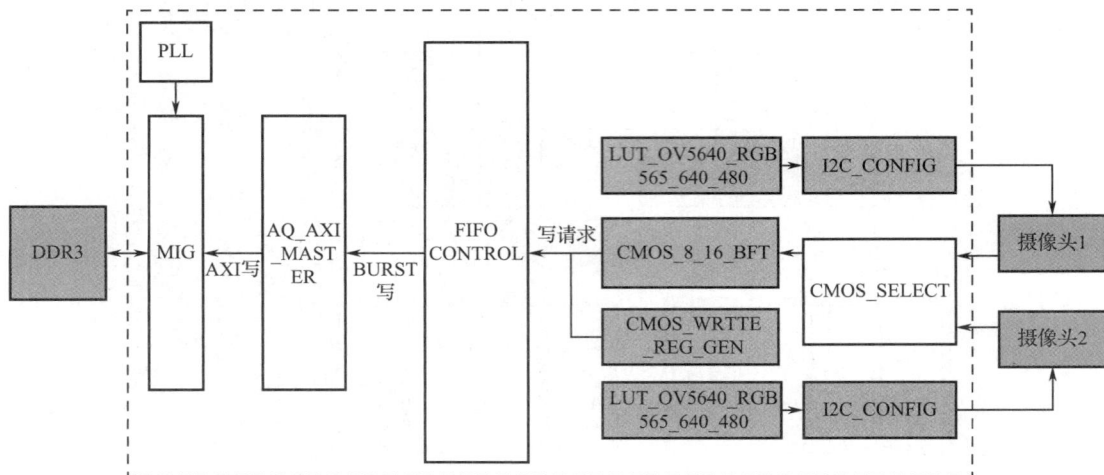

图 8-15　OV5640 双目摄像头数据采集驱动框图

图像数据 8-16 比特转换代码如下：

```
1. module cmos_8_16bit(
2.      input              rst,
3.      input              pclk,
4.      input [7:0]        pdata_i,
5.      input              de_i,
6.      output reg[15:0]   pdata_o,
7.      output reg         hblank,
8.      output reg         de_o
9. );
10.reg[7:0] pdata_i_d0;
11.reg[11:0] x_cnt;
12.always@(posedge pclk)
13.begin
14.    pdata_i_d0 <= pdata_i;
15.end
16.
17.always@(posedge pclk or posedge rst)
18.begin
19.    if(rst)
20.        x_cnt <= 12'd0;
```

```
21.    else if(de_i)
22.        x_cnt <= x_cnt + 12'd1;
23.    else
24.        x_cnt <= 12'd0;
25.end
26.
27.always@(posedge pclk or posedge rst)
28.begin
29.    if(rst)
30.        de_o <= 1'b0;
31.    else if(de_i && x_cnt[0])
32.        de_o <= 1'b1;
33.    else
34.        de_o <= 1'b0;
35.end
36.
37.always@(posedge pclk or posedge rst)
38.begin
39.    if(rst)
40.        hblank <= 1'b0;
41.    else
42.        hblank <= de_i;
43.end
44.
45.always@(posedge pclk or posedge rst)
46.begin
47.    if(rst)
48.        pdata_o <= 16'd0;
49.    else if(de_i && x_cnt[0])
50.        pdata_o <= {pdata_i_d0,pdata_i};
51.    else
52.        pdata_o <= 16'd0;
53.end
54.
55.endmodule
```

6. HDMI 显示模块

本系统采用 HDMI 作为输入、输出接口，通过 TMDS（最小化传输差分信号）差分编码进行数据传输。TMDS 的传输原理与 DVI 相同，其传输系统分为发送端和接收端两部分。发送端接收来自 HDMI 接口的 24 位并行 RGB 信号（每个像素的 R、G、B 三原色分别按 8 比特编码，即 R、G、B 信号各有 8 位），对这些数据进行编码和并串转换后，通过独立的传输通道发送出去。接收端接收来自发送端的串行信号，并进行解码和串并转换，然后将数据发送至显示器控制端，同时接收时钟信号以实现同步。

在 HDMI 显示模块的显示驱动框图（见图 8-16）中，AXI 传输控制单元逐帧地从 DDR3 存储器中读取处理后的图像数据，然后在 FIFO 控制单元的协调下，将 DDR3 指定地址空间的图像数据取出，并在通用视频时序信号控制单元的控制下输出至 HDMI 显示器，从而实时地、可视化地显示系统检测结果。

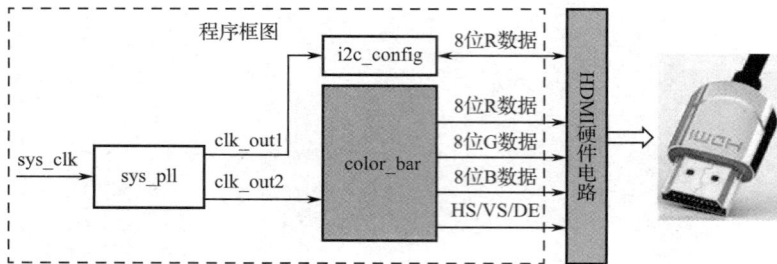

图 8-16　HDMI 显示模块的显示驱动框图

7. DDR3

本系统采用了 2 颗 Micron DDR3 存储器（MT41J256M16HA），每颗容量为 4GB，组合成 32 位数据总线宽度与 FPGA 连接，用于存储 OV5640 双目摄像头采集的图像数据，以及由硬件加速器和 E203 处理器协同处理后的结果图像数据。作为系统中图像数据读 / 写的关键部件，DDR3 存储器如何做到图像数据读 / 写不冲突至关重要。因此，在设计 FIFO 控制单元时，采用了如图 8-17 所示的 DDR3 存储器图像读 / 写地址变换策略，即每次读取的图像地址和正在写入的图像地址不同（而是上一次写入的图像地址），从而避免了图像读 / 写冲突及视频画面裂开错位问题。同时，为了节省 DDR3 资源，系统采用两个图像地址交替变换的方式进行读 / 写。

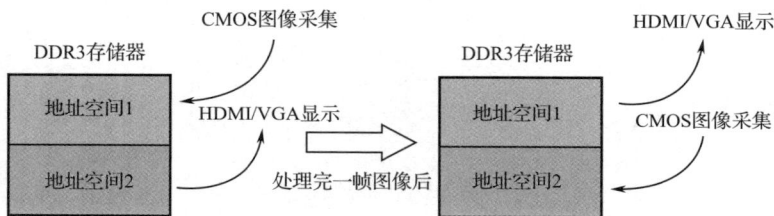

图 8-17　DDR3 存储器图像读 / 写地址变换示意图

本系统中 DDR3 同样采用 Vivado 的 IP 核，与参数存储单元不同，DDR3 的 IP 核需要在 Memory Interface Generator 中配置，如图 8-18 所示。

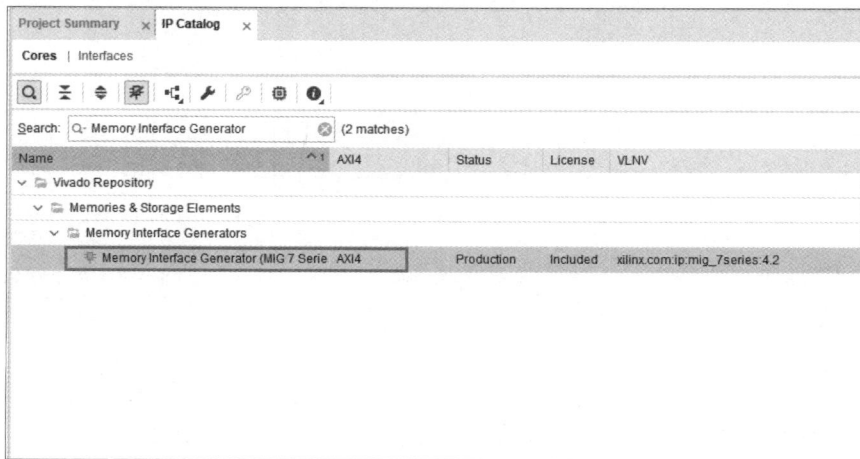

图 8-18　搜索 Memory Interface Generator

按照默认设置依次单击"Next"，最后单击"Generate"，如图 8-19 所示。

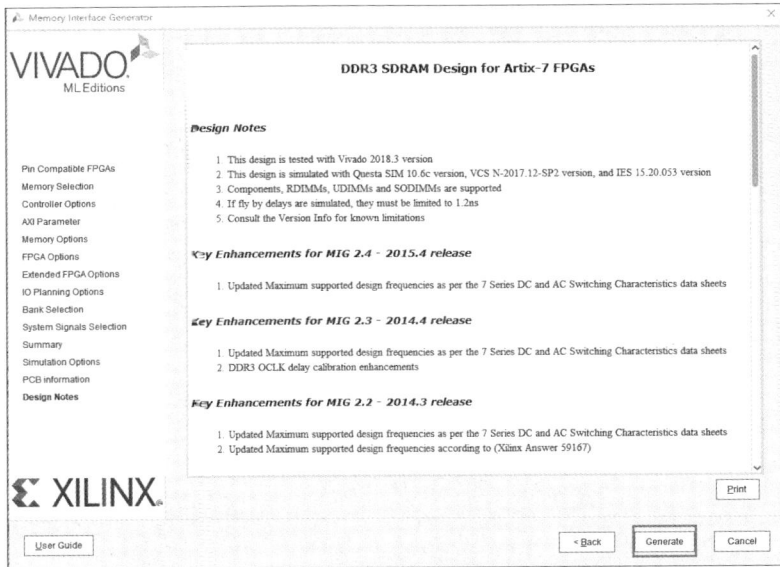

图 8-19　生成 DDR3 IP 核

8．摄像头控制模块

高效的软硬件协同处理是实现人脸口罩识别功能的关键。为此，在系统设计中添加了逻辑控制器（Logic Controller），用于实现 RISC-V 处理器、各种高速 AHB 外设和低速 APB 外设的高效协同工作。逻辑控制器接收处理器的指令，并根据指令协调摄像头模块及硬件加速器模块的状态控制，以及图像数据读 / 写地址空间的切换。简而言之，逻辑控制器负责从图像数据采集到硬件加速器处理，再到结果显示的整个数据流和地址信息的分配控制。

逻辑控制器的主要代码如下：

```
1. module Logic_Controller #(
2.     parameter ADDRWIDTH = 12)
3.     (
4.
5.     #APB 总线时钟及复位信号
6.     input wire                  pclk,
7.     input wire                  presetn,
8.
9.     # 两组加速器启动使能信号
10.    output reg                  ignite_acc,
11.    output reg                  ignite_acc_mask,
12.
13.    # 两组加速器就绪使能信号
14.    input                       ignite_ready,
15.    input                       ignite_ready_mask,
16.
17.    # 摄像头启动及就绪使能信号
```

```
18.    output reg                          ignite_cam,
19.    input                              ignite_cam_ready,
20.
21.    # 两组加速器的待处理图像读 / 写地址索引值
22.    output reg                          write_addr_index,
23.    output reg                          read_addr_index,
24.
25.    #output reg                         ACC_IRQ_READY,
26.    #output reg                         ACC_IRQ_READY_MASK,
27.    #APB 总线接口
28.    input  wire                        psel,
29.    input  wire [ADDRWIDTH-1:0]        paddr,
30.    input  wire                        penable,
31.    input  wire                        pwrite,
32.    input  wire [31:0]                 pwdata,
33.    output reg  [31:0]                 prdata,
34.    output wire                        pready,
35.    output wire                        pslverr
36.    );
37.
38.    assign   pready  = 1'b1;
       #always ready. Can be customized to support waitstate if required.
39.    assign   pslverr = 1'b0;
                          #alwyas OKAY. Can be customized to support error response if required.
40.
41.    wire     write_en = psel & penable & pwrite;# 写使能
42.    wire     read_en  = psel & penable & (~pwrite);# 读使能
43.
44.    #Camera Igniter
45.    always @ (posedge pclk or negedge presetn) begin
46.        if(~presetn)begin
47.            ignite_cam <= 1'b0;
48.    end
49.    else begin
50.            if(ignite_cam_ready == 1'b1) begin
51.                ignite_cam <= 1'b0;
52.            end
53.            else if((write_en == 1'b1) && (pwdata == 32'hca)) begin
                                    # 判断 E203 处理器通过总线传输来的指令数据
54.                ignite_cam <= 1'b1;# 摄像头启动使能标志
55.            end
56.    end
57.     end
58.
59.    # 人脸识别加速器逻辑控制
60.    always @ (posedge pclk or negedge presetn) begin
61.        if(~presetn)begin
```

```
62.              ignite_acc <= 1'b0;
63.         end
64.      else begin
65.          if(ignite_ready == 1'b1) begin
66.              ignite_acc <= 1'b0;
67.          end
68.          else if((write_en == 1'b1) && (pwdata == 32'd1514)) begin
                                        # 判断 E203 处理器通过总线传输来的指令数据
69.              ignite_acc <= 1'b1;# 人脸识别加速器启动使能标志
70.          end
71.      end
72.   end
73.
74.  # 人脸口罩识别加速器逻辑控制
75.  always @ (posedge pclk or negedge presetn) begin
76.      if(~presetn)begin
77.          ignite_acc_mask <= 1'b0;
78.          end
79.      else begin
80.          if(ignite_ready_mask == 1'b1) begin
81.              ignite_acc_mask <= 1'b0;
82.          end
83.          else if((write_en == 1'b1) && (pwdata == 32'd1515)) begin
                                        # 判断 E203 处理器通过总线传输来的指令数据
84.              ignite_acc_mask <= 1'b1;# 人脸口罩识别加速器启动使能标志
85.          end
86.      end
87.   end
88.
89. #E203 处理器读取图像写地址切换索引值
90. always @ (posedge pclk or negedge presetn) begin
91.   if(~presetn)begin
92.     prdata <= 32'd0;
93.   end
94.      else if(read_en == 1'b1) begin
95.          prdata <= {31'b0, write_addr_index};
                                # 向处理器发送数据，具体数据由后续程序进行处理
96.      end
97. end
98.
99. #DDR3 读 / 写图像地址索引值的切换
100. always @ (posedge pclk or negedge presetn) begin
101.   if(~presetn)begin
102.     write_addr_index  <= 1'd0;
103.     read_addr_index   <= 1'd1;
104.   end
```

```
105.       else begin
106.     if((write_en == 1'b1) && (pwdata == 32'hda)) begin
                                          # 判断 E203 处理器通过总线传输来的指令数据
107.       read_addr_index   = write_addr_index;
108.       write_addr_index  = write_addr_index + 1'd1;
109.     end
110.       end
111.   end
112.
113.endmodule
```

9. AXI 总线矩阵

AXI 是一种面向高性能、高带宽、低延迟的片内总线协议。AXI 支持突发传输和乱序传输，极大地提高了数据吞吐能力，同时降低了能耗。AXI 总线与 AHB 和 APB 接口向后兼容，实现了 OV5640 双目摄像头模块、HDMI 显示模块、DDR3 存储器和硬件加速器之间的互联通信。系统采用 Vivado 2021.2 调用 AXI Interconnect IP 核，其接口连接图如图 8-20 所示。由于 CPU 和 DDR3 时钟不同，系统还通过 Vivado 生成了跨时钟模块，从而解决模块之间时钟不一致的问题。

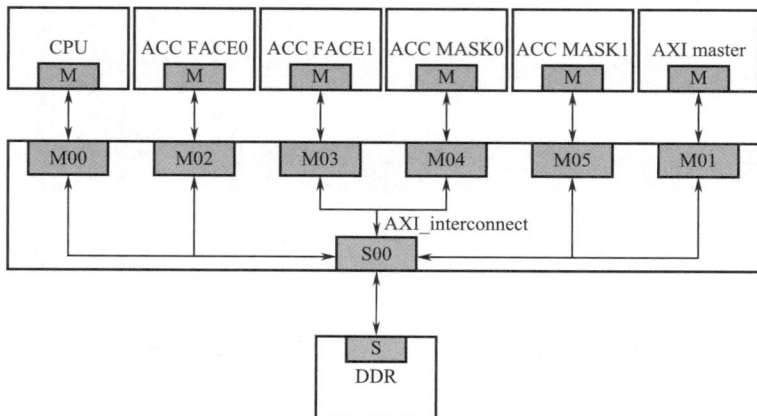

图 8-20　AXI 总线矩阵接口连接图

AXI Interconnect IP 核的使用可参考第 6 章。

10. LCD 显示模块

LCD 作为一种常用的图像显示工具，具有体积小、能耗低等优点，可作为人脸口罩识别结果的备选显示方案。在本系统设计中，采用如图 8-21 所示的 LCD 显示模块作为图像显示单元，以应对后续缺乏 HDMI 显示器外设资源的情况。LCD 显示模块具有 HDMI 输入功能，可以通过板卡的 HDMI 输出连接到 LCD 的 HDMI 输入。LCD 显示模块驱动框图如图 8-22 所示。在 LCD 显示模块的驱动设计与 HDMI 显示模块基本一致，但是需要注意 LCD 的分辨率和时钟频率要低于

图 8-21　LCD 显示模块实物图

HDMI 显示模块。因此，在配置 LCD 显示模块时，需要根据分辨率和时钟频率进行调整。

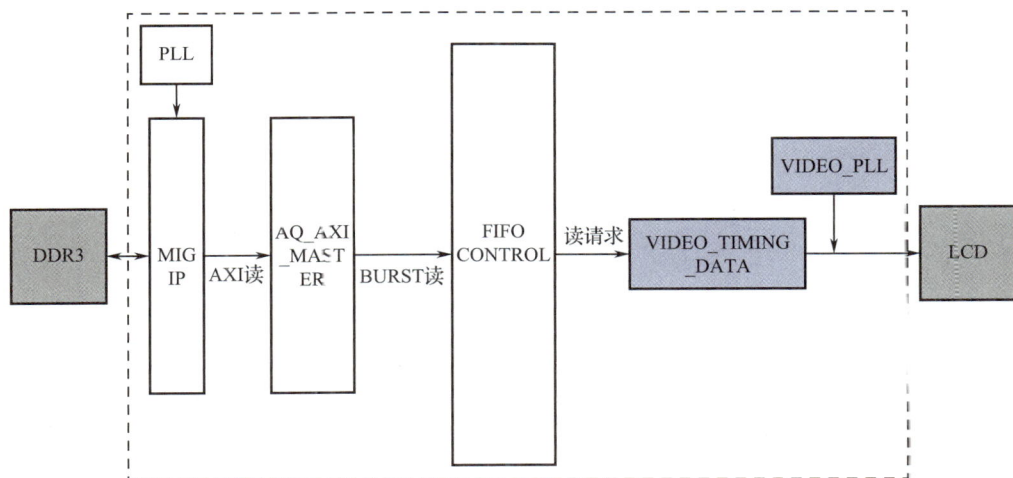

图 8-22　LCD 显示模块驱动框图

8.1.4　FPGA 运行人脸口罩识别 SoC 系统

1. Vivado 工程操作步骤

（1）启动 Vivado 2021.2，单击"Open Project"，打开工程，如图 8-23 所示。

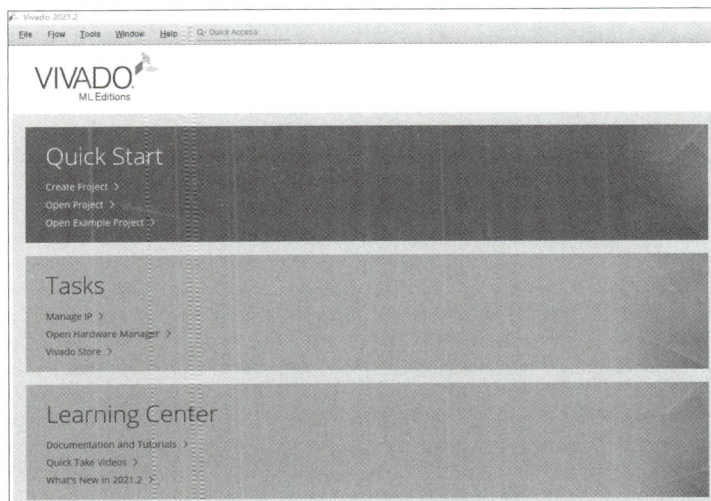

图 8-23　打开工程

（2）找到工程所在的目录，打开后缀为 .xpr 的工程文件，如图 8-24 所示。

（3）单击"Run Synthesis"进行综合，单击"Run Implementation"进行布局布线，最后单击"Generate Biestream"生成比特流。也可以直接单击"Generate Biestream"，自动进行综合和布局布线。将"Number of jobs"调到最大值，可以加快生成速度，如图 8-25 所示。

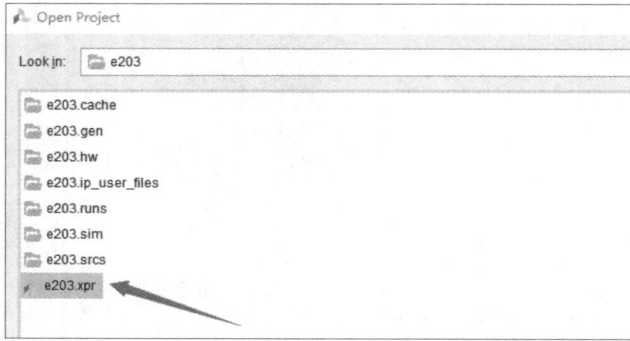

图 8-24　打开 .xpr 文件

（4）打开 Hardware Manager，选择"Open Target"→"Auto Connect"，工具会自动连接开发板，如图 8-26 所示。

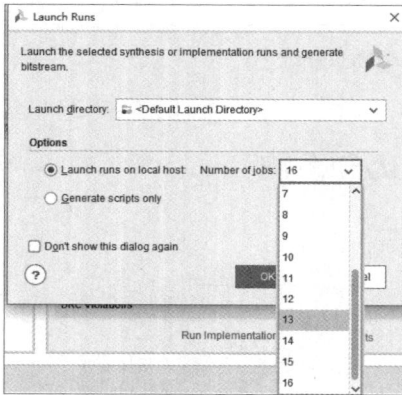

图 8-25　生成比特流

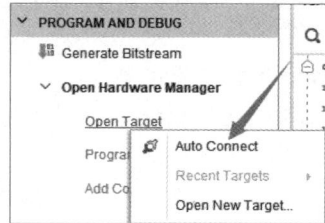

图 8-26　打开 Hardware Manager

（5）连接成功后单击"Program Device"，如图 8-27 所示，正常会弹出窗口自动识别比特流文件，如果没有，可手动到 runs/impl_1 目录下寻找。

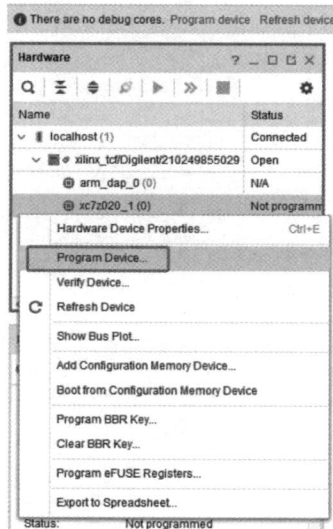

图 8-27　Program Device

（6）单击"Program"即可将比特流下载到开发板中。

2. 软硬件交互流程（见图 8-28）

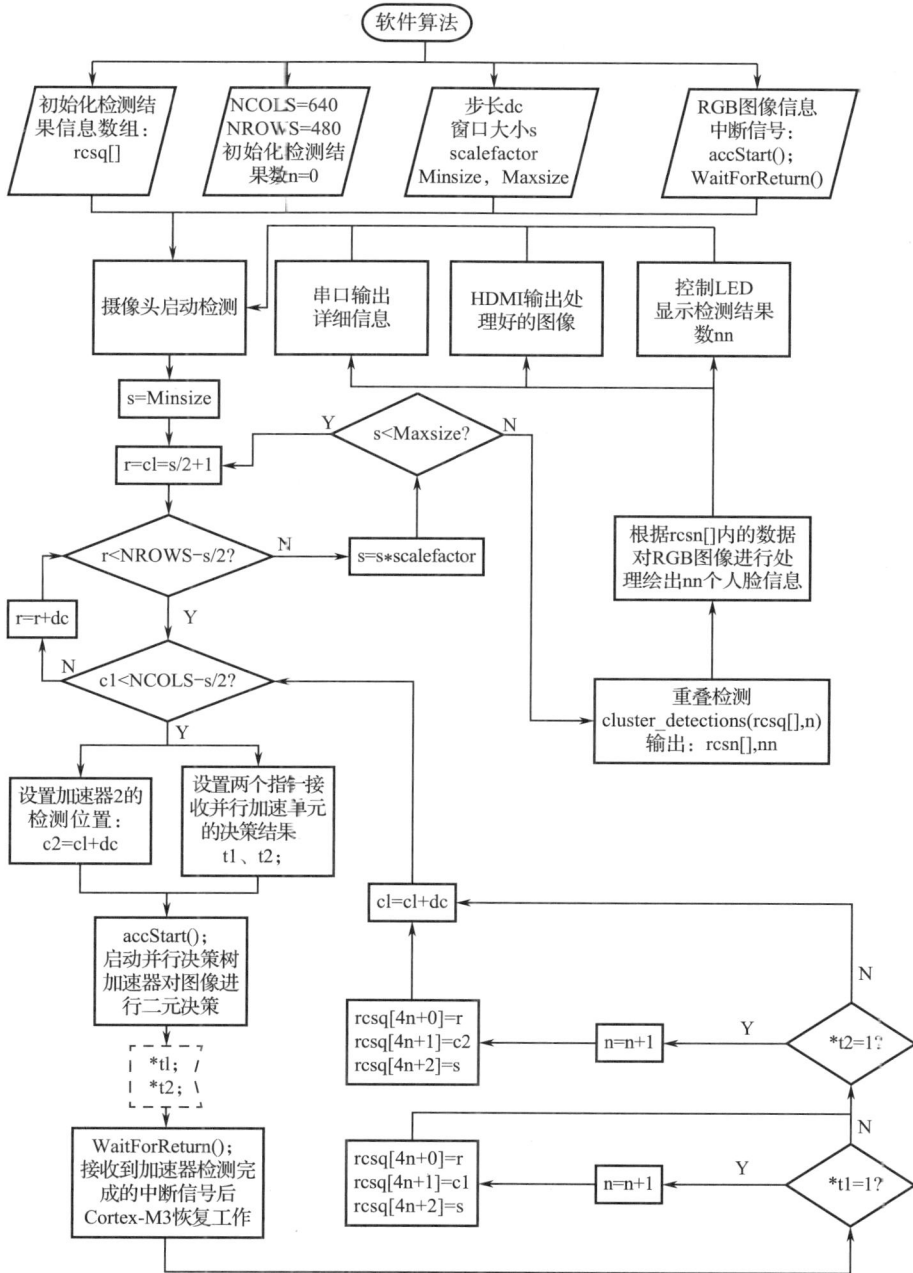

图 8-28　实现人脸口罩识别算法的软硬件交互流程

（1）将 E203 处理器、各种高速 AHB 外设及各种低速 APB 外设复位。同时，E203 处理器通过 ICB 总线从 ITCM（0x800C0000 ～ 0x87ffffff）获取指令，并通过系统总线从 DTCM（0x80000000 ～ 0x87ffffff）进行数据访问操作，以控制外设。

（2）E203 处理器向逻辑控制器发送启动摄像头的指令，OV5640 双目摄像头启动图像采集，并将图像数据存储在 DDR3 存储器中。每将一帧图像数据写入 DDR3 后，摄像头向 E203 处理器发出中断请求，将处理器从待机状态唤醒，并启动计时器开始计时。

（3）被唤醒的 E203 处理器向逻辑控制器所在的地址发送唤醒硬件加速器指令，同时 E203 处理器进入待机状态。

（4）硬件加速器接收到来自逻辑控制器的指令后，直接从 DDR3 存储器读取采集到的图像数据，并从片上存储单元读取人脸口罩识别的决策树算法所需的参数数据，将运算结果写回 DDR3 存储器。同时，硬件加速器向 E203 处理器发起中断请求，唤醒处理器对图像进行人脸画框处理，并将处理后的图像数据存储到 DDR3 存储器的指定地址空间，该地址空间映射至 HDMI 显示模块的输出缓冲区。然后，E203 处理器向逻辑控制器所在的地址发送一条指令，该指令负责实现 HDMI 显示模块读取 DDR3 地址与摄像头模块写入 DDR3 地址的相互切换的指令，进而实现图像数据读 / 写地址的切换分离。

（5）HDMI 显示模块输出已处理的图像，并通过 UART 串口打印检测到的人脸位置、大小及个数等信息。E203 处理器向逻辑控制器发送启动摄像头的指令，随后进入待机状态，直到摄像头模块将新一帧图像数据写入 DDR3 存储器。

3. 人脸口罩识别的控制过程

（1）初始化变量和常量，包括读取级联文件的地址，图像和口罩的指针、最小尺寸、最大尺寸、角度、尺度因子、步长因子和聚类标志。

（2）初始化中断控制器（PLIC），注册摄像头中断、人脸识别加速器中断和口罩识别加速器中断的处理函数。

（3）启动中断。

（4）进入一个循环，循环 150 次：

- 启动摄像头；
- 等待摄像头采集完图像；
- 切换图像地址。

（5）显示 "face_mask acc begin"，表示开始人脸口罩识别加速。

（6）进入一个无限循环：

- 启动摄像头；
- 等待摄像头采集完图像；
- 获取图像地址的索引；
- 根据索引选择正确的图像地址；
- 调用 process_image_Face_and_Mask 函数，对图像进行人脸和口罩处理，传递参数和级联文件地址。

（7）返回 0，表示程序正常结束。

人脸口罩识别的控制端实现代码如下：

```
1. int main(void)
2. {
3.     // read cascade file from DDR
4.     volatile void*  cascade = (void*) 0xf8000000UL;// cas_reg_face;
5.     volatile void*  cascade_mask = (void*) 0xf9000000UL;// cas_reg_mask;
6.     volatile uint16_t*    img;
7.     volatile uint8_t*    img_mask;
```

```
8.
9.        int minsize = 128;
10.       int minsize_mask = 128;
11.
12.       int maxsize = 400;
13.       float angle = 0.0f;
14.       float scalefactor = 1.2f;
15.       float stridefactor = 0.18f;
16.       int noclustering = 0;
17.
18.       int processImageTime; //chg
19.
20.       int pixelAddrIndex;
21.
22.    PLIC_Init(__PLIC_INTNUM);
23.    PLIC_Register_IRQ(CAM_IRQn,1,CAMHandler);
24.    PLIC_Register_IRQ(ACC_FACE_IRQn,1,ACCHandler);
25.    PLIC_Register_IRQ(ACC_MASK_IRQn,1,MaskHandler);
26.    __enable_irq();
27.
28.
29.       int i;
30.       for(i=0;i<150;i++){
31.            CamStart();
32.            WaitForCam();
33.
34.            AddrSwitch();
35.       }
36.    printf("face_mask acc begin\n");
37.    while(1){
38.
39.        CamStart();
40.        WaitForCam();
41.
42.        pixelAddrIndex = getIndex();
43.        if(1 == pixelAddrIndex){
44.          img = (volatile uint16_t*) PIC0_ADDR;
45.
46.        }
47.        else if(0 == pixelAddrIndex){
48.            img = (volatile uint16_t*) PIC1_ADDR;
49.        }
50.
51.        process_image_Face_and_Mask((uint16_t*)img, 1, minsize, angle, scalefactor,
stridefactor, noclustering, cascade, cascade_mask);
52.
53.    }
54.
55.    return 0;
56.}
```

4. 人脸口罩识别过程

（1）初始化变量和常量，包括像素指针、图像参数（行数、列数和线性尺寸），以及用于存储检测结果的数组。

（2）使用级联分类器对人脸进行检测和定位，结果存储在 rcsq 数组中。该过程调用 find_objects 函数和 cluster_detections 函数。

（3）使用级联分类器对口罩进行检测和定位，结果存储在 rcsq_mask 数组中。该过程调用 find_objects_Mask 函数和 cluster_detections 函数。

（4）根据检测结果绘制图像。如果同时检测到人脸和口罩：

● 遍历人脸检测结果，获取每个人脸的位置和尺寸，并在图像上绘制人脸框；

● 遍历口罩检测结果，获取每个口罩的位置和尺寸，并在图像上绘制口罩框。

（5）如果只检测到人脸而没有检测到口罩，则遍历人脸检测结果，获取每个人脸的位置和尺寸，并在图像上绘制人脸框。

（6）如果只检测到口罩而没有检测到人脸，则遍历口罩检测结果，获取每个口罩的位置和尺寸，并在图像上绘制口罩框。

（7）如果既没有检测到人脸也没有检测到口罩，则延迟 10ms。

（8）切换图像地址。

人脸口罩识别代码如下：

```
1. // Face and Mask detection
2. void process_image_Face_and_Mask(volatile uint16_t* frame, int draw, int    minsize, float angle, float scalefactor, float stridefactor, int noclustering, void* cascade, void* cascade_mask)
3. {
4.     int i, j;
5.     float t;
6.
7.     uint16_t* pixels = frame;
8.     int nrows, ncols, ldim;
9.
10.    #define MAXNDETECTIONS 1024
11.    float rcsq_mask[4*MAXNDETECTIONS];
12.    float rcsq[4*MAXNDETECTIONS];
13.
14.    int hundred, ten, one;
15.
16.    int ndetection_mask = 0;
17.    int ndetections_mask = 0;
18.
19.    int ndetection = 0;
20.    int ndetections = 0;
21.
22.    int distance_temp;
23.    int distance;
24.
25.    volatile int process_Mask_Time = 0; //chg
```

```
26.    volatile int process_Face_Time = 0; //chg
27.
28.    int process_Mask_Time_temp = 0; //chg
29.    int process_Face_Time_temp = 0; //chg
30.
31.    int x, y, side;
32.    int p1, p2, p3, p4;
33.
34.    int x_mask, y_mask, side_mask;
35.    int p1_mask, p2_mask, p3_mask, p4_mask;
36.
37.    nrows    = ROWS;
38.    ncols    = COLS;
39.    ldim     = COLS;
40.
41.
42.    //printf("--***************************Face Detection Start !
*******************************--\n");
43.    ndetections = find_objects(rcsq, MAXNDETECTIONS, cascade, angle,
pixels, nrows, ncols, ldim, scalefactor, stridefactor, minsize, MIN(nrows,
ncols));
44.    ndetection = cluster_detections(rcsq, ndetections);
45.
46.    //printf("--***************************Mask Detection Start !
*******************************--\n");
47.    ndetections_mask = find_objects_Mask(rcsq_mask, MAXNDETECTIONS, cascade_mask, angle,
pixels, nrows, ncols, ldim, scalefactor, stridefactor, minsize, MIN(nrows, ncols));
48.    ndetection_mask = cluster_detections(rcsq_mask, ndetections_mask);
49.
50.  if ((ndetection) && (ndetection_mask)){
51.      for (int i = 0; i < ndetection; i++) {
52.          x = (int)rcsq[4 * i + 1];
53.          y = (int)rcsq[4 * i + 0];
54.          side = (int)(rcsq[4 * i + 2] / 2);
55.        p1 = (x - side) + (y - 1 - side) * COLS;
56.        p2 = (x + side) + (y - 1 - side) * COLS;
57.        p3 = (x - side) + (y - 1 + side) * COLS;
58.        for (int j = 0; j < 2 * side; j++) {
59.        frame[p1 + j] = FACE_FRAME ;
60.        frame[p2 + j * COLS] = FACE_FRAME ;
61.        frame[p1 + j * COLS] = FACE_FRAME ;
62.        frame[p3 + j] = FACE_FRAME ;
63.        }
64.        }
65.      for (int i = 0; i < ndetection_mask; i++){
66.         x_mask = (int)rcsq_mask[4 * i + 1];
67.         y_mask = (int)rcsq_mask[4 * i + 0];
```

```
68.         side_mask = (int)(rcsq_mask[4 * i + 2] / 2);
69.         p1_mask = (x_mask - side_mask) + (y_mask - 1 - side_mask) * COLS;
70.         p2_mask = (x_mask + side_mask) + (y_mask - 1 - side_mask) * COLS;
71.         p3_mask = (x_mask - side_mask) + (y_mask - 1 + side_mask) * COLS;
72.         for (int j = 0; j < 2 * side_mask; j++) {
73.          frame[p1_mask + j] = MASK_FRAME ;
74.           frame[p2_mask + j * COLS] = MASK_FRAME ;
75.           frame[p1_mask + j * COLS] = MASK_FRAME ;
76.           frame[p3_mask + j] = MASK_FRAME ;
77.         }
78.       }
79.     }
80.   else if  ((ndetection) && (ndetection_mask==0)){
81.       for (int i = 0; i < ndetection; i++) {
82.           x = (int)rcsq[4 * i + 1];
83.           y = (int)rcsq[4 * i + 0];
84.           side = (int)(rcsq[4 * i + 2] / 2);
85.         p1 = (x - side) + (y - 1 - side) * COLS;
86.         p2 = (x + side) + (y - 1 - side) * COLS;
87.         p3 = (x - side) + (y - 1 + side) * COLS;
88.         for (int j = 0; j < 2 * side; j++) {
89.         frame[p1 + j] = FACE_FRAME ;
90.         frame[p2 + j * COLS] = FACE_FRAME ;
91.         frame[p1 + j * COLS] = FACE_FRAME ;
92.         frame[p3 + j] = FACE_FRAME ;
93.       }
94.     }
95.   }
96.   else if  ((ndetection ==0) && (ndetection_mask)){
97.       for (int i = 0; i < ndetection_mask; i++){
98.         x_mask = (int)rcsq_mask[4 * i + 1];
99.         y_mask = (int)rcsq_mask[4 * i + 0];
100.        side_mask = (int)(rcsq_mask[4 * i + 2] / 2);
101.        p1_mask = (x_mask - side_mask) + (y_mask - 1 - side_mask) * COLS;
102.        p2_mask = (x_mask + side_mask) + (y_mask - 1 - side_mask) * COLS;
103.        p3_mask = (x_mask - side_mask) + (y_mask - 1 + side_mask) * COLS;
104.        for (int j = 0; j < 2 * side_mask; j++) {
105.         frame[p1_mask + j] = MASK_FRAME ;
106.         frame[p2_mask + j * COLS] = MASK_FRAME ;
107.         frame[p1_mask + j * COLS] = MASK_FRAME ;
108.         frame[p3_mask + j] = MASK_FRAME ;
109.       }
110.     }
111.   }
112.   else {
113.         delay_1ms(10);
114.   }
115.
```

```
116.    AddrSwitch();
117.
118.}
```

5. 开发环境配置

本实例采用蜂鸟 E203 处理处作为控制核心，需要使用芯来科技的 Nuclei Studio IDE 进行程序下载与调试。具体步骤如下。

（1）本实例选用 Nuclei Studio IDE 202212 版本，打开软件，选择工作环境，如图 8-29 所示。

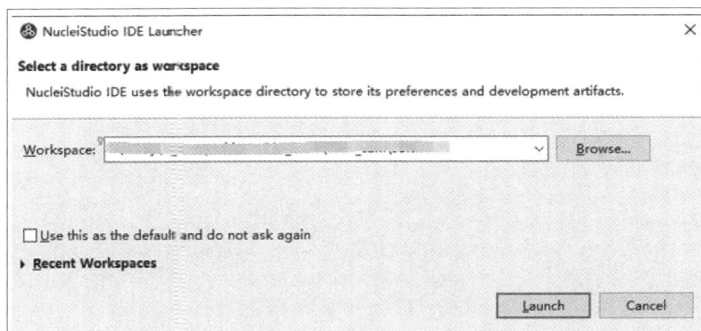

图 8-29　选择 Nuclei Studio IDE 工作环境

（2）单击"File"→"New"→"New Nuclei RISC-V C/C++ Project"，如图 8-30 所示。

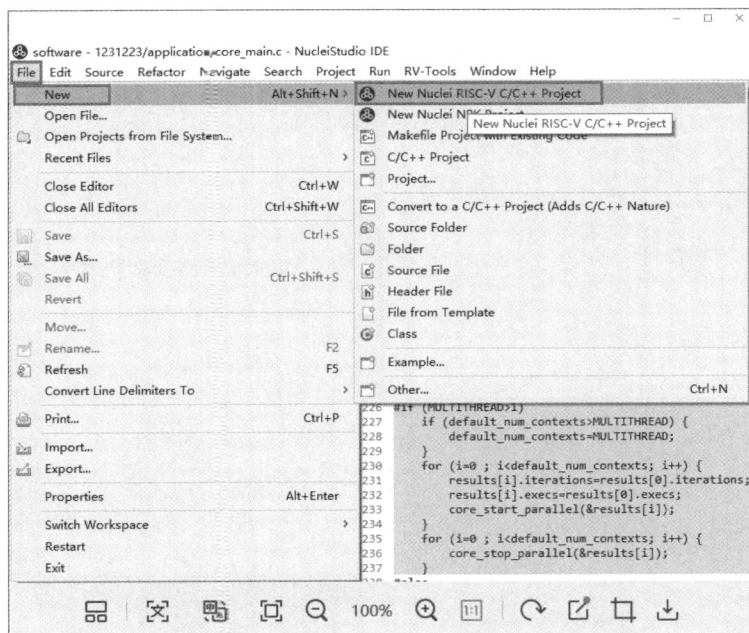

图 8-30　创建新工程 1

（3）在"Create Nuclei project"界面选择 MCU200T（不同版本的 IDE 可能不同），单击"Next"，如图 8-31 所示。

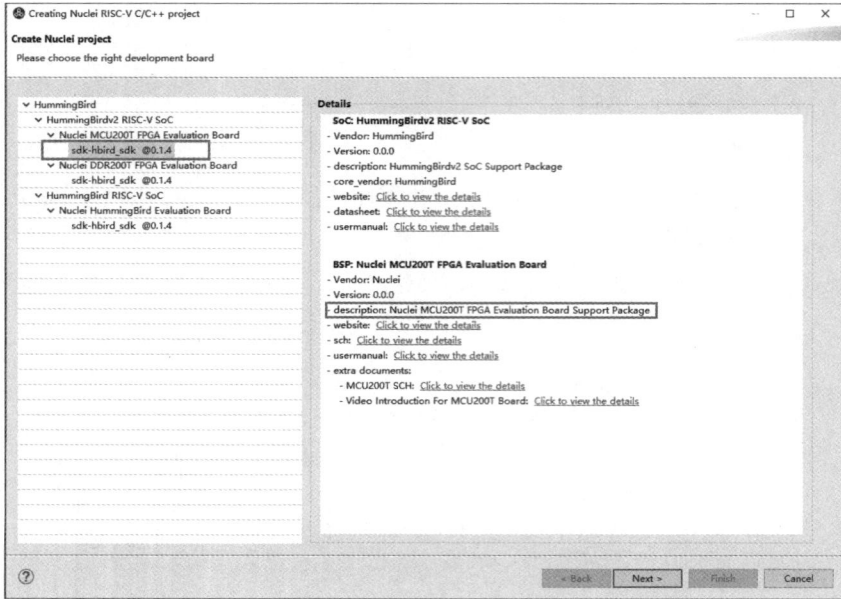

图 8-31　创建新工程 2

（4）创建工程名。既可以直接使用"Project Example"中芯来科技提供的内置例程模板，也可以基于现有例程将 C 程序代码进行替换（不推荐新建 C/C++ 工程），允许对基础架构、Compile Flags 等参数进行修改。最后单击"Finish"，如图 8-32 所示。

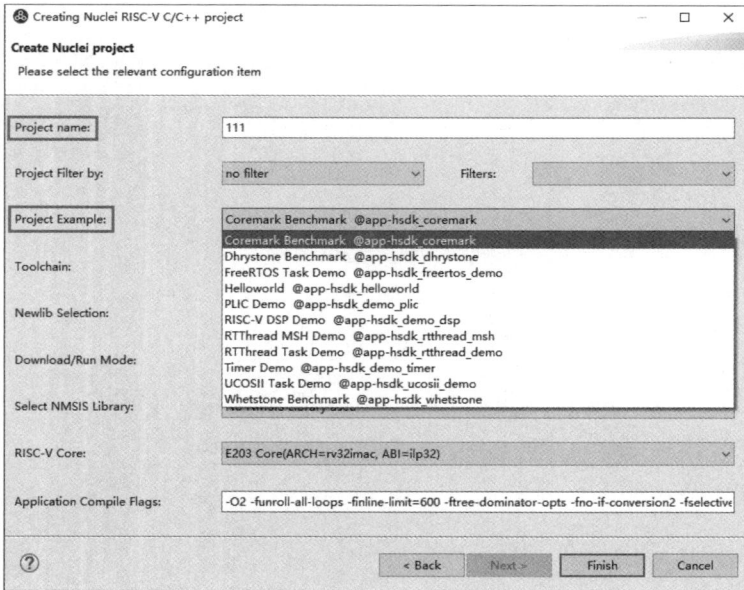

图 8-32　创建工程名

（5）右键单击工程文件夹，在快捷菜单中选择"nuclei settings"，在设置界面中可以配置处理器架构、优化等级等，如图 8-33 所示，默认架构为 rv32imac，优化等级为 O2。右键单击工程文件夹，选择"Properties"→"C/C++ Build"→"Settings"，该设置界面提供更多的配置选项，如图 8-34 所示。

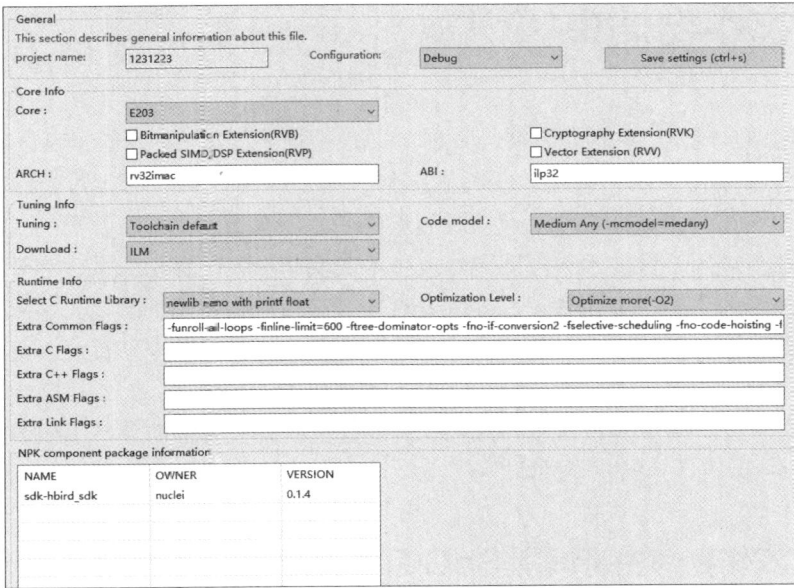

图 8-33 nuclei settings 选项

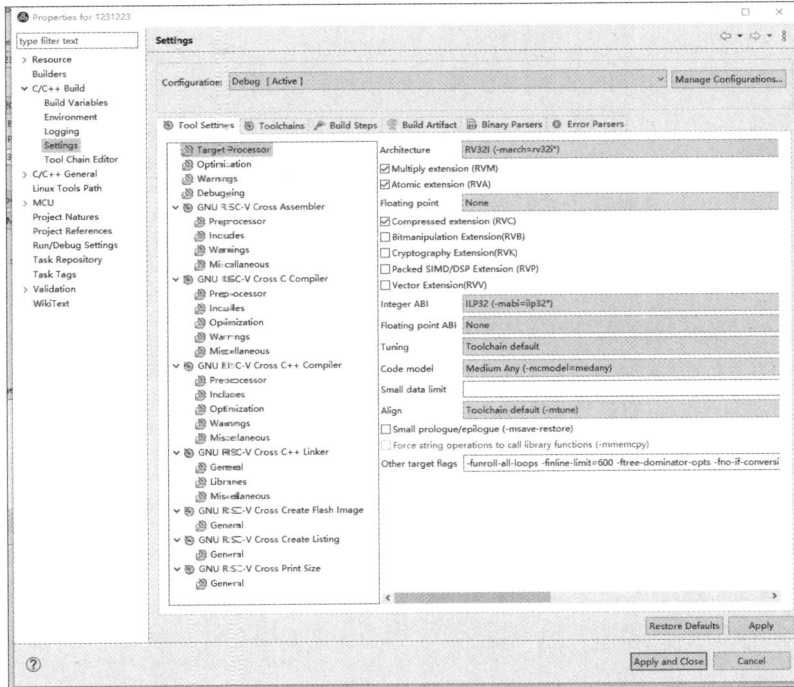

图 8-34 Properties 配置选项

（6）使用芯来科技专用下载器，连接好开发板后，单击图 8-35 所示的 build（ ）按钮，编译通过后再单击 Run（ ）按钮。注意，需要选中当前工程的 openocd。

图 8-35 编译和下载程序

8.2 农作物病虫害识别

随着农业逐渐自动化、科技化发展，应对农业病虫害的方法也需逐步实现自动化、科技化。目前图像处理技术取得了很大进展，并已应用到农业生产的多个领域。其中，农作物病虫害的自动检测与识别技术是保证农业生产发展的重要环节。基于图像的农作物病虫害识别是图像处理技术的一项新应用，该技术通过图像处理技术实现病虫害的自动识别，弥补了以往通过文字描述和人工识别的不足，可为管理者提供实时、准确的病虫害识别结果。病虫害病理图像所包含信息主要包括颜色、纹理、形状等多种可提取的图像特征，其丰富程度是文字描述无法比拟的。该技术广泛应用于植物健康监测、病虫害预测与防治等领域，同时也是生态信息学研究的重要组成部分，受到海关检疫、植物保护、林业病虫害防控等部门及广大农业工作者的广泛关注。

8.2.1 农作物病虫害识别 SoC 系统介绍

本系统基于 ALINX 的 AX7021 开发板，搭载 ZYNQ-7020 核心板，通过块设计（Block Design）将 OV5640 双目摄像头采集模块、HDMI 显示模块、MobileNetV2 算法模块等通过 AXI 总线矩阵互联。摄像头输入的图像数据经 VDMA 写入片外 DDR 存储器；通过 VDMA 将图像数据从 DDR 中读出并发送到 PL 端的 HDMI 显示模块，从而将数据显示在显示屏上；同时，将 DDR 中读出的数据送到算法 IP 核进行分类，分类结果通过串口及蓝牙输出，并支持通过串口或蓝牙发送指令动态切换不同农作物模型以实现病虫害分类，最终构建一个实时分类、轻量化、移动性强的农作物病虫害识别嵌入式系统。

有别于仅采用 CPU 的神经网络加速器，本系统采用基于 FPGA 的 MobileNetV2 轻量化神经网络加速器，避免了因 CPU 固定的运算执行方式造成的资源浪费，具有低能耗和高效率的优点。系统采用的 ZYNQ-7000 系列芯片基于 ARM+FPGA 架构，在开发时不仅可以利用 FPGA 较强大的并行处理能力来解决多种不同类型信号处理中的数据处理问题，而且可以加入更多外设来拓展系统功能。

本系统采用的 MobileNetV2 网络是由 Google 团队于 2018 年提出的一种轻量型卷积神经网络，它采用深度可分离卷积。深度可分离卷积相比常规卷积可以减少参数量，在一定程度上提高计算速度。图 8-36 展示了其核心块（倒残差块，Inverted Residual Block）的结构，主要包括扩展层（Expansion Layer）、深度可分离卷积（Depthwise Convolution）层、投影层（Projection Layer）三部分。相比 MobileNetV1 网络，该结构准确率更高、模型更小。

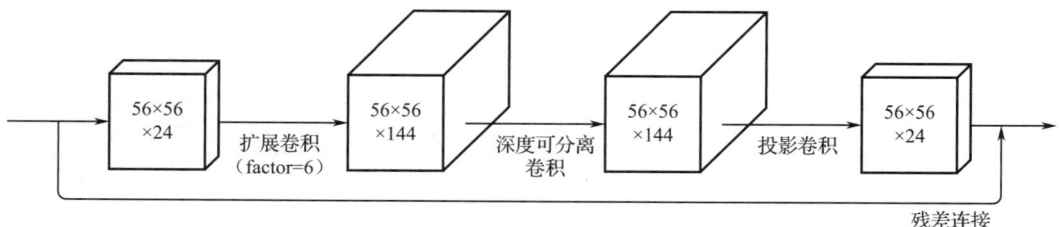

图 8-36 倒残差块

在图 8-36 中，输入数据为 24 维，输出结果也是 24 维，但在处理过程中维数被扩展了 6 倍，整个网络呈"中间宽、两头窄"的纺锤形，与瓶颈残差块（Bottleneck Residual Block，ResNet）"中间窄、两头宽"正好相反，故称为倒残差结构。注意，残差连接（Residuals Connection）仅在输入和输出部分进行连接；另外，从高维向低维转换时使用 ReLU 激活函数可能会造成信息丢失或破坏。所以在投影卷积部分，MobileNetV2 网络不再使用 ReLU 激活函数，而是使用线性激活函数。

MobileNetV2 网络主要由以下核心组件构成。

（1）倒残差块：实现特征空间的非线性变换；

（2）线性瓶颈层：输出层采用线性变换保持信息完整性；

（3）扩展层：通过 1×1 卷积将特征维度扩展至高维空间；

（4）投影层：通过 1×1 卷积实现特征降维；

（5）深度可分离卷积层：分离空间与通道卷积，大幅降低计算复杂度。

MobileNetV2 网络结构如图 8-37 所示，先通过一个 2 维卷积层，然后由 7 个线性瓶颈层相连，最后将结果以 1×1×1280 维的形式输出。在本应用实例中，采用 244×244 像素的图像作为输入，预先训练好不同数据集的模型参数并存储于 SD 卡中，硬件通过读取模型参数实现对农作物病虫害的预测，具体流程图如图 8-38 所示。

输入	操作	t	c	n	s
$224^2 \times 3$	2 维卷积	–	32	1	2
$112^2 \times 32$	瓶颈	1	16	1	1
$112^2 \times 16$	瓶颈	6	24	2	2
$56^2 \times 24$	瓶颈	6	32	3	2
$28^2 \times 32$	瓶颈	6	64	4	2
$14^2 \times 64$	瓶颈	6	96	3	1
$14^2 \times 96$	瓶颈	6	160	3	2
$7^2 \times 160$	瓶颈	6	320	1	1
$7^2 \times 320$	2 维卷积 1×1	–	1280	1	1
$7^2 \times 1280$	平均池化 7×7	–	–	1	–
$1 \times 1 \times 1280$	2 维卷积 1×1	–	k	–	

图 8-37 MobileNetV2 网络结构

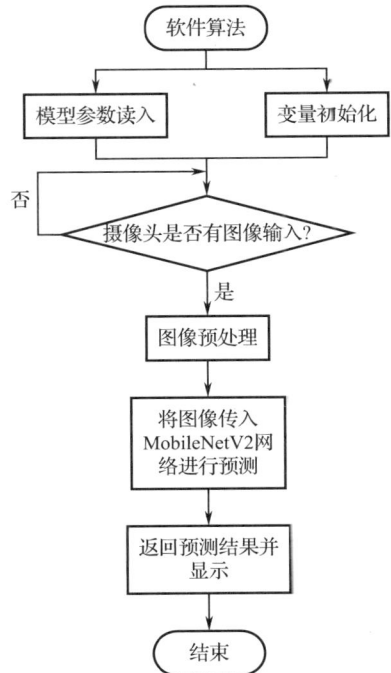

图 8-38 系统软件算法流程图

8.2.2 参数训练

本系统基于 MobileNetV2 网络结构，神经网络权重的训练可以参考 7.2 节，权重训练的
Python 代码如下：

```
1. import os
2. import torchvision.transforms as transforms
3. from torchvision import datasets
4. import torch.utils.data as data
5.
6. import numpy as np
7. import matplotlib.pyplot as plt
8. import torchvision.models as models
9. import time
10.import torch
11.
12.model = models.mobilenet_v2(pretrained=False)
13.model = torch.load('mnv2Model.pkl', map_location=torch.device('cpu'))
14.model.eval()
15.DEVICE=torch.device("cpu")
16.path='../datasets/apple_diseases'
17.# flower_class=['Potato___Early_blight','Potato___healthy','Potato___Late_blight']
18.transform = {
19.    "train": transforms.Compose([transforms.Resize((224, 224)),
20.                                  transforms.RandomHorizontalFlip(),
21.                                  transforms.ToTensor(),
22.                                  transforms.Normalize((0.5, 0.5, 0.5), (0.5, 0.5, 0.5))]),
23.    "val": transforms.Compose([transforms.Resize((224, 224)),
24.                                transforms.ToTensor(),
25.                                transforms.Normalize((0.5, 0.5, 0.5), (0.5, 0.5, 0.5))])
26.}
27.image_path = path
28.BATCH_SIZE = 10
29.trainset = datasets.ImageFolder(root=image_path,
30.                                  transform=transform["train"])
31.trainloader = data.DataLoader(trainset, BATCH_SIZE, shuffle=True)
32.running_corrects = 0
33.running_loss = 0
34.cnt = 0
35.acc_pre_time = 0
36.epoch_n = 10
37.# for epoch in range(epoch_n):
38.for batch, data in enumerate(trainloader):
```

```
39.    X, y = data
40.    X = X.to(DEVICE)
41.    y = y.to(DEVICE)
42.    st = time.time()
43.    y_pred = model(X)
44.    # pred，概率较大值对应的索引值，可看作预测结果
45.    _, pred = torch.max(y_pred.data, 1)
46.    print("Cpu prediction time cost: %.2fs" % (time.time() - st))
47.    cnt = cnt + 1
48.    acc_pre_time+=time.time() - st
49.
50.    if cnt == 10:
51.        break
52.print("average time:  %.2f s "% (float(acc_pre_time/cnt)))
```

训练好的权重数据为 float 型，为了在 FPGA 开发板上运行，还需要进行以下数据转换：

```
1. import torchvision.transforms as transforms
2. from torchvision import datasets
3. import torch.utils.data as data
4. import torch
5. import torchvision.models as models
6.
7. path='../datasets/tomato_diseases'
8. num_class=10
9. num_to_save=100 #???????????????100???????????
10.
11.transform = {
12.    "train": transforms.Compose([transforms.Resize((224, 224)),
13.                                 transforms.RandomHorizontalFlip(),
14.                                 transforms.ToTensor(),
15.                                 transforms.Normalize((0.5, 0.5, 0.5), (0.5, 0.5, 0.5))]),
16.    "val": transforms.Compose([transforms.Resize((224, 224)),    #?????????224x224
17.                               transforms.ToTensor(),
18.                               transforms.Normalize((0.5, 0.5, 0.5), (0.5, 0.5, 0.5))])
19.}
20.
21.trainset = datasets.ImageFolder(root=path,transform=transform["train"])
22.trainloader = data.DataLoader(trainset,100, shuffle=True)
23.
24.len=len(trainloader.dataset)
25.print("data number is {}".format(len))
26.image=torch.empty((len,3,224,224))
```

```
27.label=torch.empty((len,))
28.for batch, data in enumerate(trainloader):
29.    X, y = data
30.    image[batch*100:batch*100+100,:,:,:]=X
31.    label[batch*100:batch*100+100]=y
32.print(type(image[0:num_to_save,:,:,:].numpy()))
33.image[0:num_to_save,:,:,:].numpy().tofile("image.bin") #?????????????in???
34.label[0:num_to_save].numpy().tofile("label.bin")          #?????????????????bin???
35.
36.model = models.mobilenet_v2(pretrained=False)
37.model.classifier = torch.nn.Sequential(torch.nn.Dropout(p=0.5),
                                    torch.nn.Linear(1280, num_class))
38.model.load_state_dict(torch.load('model.pkl'))    #?????????????????????
39.model=model.eval()
40.
41.def SaveFoldedInvertedResidualParam(param_dict,i):
42.
43.    Wc1=(param_dict['conv.0.1.weight']/(torch.sqrt(param_dict
['conv.0.1.running_var']+0.00001))).view(-1,1,1,1)*\
44.        param_dict['conv.0.0.weight']
45.    bc1=param_dict['conv.0.1.bias']-param_dict['conv.0.1.weight']
*param_dict['conv.0.1.running_mean']/torch.sqrt(
46.        param_dict['conv.0.1.running_var']+0.00001)
47.    Wc2=(param_dict['conv.1.1.weight'] / (torch.sqrt(param_dict
['conv.1.1.running_var'] + 0.00001))).view(-1,1,1,1) * param_dict[
48.        'conv.1.0.weight']
49.    bc2 =param_dict['conv.1.1.bias']-param_dict['conv.1.1.weight'] *
param_dict['conv.1.1.running_mean'] / torch.sqrt(
50.        param_dict['conv.1.1.running_var'] + 0.00001)
51.    Wc3 = (param_dict['conv.3.weight'] / (torch.sqrt(param_dict
['conv.3.running_var'] + 0.00001))).view(-1,1,1,1)* param_dict[
52.        'conv.2.weight']
53.    bc3 = param_dict['conv.3.bias']-param_dict['conv.3.weight'] *
param_dict['conv.3.running_mean'] / torch.sqrt(
54.        param_dict['conv.3.running_var'] + 0.00001)
55.
56.    Wc1.numpy().tofile("FoldedInvertedResidual.{}.Wc1.bin".format(i))
57.    bc1.numpy().tofile("FoldedInvertedResidual.{}.bc1.bin".format(i))
58.    Wc2.numpy().tofile("FoldedInvertedResidual.{}.Wc2.bin".format(i))
59.    bc2.numpy().tofile("FoldedInvertedResidual.{}.bc2.bin".format(i))
60.    Wc3.numpy().tofile("FoldedInvertedResidual.{}.Wc3.bin".format(i))
61.    bc3.numpy().tofile("FoldedInvertedResidual.{}.bc3.bin".format(i))
62.
```

```
63.def SaveFoldedHeadParam(param_dict1,param_dict2):
64.Wc1=(param_dict1['1.weight']/torch.sqrt(param_dict1['1.running_
var']+0.00001)).view(-1,1,1,1)*param_dict1['0.weight']
65.bc1=param_dict1['1.bias']-param_dict1['1.weight']*param_dict1
['1.running_mean']/torch.sqrt(param_dict1['1.running_var']+0.00001)
66.    Wc1.numpy().tofile("Head.Wc1.bin")
67.    bc1.numpy().tofile("Head.bc1.bin")
68.
69.    Wc2=(param_dict2['conv.2.1.weight']/torch.sqrt(param_dict2['conv.0.1.running_
var']+0.00001)).view(-1,1,1,1)*param_dict2['conv.0.0.weight']
70.bc2=param_dict2['conv.0.1.bias']-param_dict2['conv.0.1.weight']*param_dict2
['conv.0.1.running_mean']/torch.sqrt(0.00001+param_dict2['conv.0.1.running_var'])
71.    Wc2.numpy().tofile("Head.Wc2.bin")
72.    bc2.numpy().tofile("Head.bc2.bin")
73.
74.Wc3=(param_dict2['conv.2.weight']/torch.sqrt(0.00001+param_dict2['conv.2.running_var'])).
view(-1,1,1,1)*param_dict2['conv.1.weight']
75.bc3=param_dict2['conv.2.bias']-param_dict2['conv.2.weight']*param_dict2
['conv.2.running_mean']/torch.sqrt(0.00001+param_dict2['conv.2.running_var'])
76.    Wc3.numpy().tofile("Head.Wc3.bin")
77.    bc3.numpy().tofile("Head.bc3.bin")
78.
79.def SaveFoldedTailParam(param_dict1,param_dict2):
80. Wc1=(param_dict1['1.weight']/torch.sqrt(param_dict1['1.running_var']+0.00001)).
view(-1,1,1,1)*param_dict1['0.weight']
81. bc1=param_dict1['1.bias']-param_dict1['1.weight']*param_dict1
['1.running_mean']/torch.sqrt(0.00001+param_dict1['1.running_var'])
82.    Wc1.numpy().tofile("Tail.Wc1.bin")
83.    bc1.numpy().tofile("Tail.bc1.bin")
84.
85.    param_dict2['1.weight'].numpy().tofile("Tail.Wf1.bin")
86.    param_dict2['1.bias'].numpy().tofile('Tail.bf1.bin')
87.
88.def folded_param_save(model):
89.    SaveFoldedHeadParam(model.features[0].state_dict(),model.features[1].state_dict())
90.    #feature2,16-->96-->24
91.    SaveFoldedInvertedResidualParam(param_dict=model.features[2].state_dict(),i=0)
92.    # feature3,24-->144-->24
93.    SaveFoldedInvertedResidualParam(param_dict=model.features[3].state_dict(),i=1)
94.    # feature4,24-->144-->32
95.    SaveFoldedInvertedResidualParam(param_dict=model.features[4].state_dict(),i=2)
96.    # feature5,32-->192-->32
97.    SaveFoldedInvertedResidualParam(param_dict=model.features[5].state_dict(),i=3)
```

```
98.     # feature6,32-->192-->32
99.     SaveFoldedInvertedResidualParam(param_dict=model.features[6].state_dict(),i=4)
100.    # feature7,32-->192-->64
101.    SaveFoldedInvertedResidualParam(param_dict=model.features[7].state_dict(),i=5)
102.    # feature8,64-->384-->64
103.    SaveFoldedInvertedResidualParam(param_dict=model.features[8].state_dict(),i=6)
104.    # feature9,64-->384-->64
105.    SaveFoldedInvertedResidualParam(param_dict=model.features[9].state_dict(),i=7)
106.    # feature10,64-->384-->64
107.    SaveFoldedInvertedResidualParam(param_dict=model.features[10].state_dict(),i=8)
108.    # feature11,64-->384-->96
109.    SaveFoldedInvertedResidualParam(param_dict=model.features[11].state_dict(),i=9)
110.    # feature12,96-->576-->96
111.    SaveFoldedInvertedResidualParam(param_dict=model.features[12].state_dict(),i=10)
112.    # feature13,96-->576-->96
113.    SaveFoldedInvertedResidualParam(param_dict=model.features[13].state_dict(),i=11)
114.    # feature14,96-->576-->160
115.    SaveFoldedInvertedResidualParam(param_dict=model.features[14].state_dict(),i=12)
116.    # feature15,160-->960-->160
117.    SaveFoldedInvertedResidualParam(param_dict=model.features[15].state_dict(),i=13)
118.    # feature16,160-->960-->160
119.    SaveFoldedInvertedResidualParam(param_dict=model.features[16].state_dict(),i=14)
120.    # feature17,160-->960-->320
121.    SaveFoldedInvertedResidualParam(param_dict=model.features[17].state_dict(),i=15)
122.    #Tail
123.SaveFoldedTailParam(param_dict1=model.features[18].state_dict(),
param_dict2=model.classifier.state_dict())
124.
125.folded_param_save(model)
```

8.2.3 病虫害识别 SoC 系统硬件架构

图 8-39 所示为系统的硬件设计框图，主要包括 OV5640 双目摄像头采集模块、HDMI 显示模块和 MobileNetV2 算法模块几部分。在图 8-39 中，OV5640 双目摄像头采集模块输出 RGB565 格式的图像数据，通过 Video In to AXI4-Stream 模块转换成 AX4-Stream 格式的数据流，通过 VDMA 后，经 AXI 总线写入 DDR 存储器。写入的数据流通过 HDMI 显示模块的 VDMA 读出，经 AXI4-Stream to Video Out 模块写入 HDMI 输出模块，最终显示在显示屏上。动态时钟配置的作用是适配数据写入与图像输出时的时序。DDR 中的图像数据流通过 AXI 总线传输至 MobileNetV2 算法模块进行分类处理，分类结果由 ARM CPU 控制发送到 EMIO 扩展的 UART 串口，然后经蓝牙模块发送至手机 App 进行显示。系统的 Block Design 如图 8-40 所示。

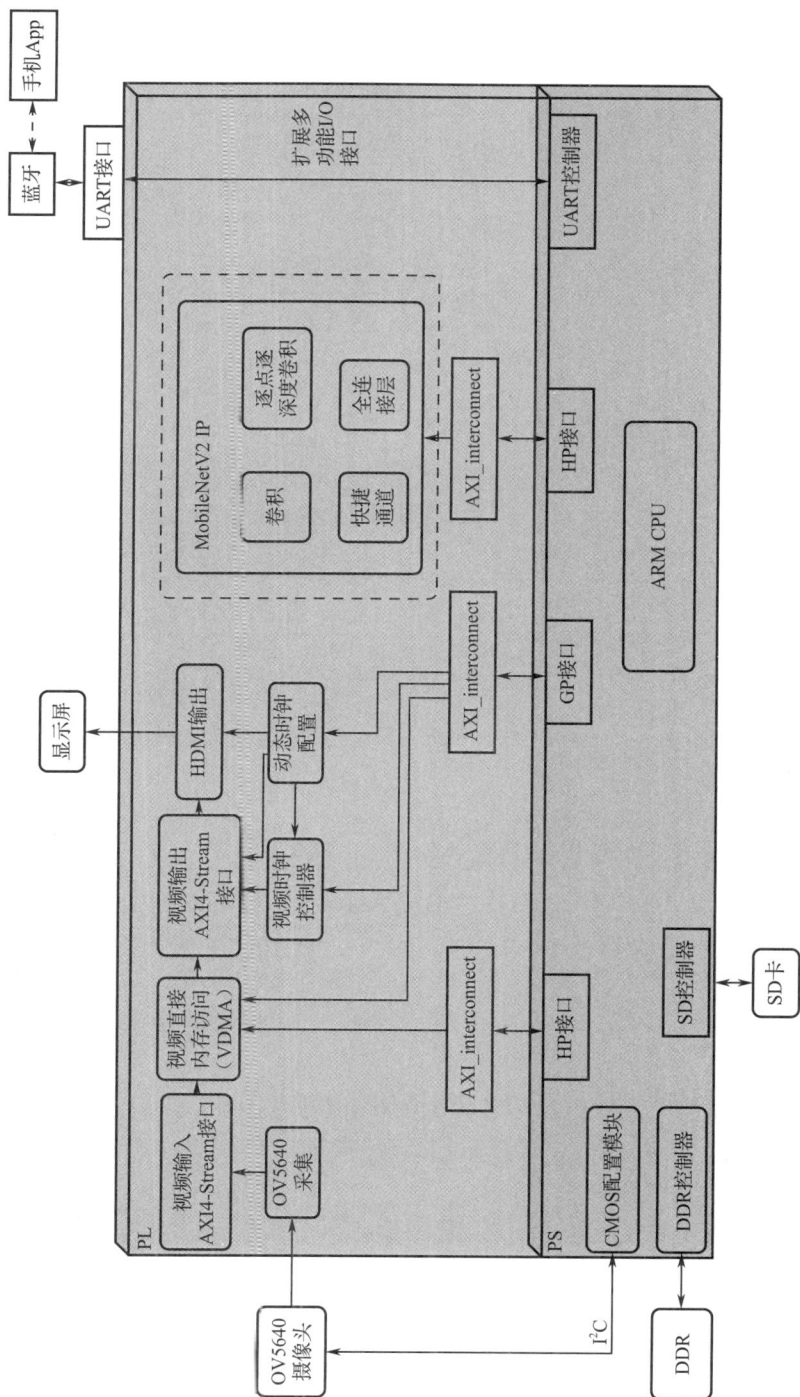

图 8-39　病虫害识别系统硬件设计框图

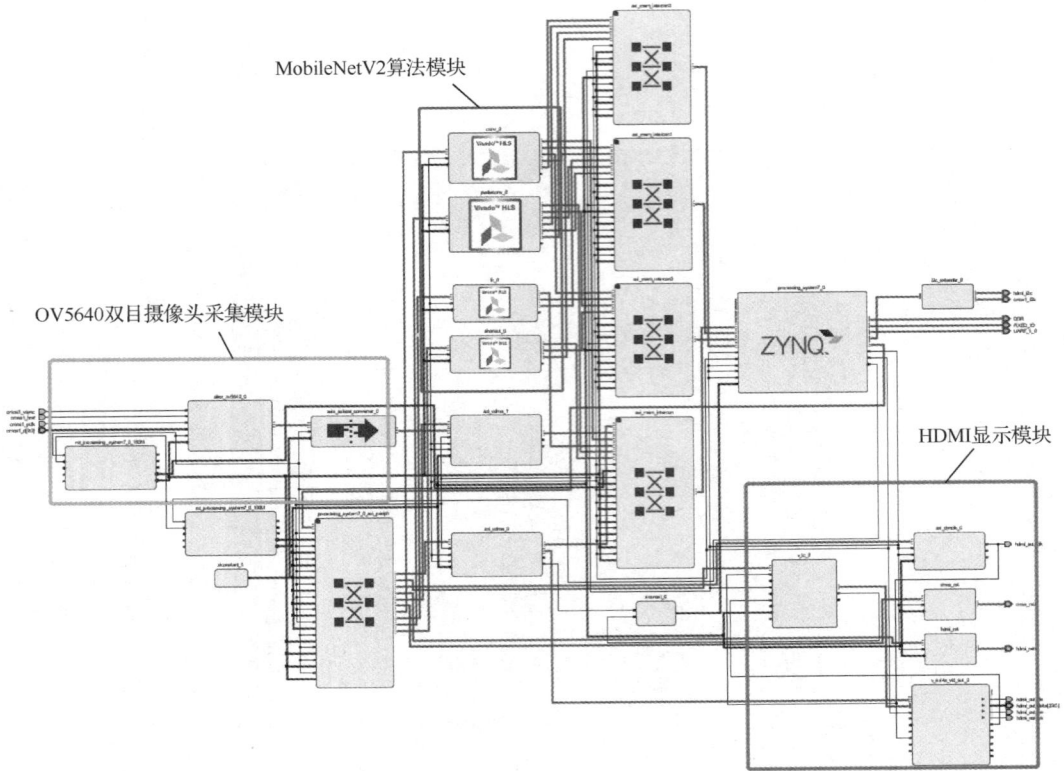

图 8-40 系统的 Block Design

8.2.4 基于 HLS 的 MobileNetV2 硬件化

传统卷积神经网络对内存需求量大、运算量大，难以在移动设备和嵌入式设备上部署。MobileNetV2 网络在准确率小幅降低的前提下，大幅压缩了模型的参数量和计算量：相比VGG16，准确率仅降低了 0.9%，而参数量仅为其 1/32。因此，本系统采用 MobileNetV2 网络作为基础网络架构。

由于 MobileNetV2 网络规模较大，本系统采用复用模块策略以降低资源占用率。针对网络的主要组成部分瓶颈层，将 pwconv 和 dwcov 拆分出来并重新组合成一个选择模块，再封装成专用算法 IP 核，以供 FPGA 重复调用。

与人脸口罩识别系统不同，本系统采用高层次综合（High Level Synthesis，HLS）的设计方法来构建整个硬件框架。高层次综合是指将高层次语言描述的逻辑结构自动转换成低层次语言描述的电路模型。高层次语言包括 C、C++、SystemC 等，通常具有较高的抽象度，且无时钟或时序的概念。相比之下，低层次语言（如 Verilog、VHDL、SystemVerilog 等）通常用来描述时钟周期精确（cycle-accurate）的寄存器传输级电路模型。

1. HLS 硬件 IP 核设计

下面具体介绍如何将软件算法转换为硬件 IP 核（使用的工具为 Vivado HLS 2019.2）。

第 1 步：新建工程。

（1）执行菜单栏命令"Creat New Project"新建文档，在"Project name"文本框中输入工程名称和工程路径，完成后单击"Next"，如图 8-41 所示。

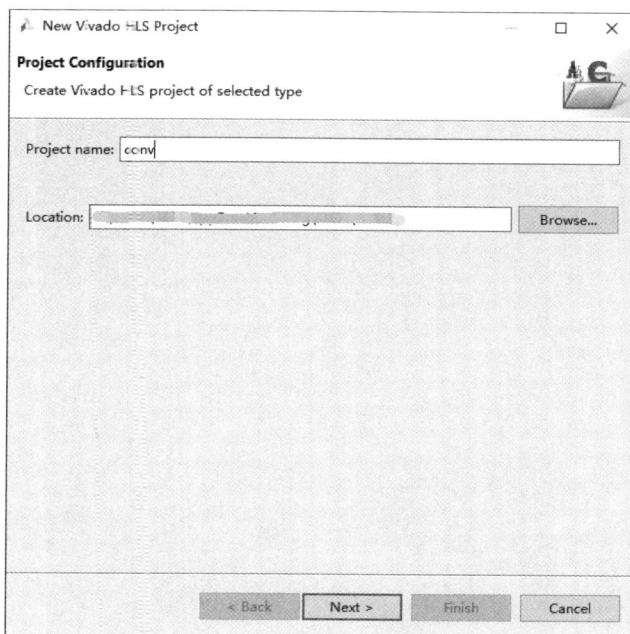

图 8-41　新建工程

（2）添加设计文件，并指定顶层函数，完成后单击"Next"，如图 8-42 所示。

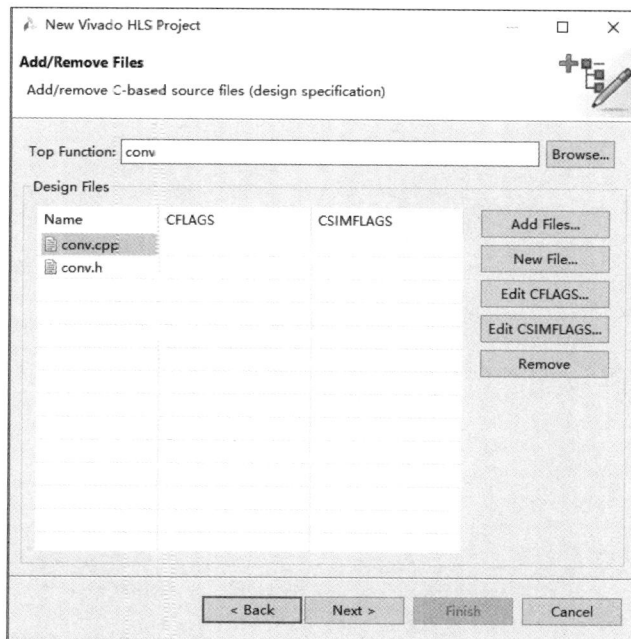

图 8-42　添加设计文件并指定顶层函数

（3）添加 C 语言仿真文件，完成后单击"Next"，如图 8-43 所示。

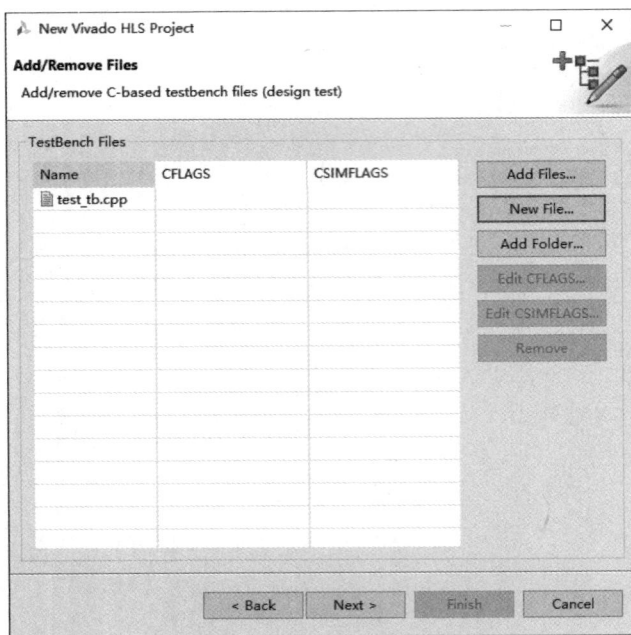

图 8-43　添加 C 语言仿真文件

（4）配置 Solution Name，一般保持默认设置即可。配置 Clock Period，单位为 ns。配置 Uncertainty，默认为空。选择产品型号。完成后单击"Finish"，如图 8-44 所示。

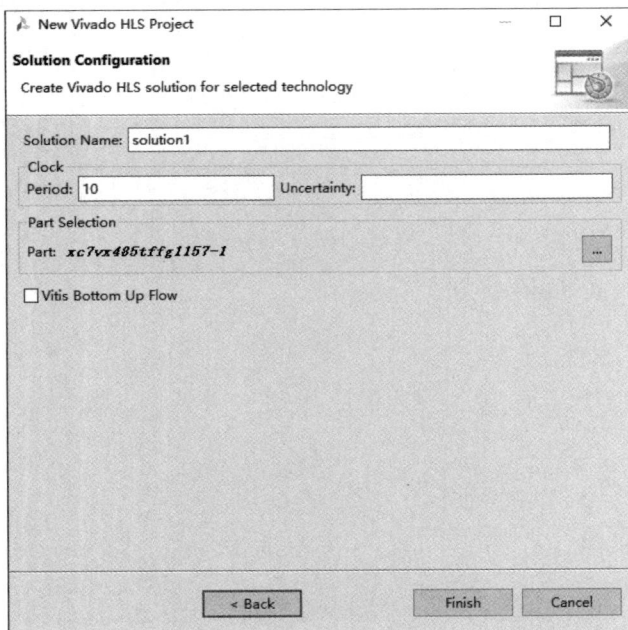

图 8-44　配置信息

第 2 步：C++ 源代码验证。

本步骤实现对功能代码的逻辑验证。

（1）测试程序的代码如图 8-45 所示。该程序先调用综合的函数，得到计算结果，再与预先的数据集进行比较，最后返回比较结果。若结果与预先的数据集一致，测试通过；若不一致，则测试失败，此时需要查看代码寻找错误。

```
int main(){
    data_t* in=(data_t*)malloc(sizeof(data_t)*3*224*224+512);
    data_t* weight=(data_t*)malloc(sizeof(data_t)*32*27);
    data_t* bias=(data_t*)malloc(sizeof(data_t)*32);
    data_t* out=(data_t*)malloc(sizeof(data_t)*32*112*112);
    data_t* golden_out=(data_t*)malloc(sizeof(data_t)*32*112*112);
    random((data_t*)in,3*224*224);
    random((data_t*)weight,32*27);
    random((data_t*)bias,32);
    //
    for(int i=0;i<112;i++)
        for(int j=0;j<112;j++)
            for(int m=0;m<32;m++){
                data_t tmp=bias[m];
                for(int n=0;n<3;n++)
                    for(int kx=0;kx<K;kx++)
                        for(int ky=0;ky<K;ky++){
                            int row=i*S+kx-P;
                            int col=j*S+ky-P;
                            if(row>=0&&row<N&&col>=0&&col<N)
                                tmp+=in[n*N*N+row*N+col]*weight[m*3*3*3+n*3*3+kx*3+ky];
                        }
                golden_out[m*112*112+i*112+j]=relu6(tmp);
            }
    //
    conv((data_t*)in,(data_t*)in,(data_t*)in,(data_t*)weight,(data_t*)bias,(data_pack_t*)out);
    //
    for(int i=0;i<32*112*112;i++){
        int ch=i/(112*112);
        int pixaddr=i%(112*112);
        int offset=(ch/4)*112*112*4+pixaddr*4+ch%4;
        if(*(golden_out+i)!=*(out+offset))
            return -1;
        cout<<*(golden_out+i)<<","<<*(out+offset)<<endl;        //out[8][112][112][4]
    }
    return 0;
}
```

① 卷积运算

② 打印结果

图 8-45　测试程序的代码

（2）单击按钮，开始 C++ 源代码仿真验证，如图 8-46 所示。

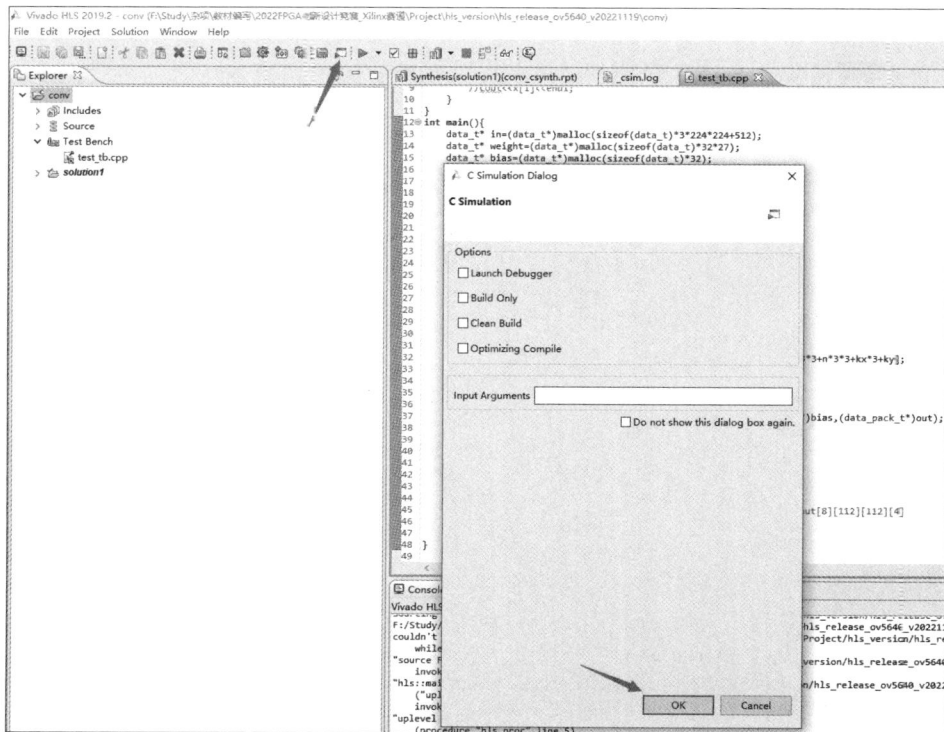

图 8-46　C++ 源代码仿真验证

（3）验证的结果会打印在 .log 文件中，如图 8-47 所示，该结果表示测试通过。

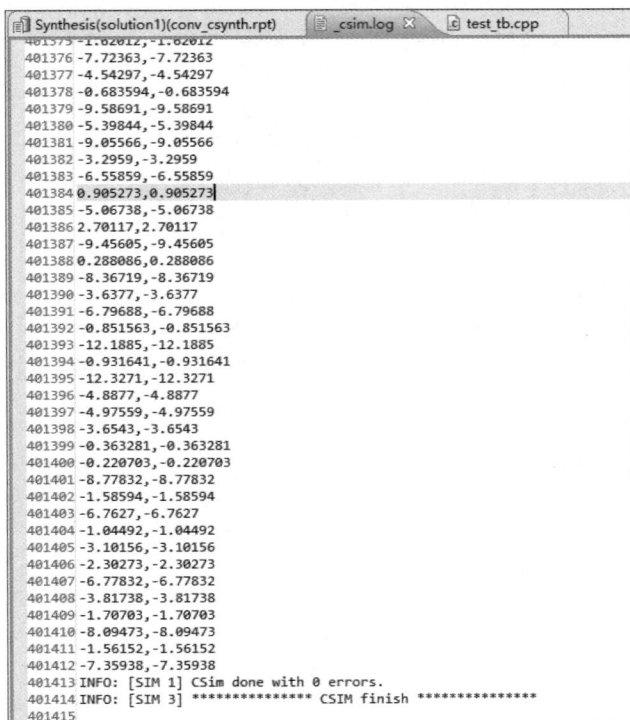

图 8-47　C++ 源代码仿真结果

第 3 步：高层次综合。

本步骤实现将功能代码综合成 RTL 逻辑。

（1）单击 ▶ 按钮，将 C++ 源代码综合成 RTL 逻辑，如图 8-48 所示。

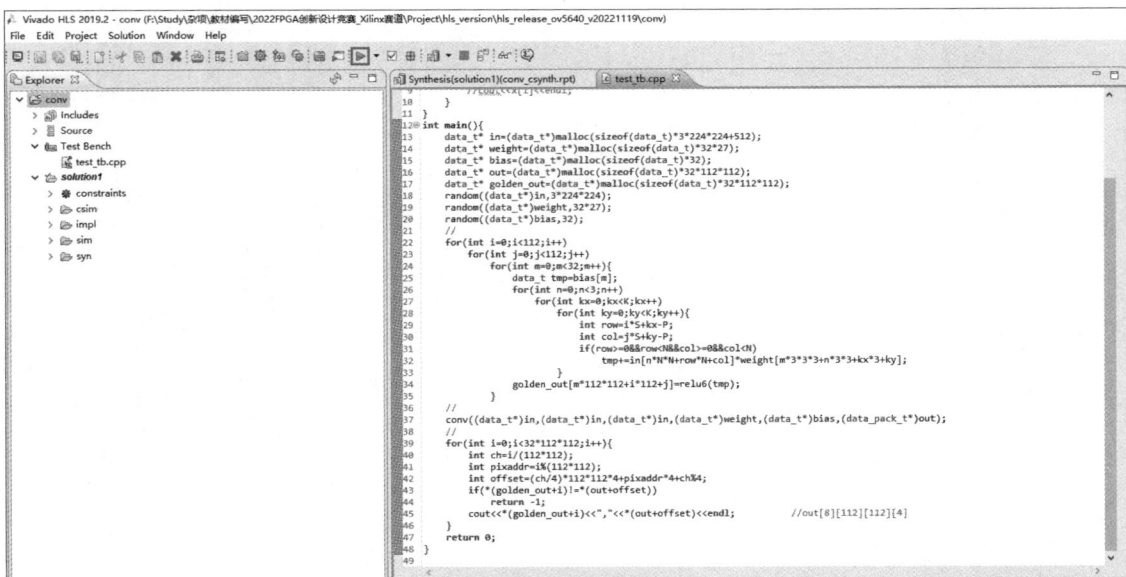

图 8-48　高层次综合

（2）综合完成后，查看综合报告。报告中包含时序、延迟、资源占用、端口信息等数据，如图 8-49 和图 8-50 所示。

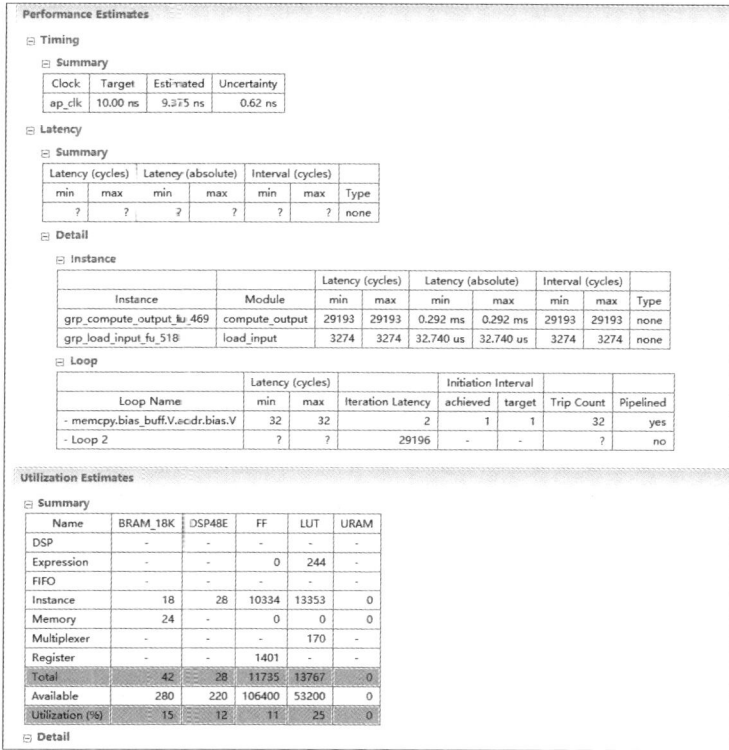

Performance Estimates

☐ Timing

☐ Summary

Clock	Target	Estimated	Uncertainty
ap_clk	10.00 ns	9.375 ns	0.62 ns

☐ Latency

☐ Summary

Latency (cycles)		Latency (absolute)		Interval (cycles)		
min	max	min	max	min	max	Type
?	?	?	?	?	?	none

☐ Detail

☐ Instance

Instance	Module	Latency (cycles)		Latency (absolute)		Interval (cycles)		
		min	max	min	max	min	max	Type
grp_compute_output_fu_469	compute_output	29193	29193	0.292 ms	0.292 ms	29193	29193	none
grp_load_input_fu_518	load_input	3274	3274	32.740 us	32.740 us	3274	3274	none

☐ Loop

Loop Name	Latency (cycles)		Iteration Latency	Initiation Interval		Trip Count	Pipelined
	min	max		achieved	target		
- memcpy.bias_buff.V.ecdr.bias.V	32	32	2	1	1	32	yes
- Loop 2	?	?	29196	-	-	?	no

Utilization Estimates

☐ Summary

Name	BRAM_18K	DSP48E	FF	LUT	URAM
DSP	-	-	-	-	-
Expression	-	-	0	244	-
FIFO	-	-	-	-	-
Instance	18	28	10334	13353	0
Memory	24	-	0	0	0
Multiplexer	-	-	-	170	-
Register	-	-	1401	-	-
Total	42	28	11735	13767	0
Available	280	220	106400	53200	0
Utilization (%)	15	12	11	25	0

☐ Detail

图 8-49　综合后时序、延迟、资源占用

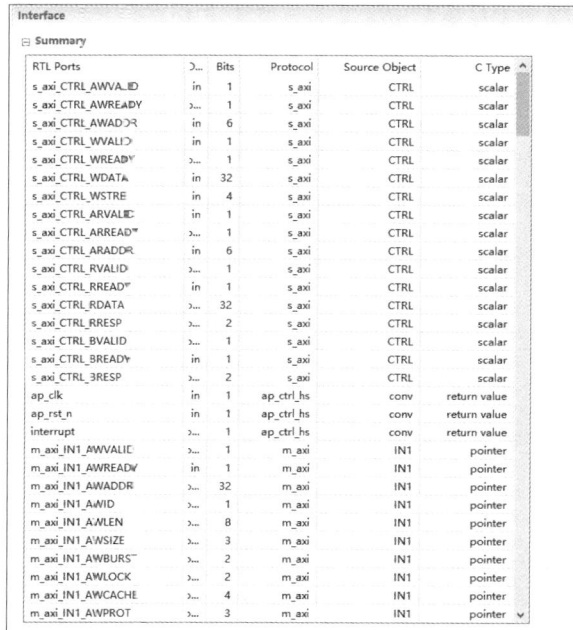

Interface

☐ Summary

RTL Ports	D...	Bits	Protocol	Source Object	C Type
s_axi_CTRL_AWVALID	in	1	s_axi	CTRL	scalar
s_axi_CTRL_AWREADY	in	1	s_axi	CTRL	scalar
s_axi_CTRL_AWADDR	in	6	s_axi	CTRL	scalar
s_axi_CTRL_WVALID	in	1	s_axi	CTRL	scalar
s_axi_CTRL_WREADY	o...	1	s_axi	CTRL	scalar
s_axi_CTRL_WDATA	in	32	s_axi	CTRL	scalar
s_axi_CTRL_WSTRB	in	4	s_axi	CTRL	scalar
s_axi_CTRL_ARVALID	in	1	s_axi	CTRL	scalar
s_axi_CTRL_ARREADY	o...	1	s_axi	CTRL	scalar
s_axi_CTRL_ARADDR	in	6	s_axi	CTRL	scalar
s_axi_CTRL_RVALID	o...	1	s_axi	CTRL	scalar
s_axi_CTRL_RREADY	in	1	s_axi	CTRL	scalar
s_axi_CTRL_RDATA	o...	32	s_axi	CTRL	scalar
s_axi_CTRL_RRESP	o...	2	s_axi	CTRL	scalar
s_axi_CTRL_BVALID	o...	1	s_axi	CTRL	scalar
s_axi_CTRL_BREADY	in	1	s_axi	CTRL	scalar
s_axi_CTRL_BRESP	o...	2	s_axi	CTRL	scalar
ap_clk	in	1	ap_ctrl_hs	conv	return value
ap_rst_n	in	1	ap_ctrl_hs	conv	return value
interrupt	o...	1	ap_ctrl_hs	conv	return value
m_axi_IN1_AWVALID	o...	1	m_axi	IN1	pointer
m_axi_IN1_AWREADY	in	1	m_axi	IN1	pointer
m_axi_IN1_AWADDR	o...	32	m_axi	IN1	pointer
m_axi_IN1_AWID	o...	1	m_axi	IN1	pointer
m_axi_IN1_AWLEN	o...	8	m_axi	IN1	pointer
m_axi_IN1_AWSIZE	o...	3	m_axi	IN1	pointer
m_axi_IN1_AWBURST	o...	2	m_axi	IN1	pointer
m_axi_IN1_AWLOCK	o...	2	m_axi	IN1	pointer
m_axi_IN1_AWCACHE	o...	4	m_axi	IN1	pointer
m_axi_IN1_AWPROT	o...	3	m_axi	IN1	pointer

图 8-50　综合后端口信息

第 4 步：综合优化。

在使用高层次综合生成高质量的 RTL 设计时，一个重要环节是对 C++ 源代码进行优化。Vivado HLS 提供自动优化功能，可以最小化循环（loop）和函数（function）的延迟。除了自动优化，还可以手动进行程序优化，即在不同的解决方案中配置不同的优化指令。对同一个工程，可以建立多个不同的解决方案，并为不同的解决方案添加优化指令。

优化的类型可分为以下几种。

- 端口优化：指定不同类型的模块端口；
- 函数优化：加快函数的执行速度，缩短执行周期；
- 循环优化：利用展开和流水线形式，缩短循环的执行周期。

（1）单击 按钮，新建一个解决方案，如图 8-51 所示。

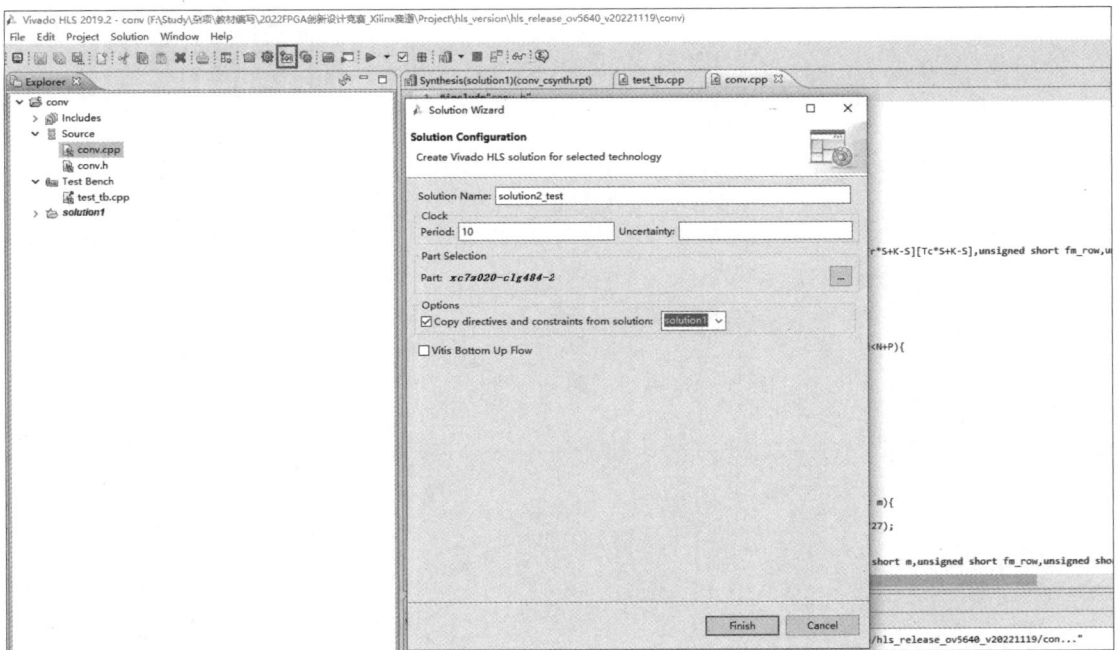

图 8-51　新建一个解决方案

（2）选中综合文件，在"Directive"标签页中可以看到可进行优化的标签，如图 8-52 所示。

（3）双击"out"，优化指令（"Directive"）选择"INTERFACE"，将 out 的端口类型设置为 m_axi，如图 8-53 所示。设置完成后单击"OK"。

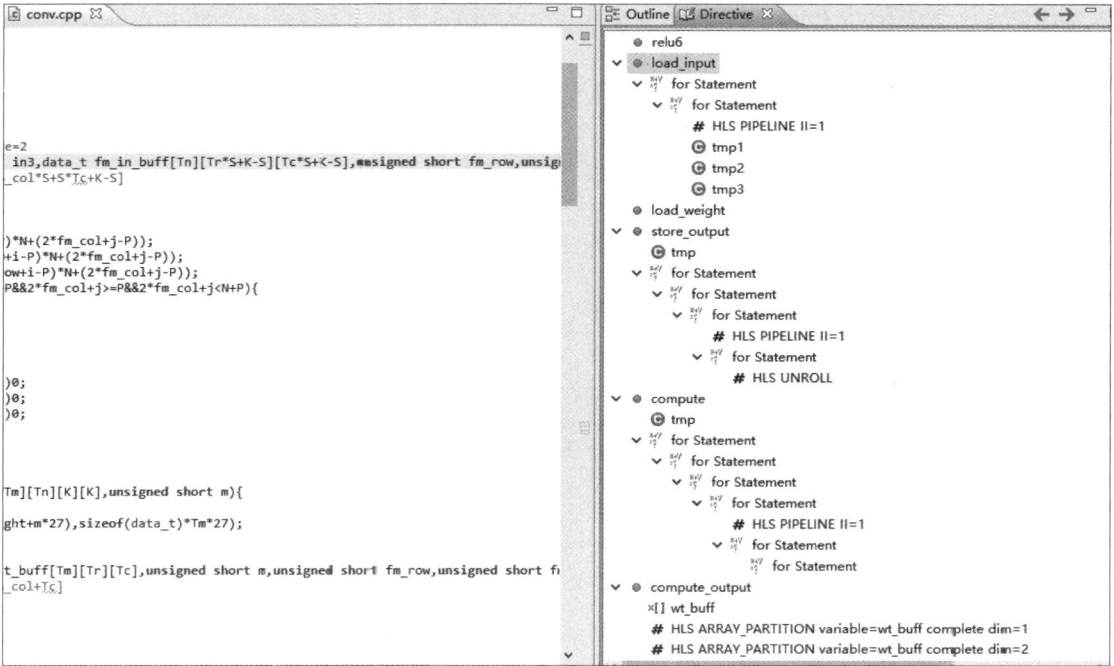

图 8-52　查看“Directive”标签页

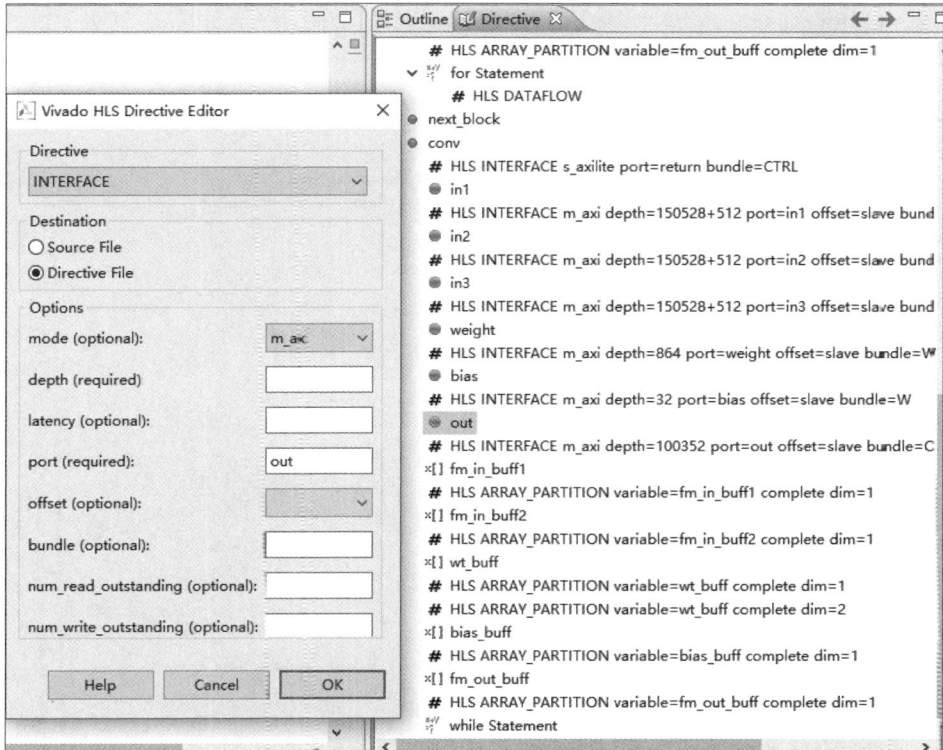

图 8-53　设置端口类型

（4）双击"for Statement"，优化指令选择 PIPELINE（流水线），单击"OK"，如图 8-54 所示。

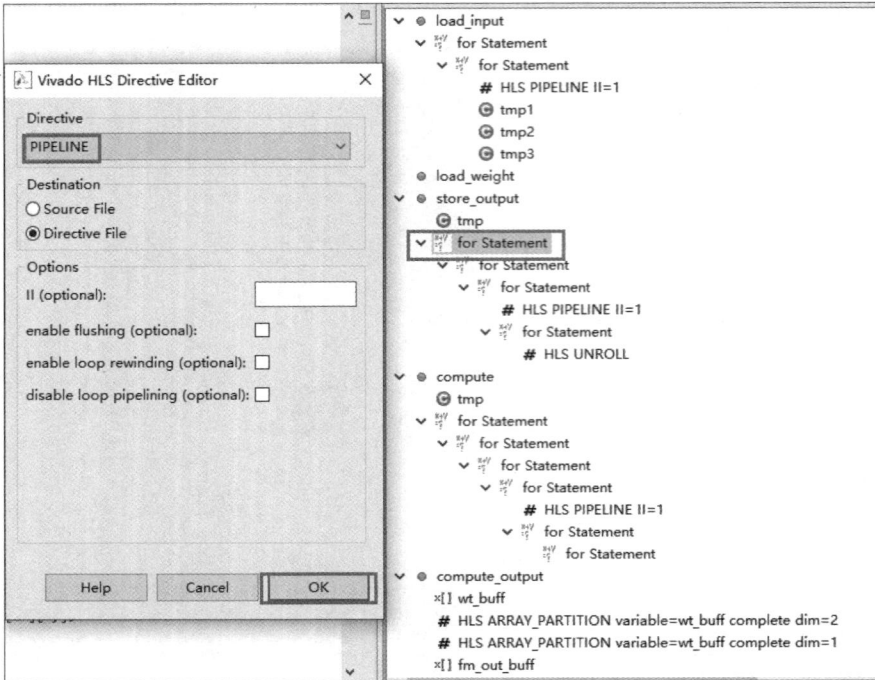

图 8-54　流水线优化

（5）双击"for Statement"，优化指令选择 UNROLL（循环展开），单击"OK"，如图 8-55 所示。

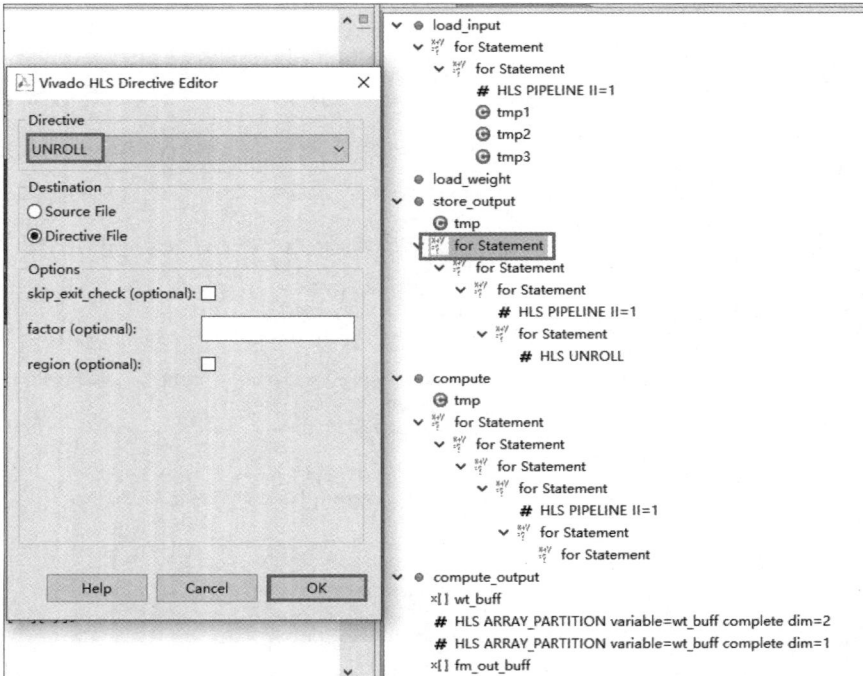

图 8-55　循环展开优化

第 5 步：综合结果文件和导出 IP 核。

（1）综合完成后，在各个解决方案的 syn 文件夹中可以看到综合器生成的 RTL 代码（包括 systemc、VHDL 和 Verilog），如图 8-56 所示。

（2）导出 IP 核，在菜单栏中依次选择 "Solution" → "Export RTL"，按照图 8-57 所示进行设置，完成后单击 "OK"。

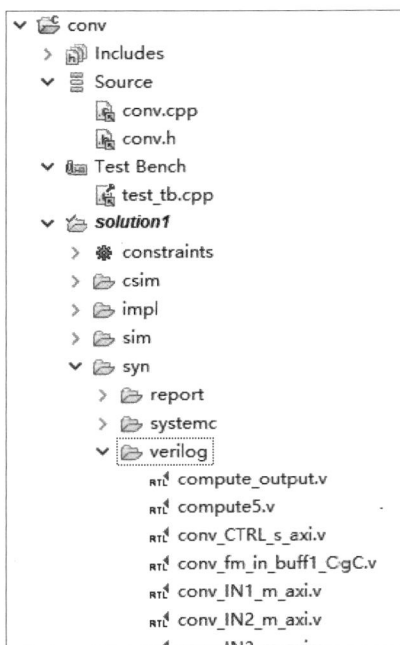

图 8-56　综合结果文件

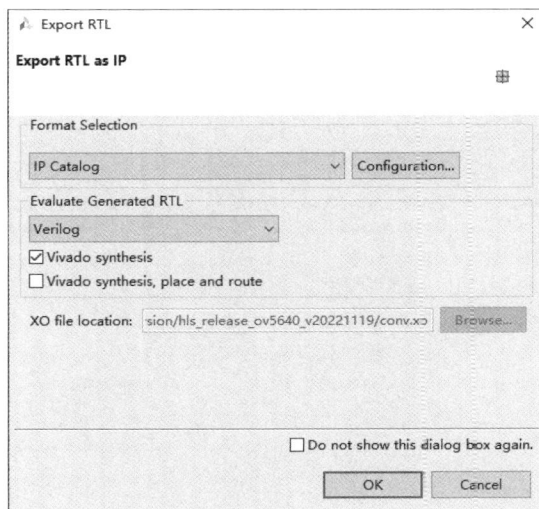

图 8-57　导出 IP 核

（3）IP 核封装完成后，在 impl 文件夹中会显示 ip 文件夹，其中包含 RTL 代码（.hdl）、模块驱动（.drivers）、文档（.doc）等文件，此外还包含一个用于建立 Vivado 工程所用的 IP 核压缩包，如图 8-58 所示。

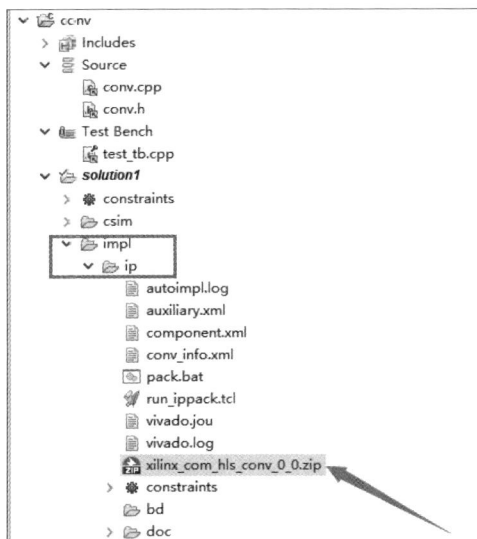

图 8-58　IP 核封装完成

2. Block Design

由 HLS 生成的 IP 核需要通过 Block Design 方法集成至 SoC 系统。本系统使用 Vivado 2019.2 来实现。

Vivado Block Design 是基于 Xilinx Vivado 设计套件的图形化系统集成环境，可用于构建和配置数字电路系统。它提供了一个图形界面，其中包含各种预定义的硬件模块，如处理器核、存储器控制器、数字信号处理模块等。设计人员可以通过连接这些模块来构建电路，还可以使用硬件描述语言（如 VHDL、Verilog）编写自定义模块。

利用 Vivado Block Design，设计人员可以快速搭建复杂的电路系统，无须手动编写全部的硬件描述代码。此外，Vivado Block Design 还提供了优化和验证工具，帮助设计人员优化电路性能，并通过仿真、验证和调试确保设计的正确性。具体操作步骤如下。

（1）新建一个 FPGA 工程，并添加 IP 核的路径，添加成功后会显示识别到的 IP 核，如图 8-59 所示。

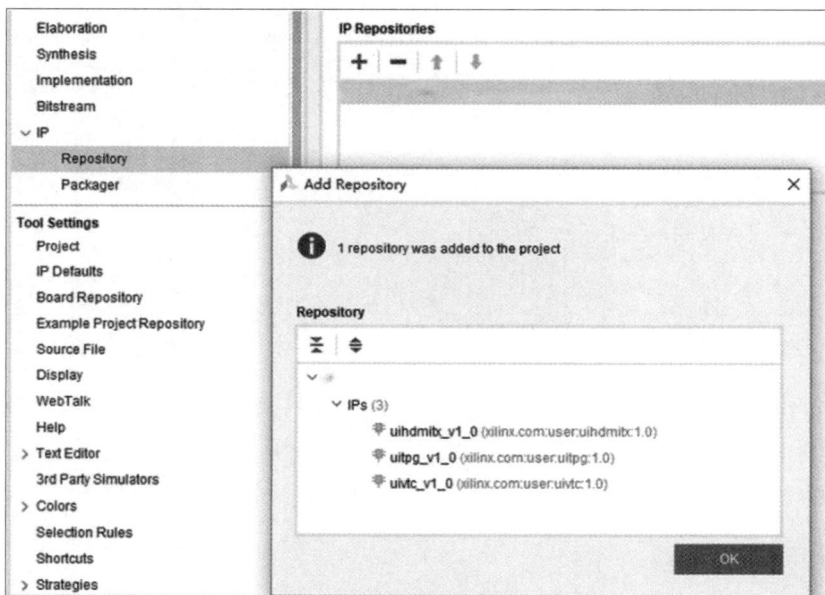

图 8-59　添加 IP 核的路径

（2）创建一个 Block Design，命名为 system，如图 8-60 所示。

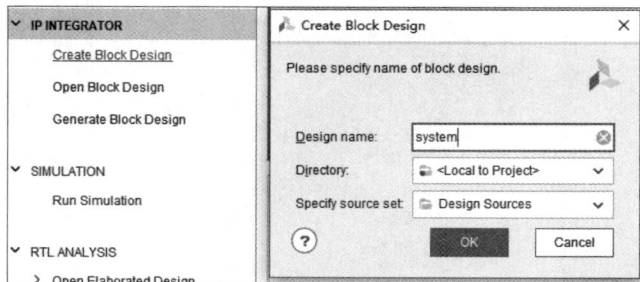

图 8-60　创建 Block Design

（3）在"Block Design"窗口中单击右键，在快捷菜单中选择"Add IP"即可将 IP 核导入，如图 8-61 所示。

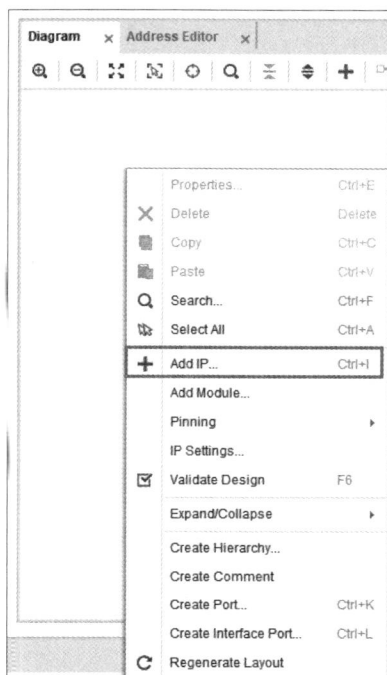

图 8-61　导入 IP 核

（4）使用鼠标进行连线，最终效果如图 8-62 所示，此图即表示了 FPGA 的程序设计，本质上还是 Verilog 代码及用 HLS 封装好的 IP 核。

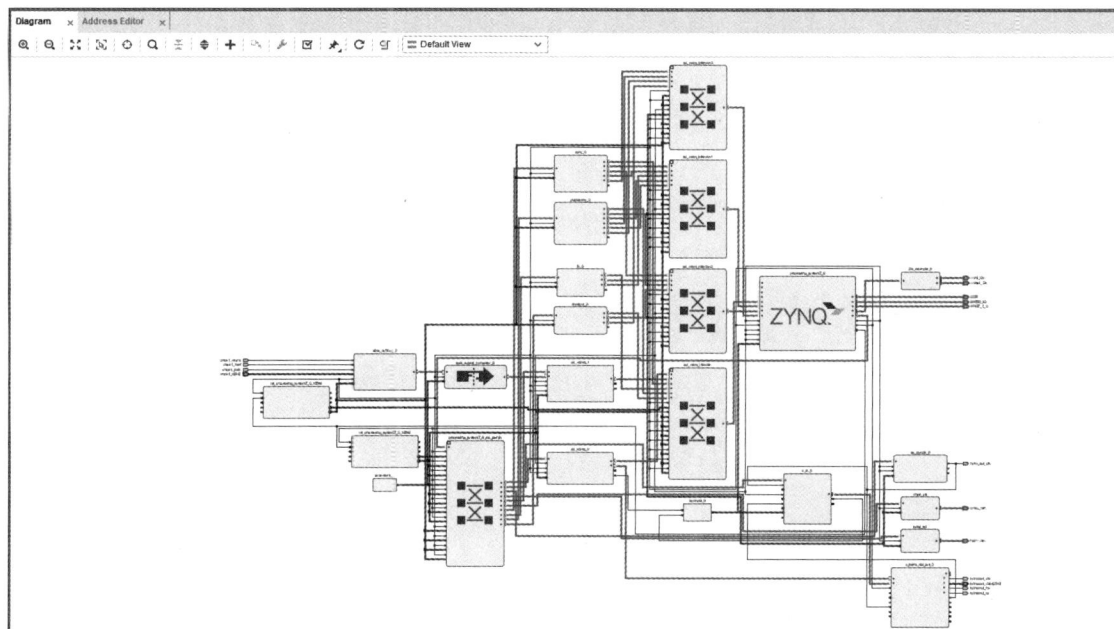

图 8-62　Block Design 最终效果

（5）搭建完成后需要验证 Block Design。单击 ☑ 按钮，软件将提示有无错误，如图 8-63 所示。

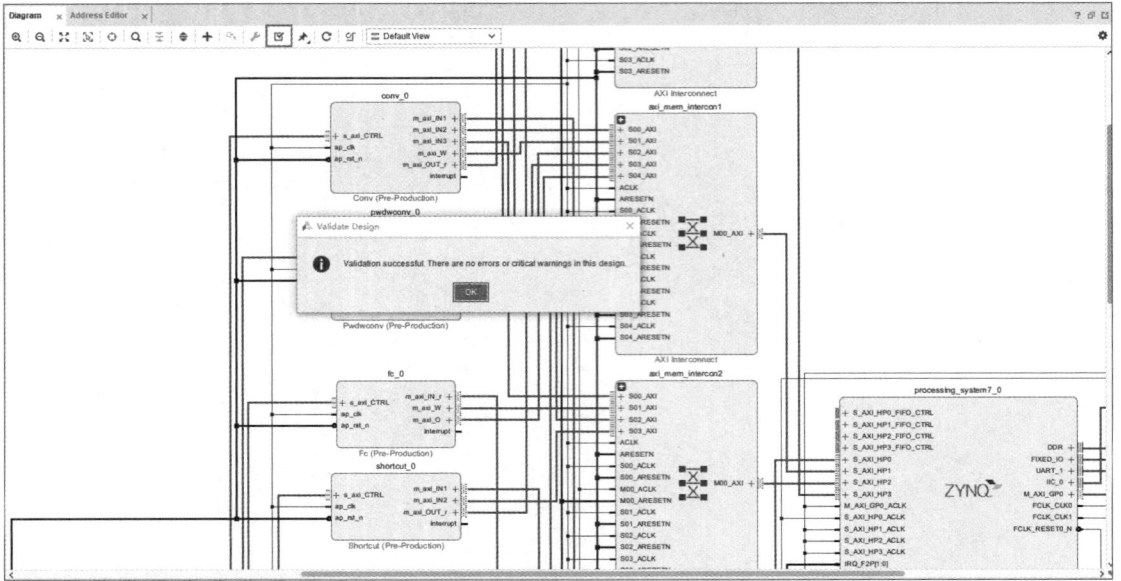

图 8-63　验证 Block Design

（6）在 Design Sources 文件夹下右键单击"system_i:system(system.bd)"，选择"Generate Output Products"，然后单击"Generate"，如图 8-64 所示。

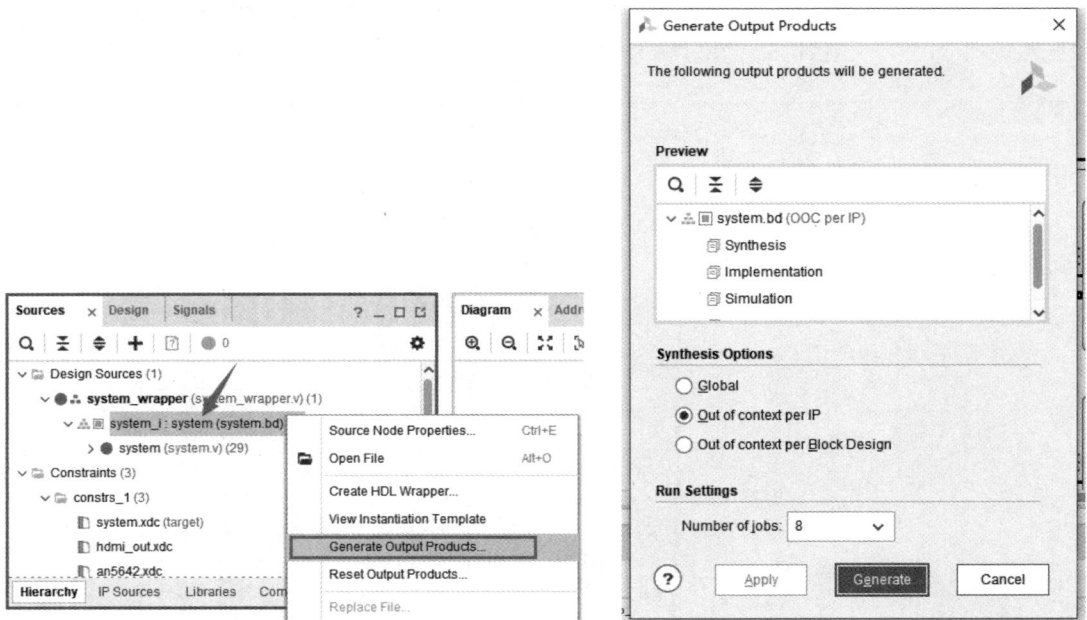

图 8-64　Generate Output Products

（7）待完成后，再次右键单击"system"，选择"Create HDL Wrapper"，如图 8-65 所示。

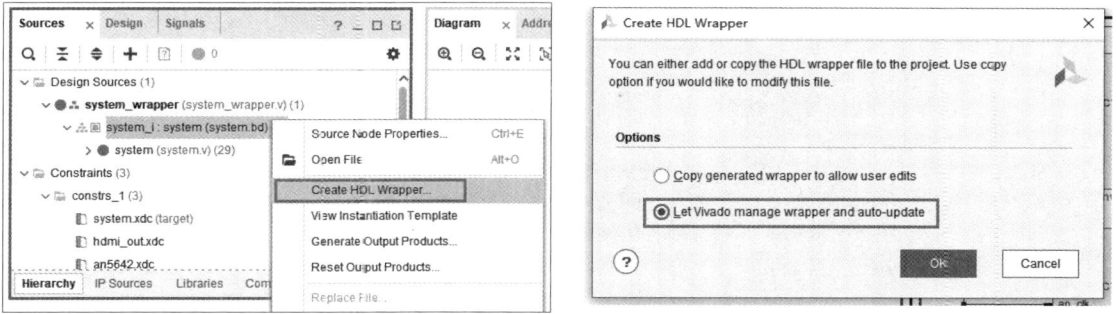

图 8-65　Create HDL Wrapper

接下来按照常规流程进行综合、布局布线、生成比特流，并等待操作完成。

（8）导出 Hardware，勾选"Include bitstream"，导出的 .xsa 文件即为 Vitis 创建 Platform Project 所需的硬件配置信息，如图 8-66 所示。

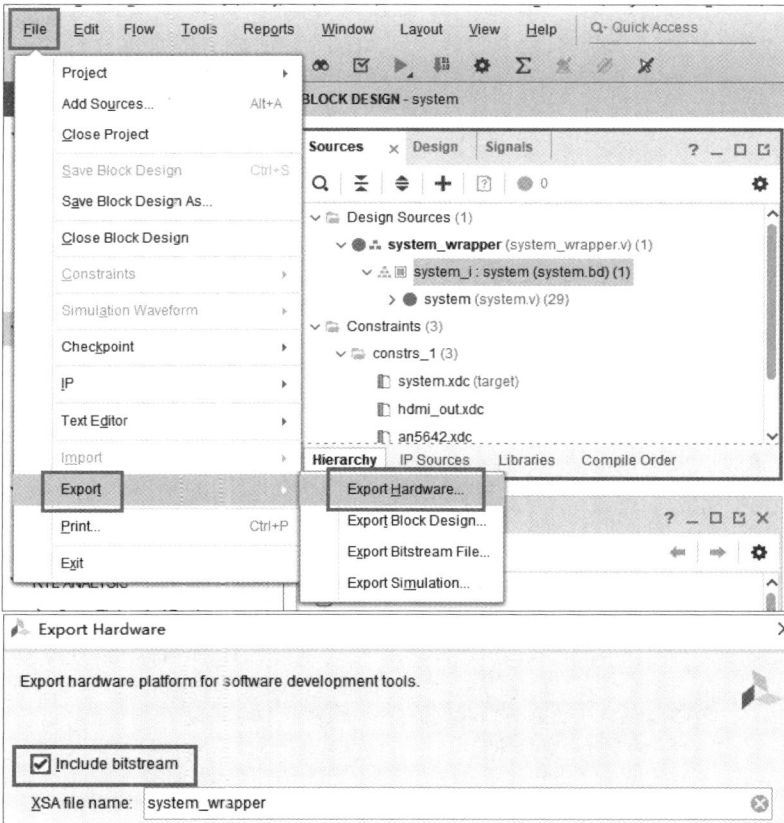

图 8-66　导出 Hardware

3. Vivado Vitis

（1）导出 .xsa 文件后，在 Vivado 中单击"Tools"→"Launch Vitis IDE"，如图 8-67 所示。

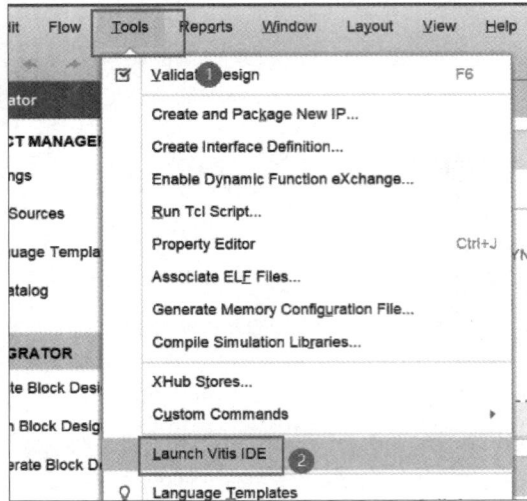

图 8-67　启动 Vitis

　　如果出现启动失败的提示，则说明仅安装了 HDL 而没有安装 Vitis。可以在 Vivado 中安装 Vitis，如图 8-68所示。

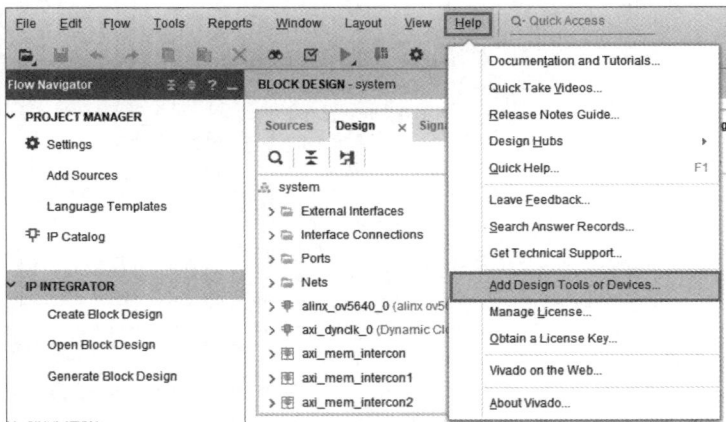

图 8-68　安装 Vitis

（2）启动 Vitis 后，将 Workspace 定义在工程目录下（目录名称不能含有中文），如图 8-69 所示。

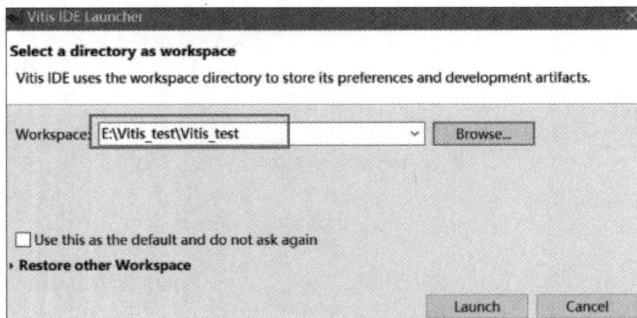

图 8-69　定义 Workspace

（3）单击"Creat Platform Project"创建工程，如图 8-70 所示。

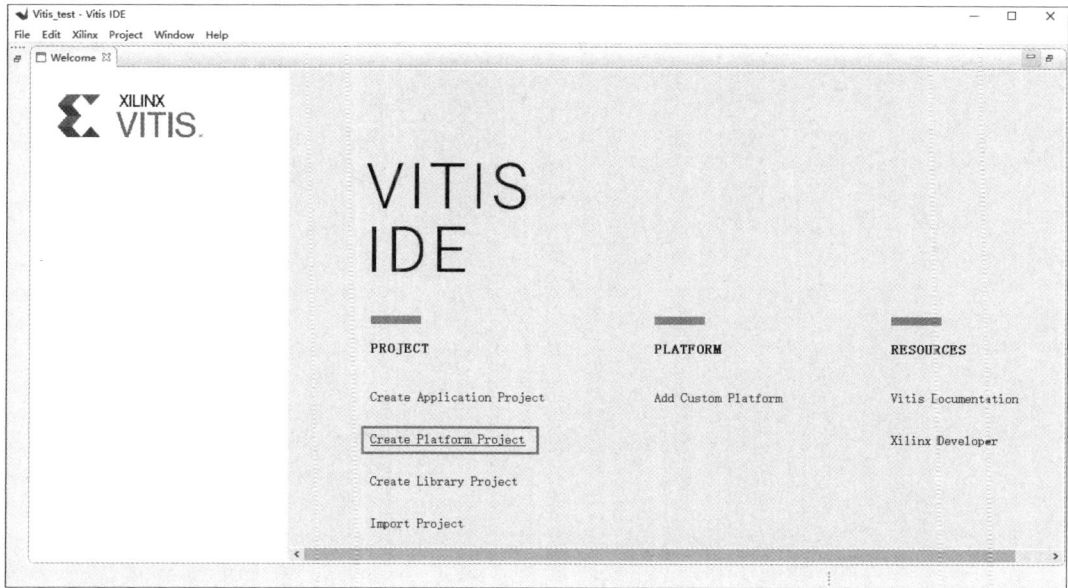

图 8-70　Creat Platform Project

（4）选择以现有的 .xsa 文件创建工程，如图 8-71 所示。

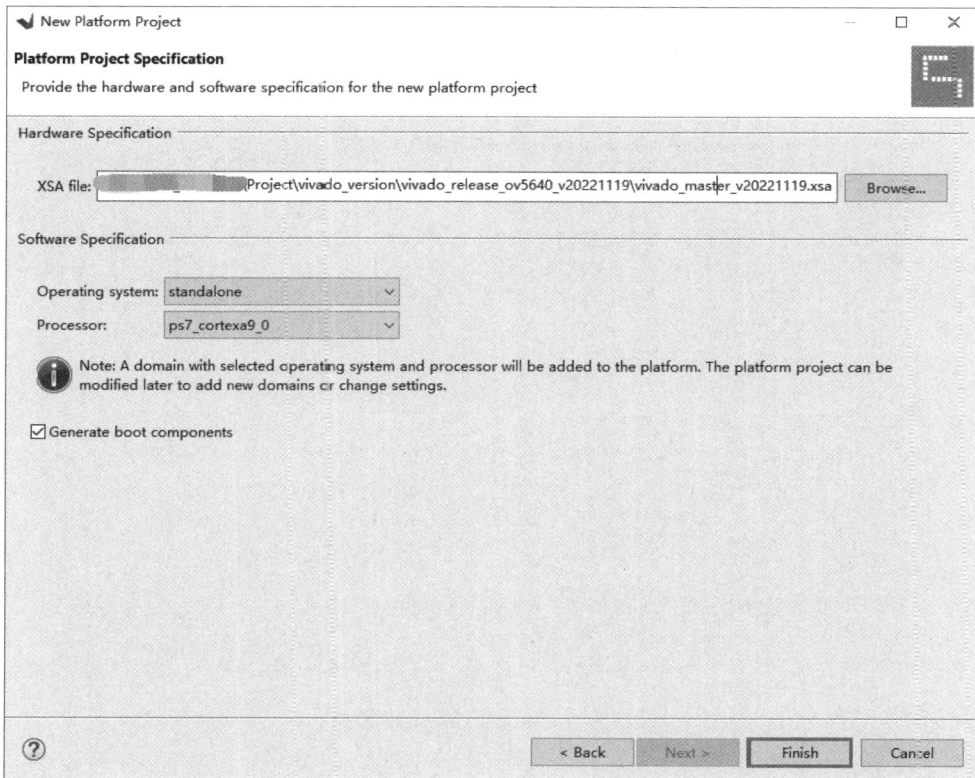

图 8-71　以现有的 .xsa 文件创建工程

（5）创建一个新的 Application 工程，如图 8-72 所示。

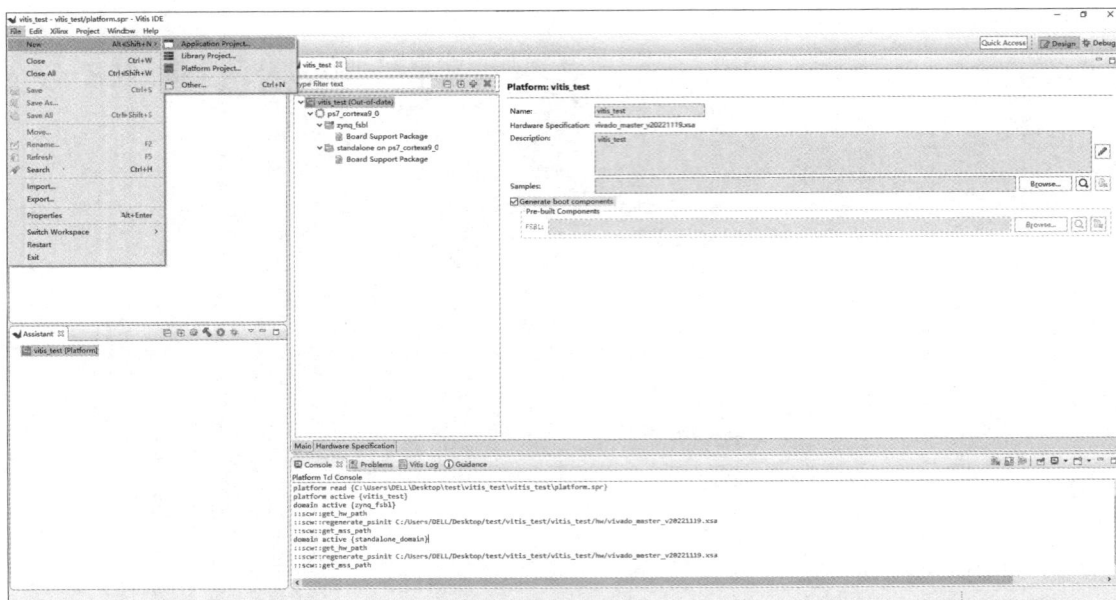

图 8-72　新建 Application 工程

（6）选择新建的 Platform，单击"Next"，如图 8-73 所示。

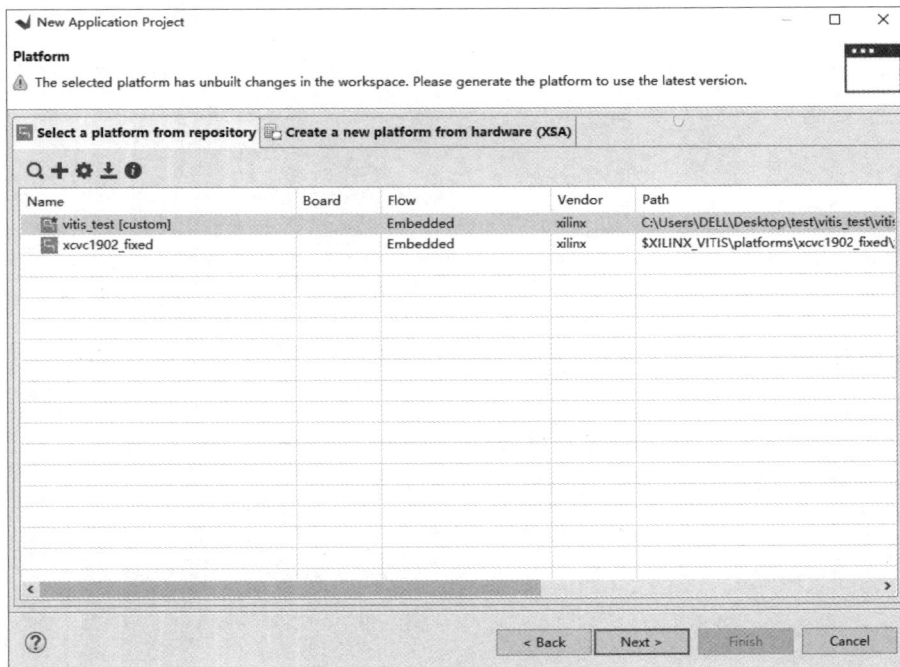

图 8-73　选择新建的 Platform

（7）默认选择 C 语言，单击"Next"，如图 8-74 所示。

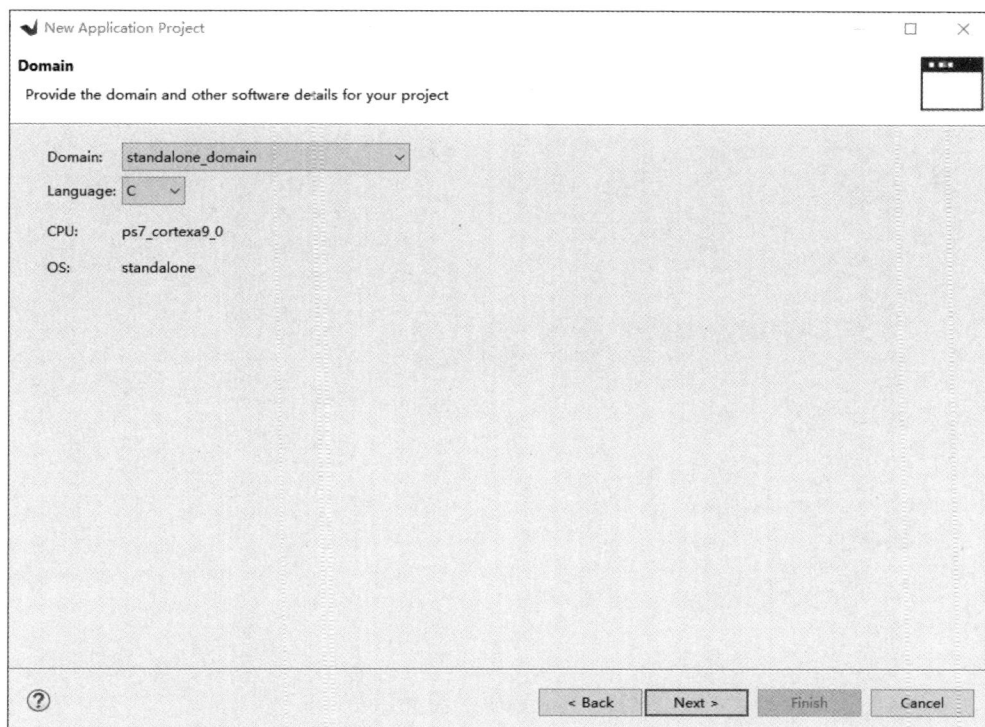

图 8-74　选择语言

（8）选择空白工程，单击"Finish"，如图 8-75所示。

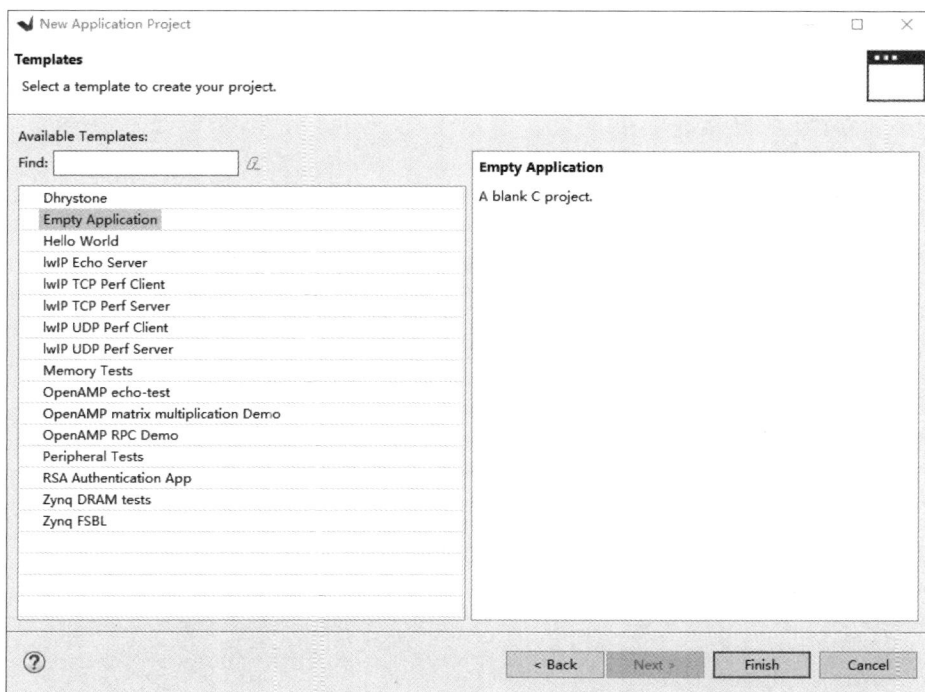

图 8-75　选择空白工程

（9）在工程中添加 C 语言文件，依次单击"src"→"New"→"File"，如图 8-76 所示。当然，也可以打开现有的 C 语言文件。

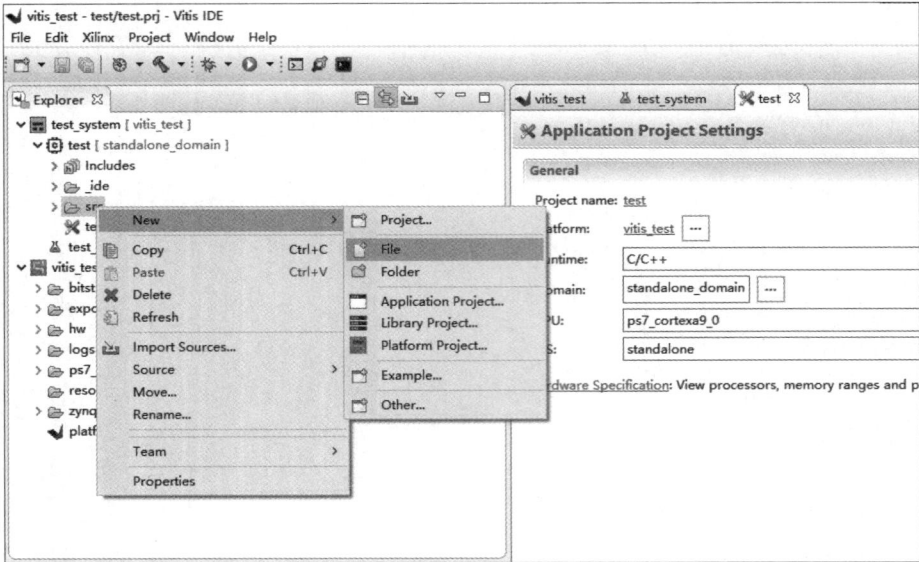

图 8-76　添加 C 语言文件

（10）如果有现成的工程，可以在步骤（3）中单击"Import Project"，选择"Vitis project exported zip file"（选择工程的压缩包），然后单击"Finish"，如图 8-77 所示。这样就自动导入整个工程了。

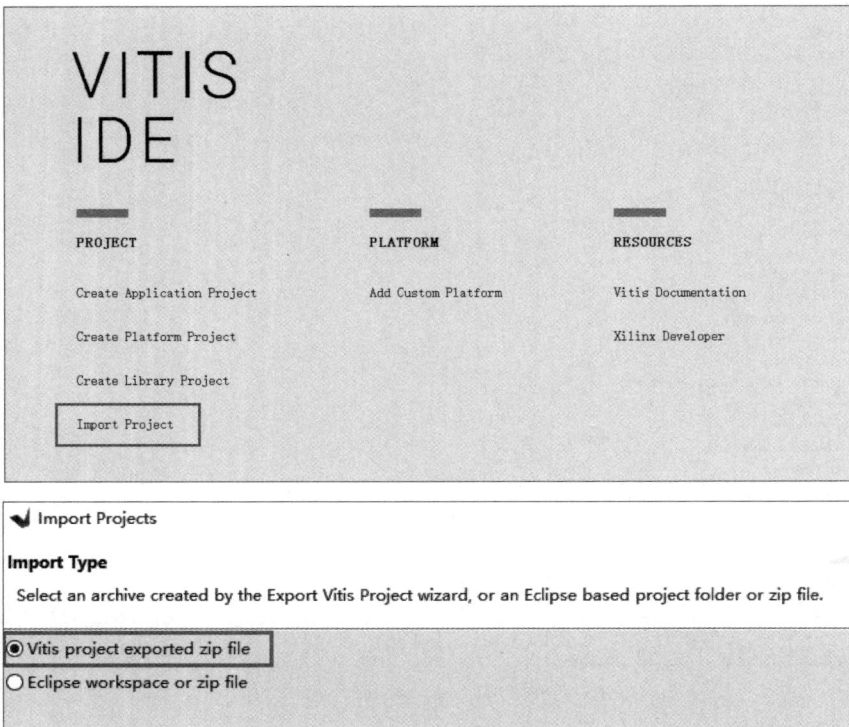

图 8-77　导入现有工程

（11）导入工程后，在"Application"标签页中选中"vitis_release_video_v20221124"，单击"Build Project"，等待构建完成，如图 3-78 所示。

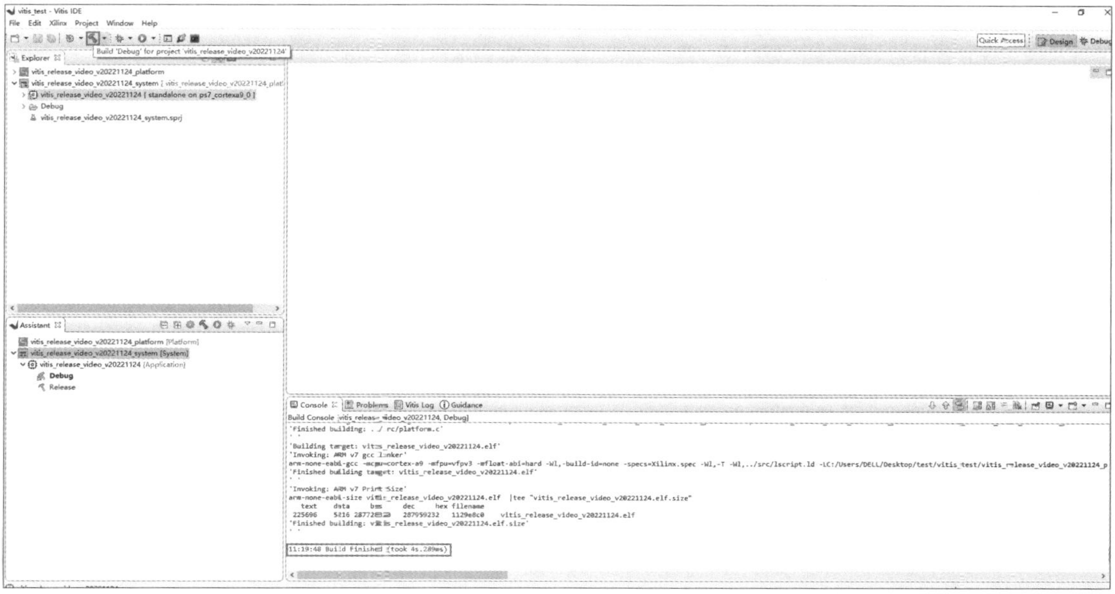

图 8-78　构建工程

（12）将各参数化模型文件写入 SD 卡；搭建好开发板，插入 SD 卡，并连接摄象头和 HDMI 显示屏，通过 JTAG 接口连接计算机，并将串口通过 CH430 模块连接到计算机；接通开发板电源，如图 8-79 所示。

图 8-79　将开发板连接到计算机

（13）打开串口调试助手，串口号根据实际选择，波特率设为"115200"，如图 8-80 所示。

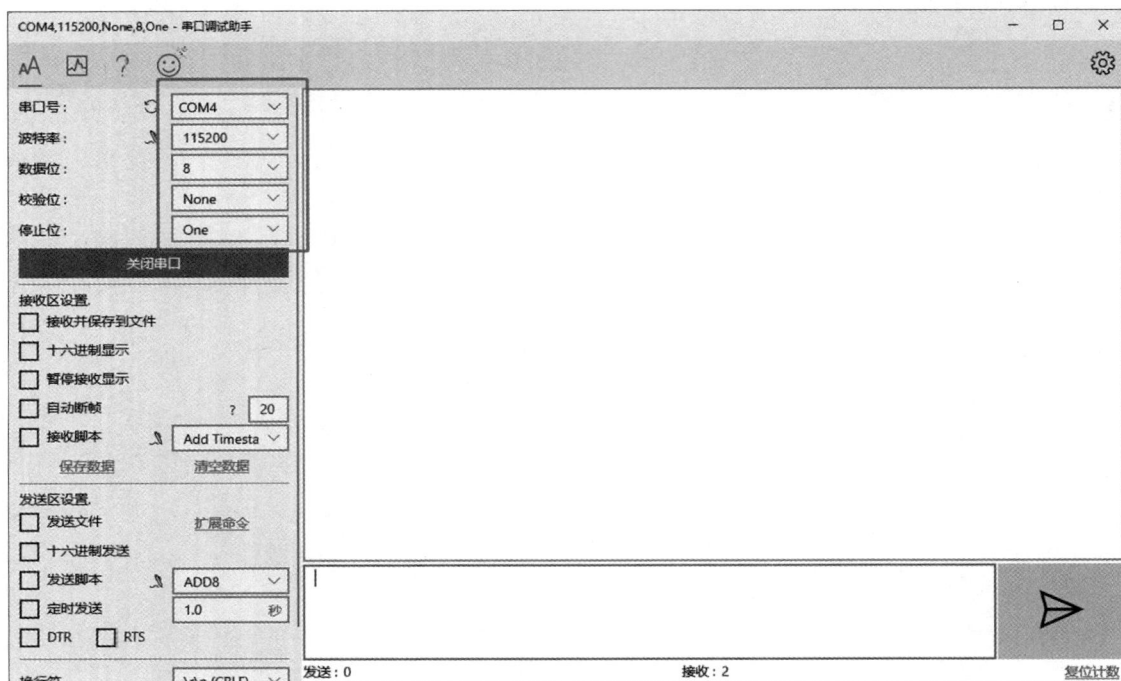

图 8-80　串口调试助手

（14）依次单击"Application"→"Run as"→"Run Configuration"，然后单击"Run"，将程序下载到开发板，如图 8-81 和图 8-82所示。

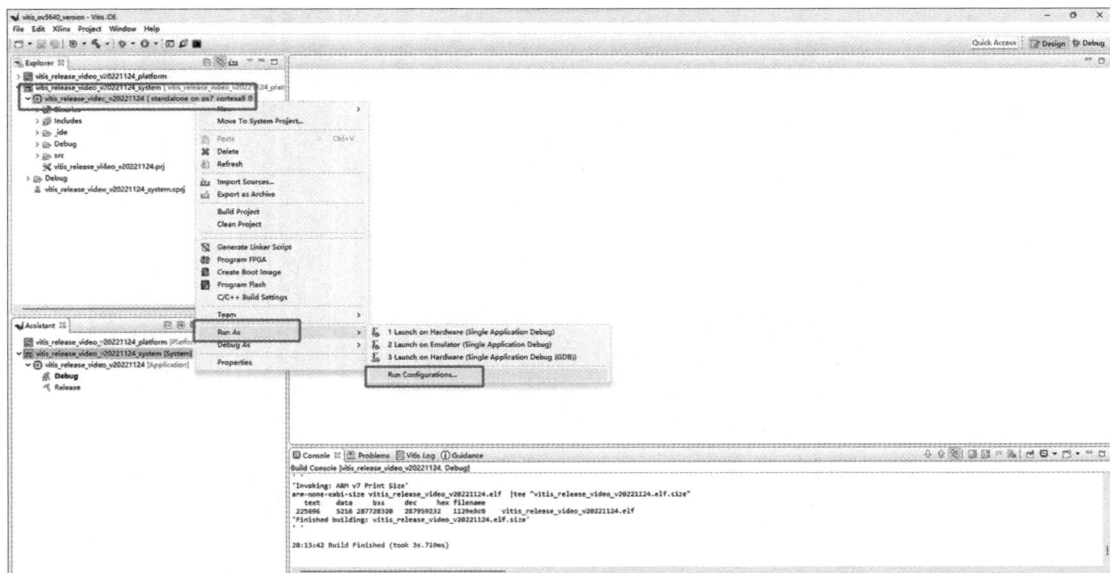

图 8-81　配置 Configuration

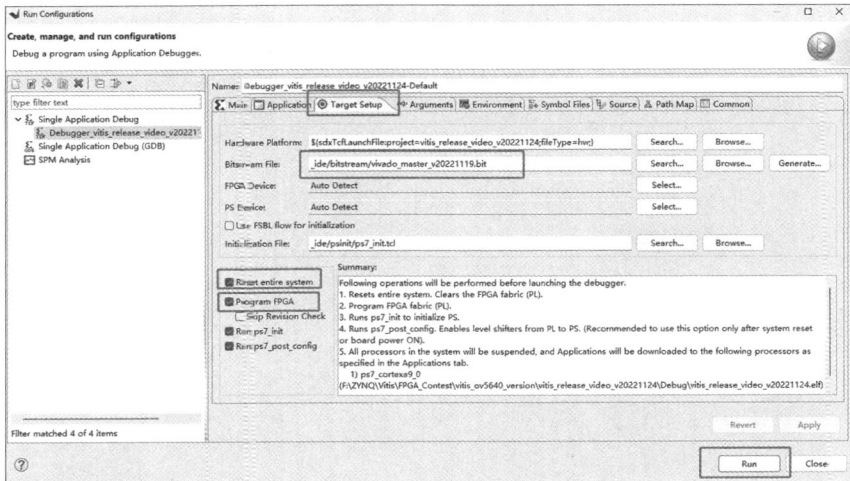

图 8-82　将程序下载到开发板

（15）效果展示：将一张名为"Apple_Black_rot"的病虫害类型的叶子图像放在摄像头前并对焦，串口将输出模型推理结具及推理出的每种病虫害类型的概率，如图 8-83 和图 8-84 所示。

图 8-83　摄像头识别病虫害类型

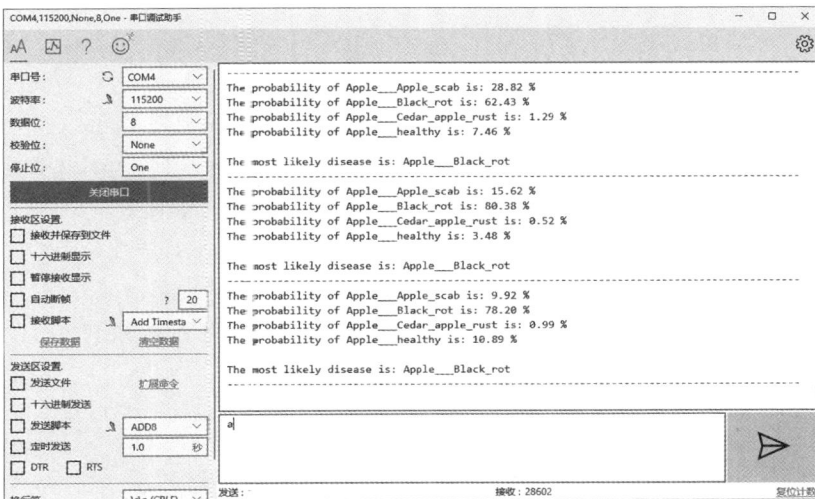

图 8-84　串口输出识别结果

（16）输入相应字符切换模型进行推理，也可以输入 0 停止推理，如图 8-85 和图 8-86 所示。

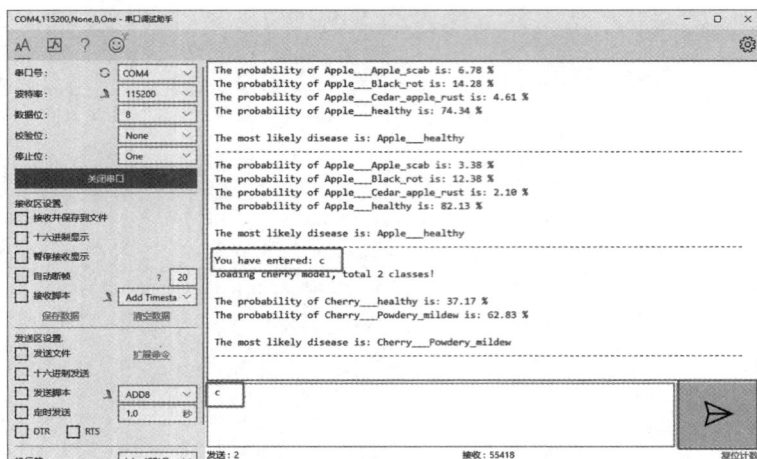

图 8-85　输入相应字符切换模型进行推理

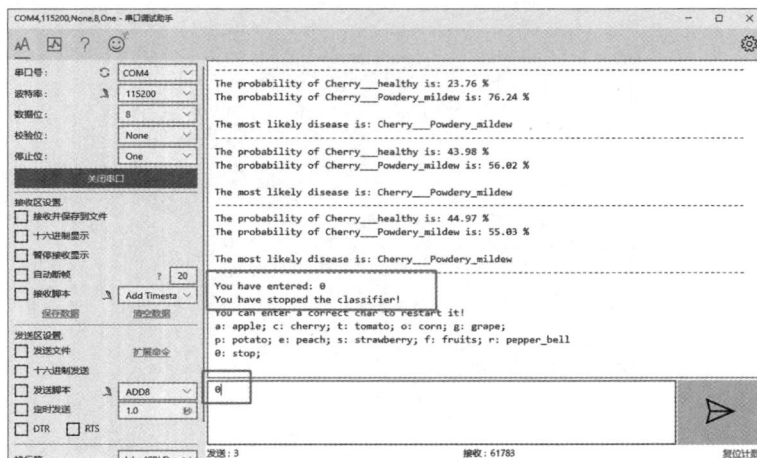

图 8-86　输入 0 停止推理

Vitis 部分代码如下。

进入主函数，首先进行 PS 端的初始化，主要包括以下内容。

（1）初始化 SD 卡：执行 SD_Init() 函数，用于初始化 SD 卡的相关功能和接口。

（2）初始化 MobileNetV2 的 4 个模块：分别为 hls_pwdwconv（深度可分离卷积模块）、hls_shortcut（快速连接模块）、hls_conv（卷积模块）和 hls_fc（全连接模块）。

（3）初始化 UART（通用异步收发传输器）：执行 uart_init(&Uart_Ps) 函数，用于初始化 UART 的相关功能和接口。

（4）睡眠 2s：通过 sleep(2) 函数，让程序暂停执行 2s，以确保上述初始化操作完成。

（5）打印初始化信息。

```
1. int main() {
2. /* -------------------------------------------------------------
   -------------------------------------*/
```

```
3.  /*                              PS 初始化                              */
4.  /* ------------------------------------------------------------------
    --------------------------------------- */
5.      # 初始化 SD 卡, MobileNetV2 的 4 个模块, UART
6.      SD_Init();
7.      pl_pwdwconv_init(&hls_pwdwconv);
8.      pl_shortcut_init(&hls_shortcut);
9.      pl_conv_init(&hls_conv)
10.     pl_fc_init(&hls_fc);
11.     uart_init(&Uart_Ps);                #UART 初始化
12.     sleep(2);                           # 睡眠 2s
13.
14.     xil_printf("---------------------------Plant Disease Classifier---
    --------------------------------\r\n");
15.     xil_printf("Initializing, please wait...\r\n");
```

然后进行 PL 端的初始化，主要过程如下。

（1）初始化帧缓冲区：使用循环遍历，将每个帧缓冲区进行初始化，包括清零并刷新数据缓存。

（2）初始化 I²C：执行 i2c_init 函数，初始化 I²C 控制器。

（3）初始化 HDMI 和 CMOS 的复位信号：使用 GPIO（通用输入 / 输出）控制器，对 HDMI 和 CMOS 的复位信号进行初始化设置。

（4）初始化传感器：执行 sensor_init 函数，初始化传感器。

（5）初始化 VDMA 驱动程序：通过 XAxiVdma_LookupConfig 函数查找 VDMA 配置，然后使用 XAxiVdma_CfgInitialize 函数进行 VDMA 的配置初始化。

（6）初始化显示控制器并启动：执行 DisplayInitialize、DisplayStart 函数，对显示控制器进行初始化和启动操作。

（7）清空帧缓冲区：使用 memset 函数将当前帧缓冲区的内容清零。

（8）启动 Sensor VDMA：执行 vdma_write_init 函数，初始化 Sensor VDMA。

（9）睡眠 15s：通过 sleep(15) 函数，让程序暂停执行 15s，以确保设备初始化完成。

（10）打印初始化完成提示和选择提示。

```
1.  /* ------------------------------------------------------------------
    */
2.  /*                              PL 初始化                              */
3.  /* ------------------------------------------------------------------
    */
4.
5.      int Status;
6.      XAxiVdma_Config *vdmaConfig;
7.
8.      /*
9.       * Initialize an array of pointers to the 3 frame buffers
10.      */
```

```
11.    for (int i = 0; i < DISPLAY_NUM_FRAMES; i++)
12.    {
13.        pFrames[i] = frameBuf[i];
14.        memset(pFrames[i], 0, DEMO_MAX_FRAME);
15.        Xil_DCacheFlushRange((INTPTR) pFrames[i], DEMO_MAX_FRAME) ;
16.    }
17.
18.    i2c_init(&ps_i2c0, XPAR_XIICPS_0_DEVICE_ID,40000);
19.    XGpio_Initialize(&hdmi_rstn, XPAR_HDMI_RST_DEVICE_ID); #initialize GPIO IP
20.    XGpio_SetDataDirection(&hdmi_rstn, 1, 0x0);    #set GPIO as output
21.    XGpio_DiscreteWrite(&hdmi_rstn, 1, 0x0); #set GPIO output value to 0
22.
23.    XGpio_Initialize(&cmos_rstn, XPAR_CMOS_RST_DEVICE_ID);   #initialize GPIO IP
24.    XGpio_SetDataDirection(&cmos_rstn, 1, 0x0);    #set GPIO as output
25.    XGpio_DiscreteWrite(&cmos_rstn, 1, 0x1);
26.    usleep(500000);
27.    XGpio_DiscreteWrite(&cmos_rstn, 1, 0x0); #set GPIO output value to 0
28.
29.    usleep(500000);
30.    XGpio_DiscreteWrite(&hdmi_rstn, 1, 0x1);
31.    XGpio_DiscreteWrite(&cmos_rstn, 1, 0x1);
32.    usleep(500000);
33.    i2c_reg8_write(&ps_i2c0,0x72>>1,0x08,0x35);
34.    i2c_reg8_write(&ps_i2c0,0x7a>>1,0x2f,0x00);
35.    /*
36.     * Initialize Sensor
37.     */
38.    sensor_init(&ps_i2c0);
39.    /*
40.     * Initialize VDMA driver
41.     */
42.    vdmaConfig = XAxiVdma_LookupConfig(VGA_VDMA_ID);
43.    if (!vdmaConfig)
44.    {
45.        xil_printf("No video DMA found for ID %d\r\n", VGA_VDMA_ID);
46.
47.    }
48.    Status = XAxiVdma_CfgInitialize(&vdma, vdmaConfig, vdmaConfig->BaseAddress);
49.    if (Status != XST_SUCCESS)
50.    {
51.        xil_printf("VDMA Configuration Initialization failed %d\r\n", Status);
52.
53.    }
54.
55.    /*
56.     * Initialize the Display controller and start it
57.     */
```

```
58.    Status = DisplayInitialize(&dispCtrl, &vdma, DISP_VTC_ID, DYNCLK_
BASEADDR,pFrames, DEMO_STRIDE);
59.    if (Status != XST_SUCCESS)
60.    {
61.        xil_printf("Display Ctrl initialization failed during demo initialization%d\r\n", Status);
62.
63.    }
64.    Status = DisplayStart(&dispCtrl);
65.    if (Status != XST_SUCCESS)
66.    {
67.        xil_printf("Couldn't start display during demo initialization%d\r\n", Status);
68.
69.    }
70.    /* Clear frame buffer */
71.    memset(dispCtrl.framePtr[dispCtrl.curFrame], 0, 1280 * 720 * 3);
72.//  memset(dispCtrl.framePtr[dispCtrl.curFrame], 0, 224 * 224 * 3);
73.
74.    /* Start Sensor Vdma */
75.    vdma_write_init(XPAR_AXIVDMA_1_DEVICE_ID,224 * 3,224,224  * 3,
dispCtrl.framePtr[dispCtrl.curFrame]);
76.    sleep(15);
77.    xil_printf("Device has been initialized successfully!\r\n");
78.    xil_printf("Please choose a kind of plant disease to recognize:\r\n");
79.    xil_printf("a: apple; c: cherry; t: tomato; o: corn; g: grape;\r\n");
80.    xil_printf("p: potato; e: peach; s: strawberry; f: fruits; r: pepper_bell;\r\n");
81.    xil_printf("0: stop;\r\n");
82.    xil_printf("\r\n");
```

主循环的主要过程如下。

（1）输入模式选择信号 rec_data，检测到输入完成并匹配后，拉高 rec_flag 信号，示例代码如下：

```
1. while(1){
2.
3.      if(XUartPs_IsReceiveData(XPAR_XUARTPS_0_BASEADDR)){
4.          rec_data = XUartPs_RecvByte(XPAR_XUARTPS_0_BASEADDR);
5.          xil_printf("You have entered: ");
6.          XUartPs_SendByte(XPAR_XUARTPS_0_BASEADDR,rec_data);
7.          rec_flag = 1;
8.      }
9.              .
10.             .
11.             .
12.             .
13.             .
14.             .
15.}
```

（2）使用 switch() 函数对模式选择信号进行判读，以下示例代码给出了输入 a 之后的判断，系统会自动加载苹果类的权重数据进行分类，输入 0 会停止分类，如果输入的内容没有对应的模式匹配，则输出匹配错误的信息。

```
1.    switch(rec_data){
2.        case 'a':{
3.            rec_flag = 0;
4.            st_infer = 1;
5.            xil_printf("\r\n");
6.            xil_printf("loading apple model, total 4 classes!\r\n");
7.            xil_printf("\r\n");
8.            num_class = 4;
9.            char cat[][100] = { "Apple___Apple_scab", "Apple___Black_rot",
10.                     "Apple___Cedar_apple_rust", "Apple___healthy" };
11.           for(int i =0;i<num_class;i++)
12.               strcpy(trash[i],cat[i]);
13.           SpaceAllocateq(netParam, num_class);
14.           ReadParamq("apple_weight\\", netParam, num_class);
15.           Xil_DCacheFlush();
16.           break;
17.       }
18.       case '0':{
19.           xil_printf("\r\n");
20.           xil_printf("You have stopped the classifier!\r\n");
21.           xil_printf("You can enter a correct char to restart it!\r\n");
22.           xil_printf("a: apple; c: cherry; t: tomato; o: corn;
g: grape; \r\n");
23.           xil_printf("p: potato; e: peach; s: strawberry;
f: fruits; r: pepper_bell\r\n");
24.           xil_printf("0: stop;\r\n");
25.           st_infer = 0;
26.           rec_data = ' ';
27.           break;
28.       }
29.
30.       default:{
31.           xil_printf("\r\n");
32.           st_infer = 0;
33.           xil_printf("Please enter a correct char!\r\n");
34.           xil_printf("a: apple; c: cherry; t: tomato; o: corn;
g: grape; \r\n");
35.           xil_printf("p: potato; e: peach; s: strawberry;
f: fruits; r: pepper_bell\r\n");
36.           xil_printf("0: stop;\r\n");
37.           rec_data = ' ';
38.           break;
39.       }
```

（3）进行图像数据处理。先通过 memcpy 函数将当前帧缓冲区的图像数据复制到 image_tmp 数组中，数组大小为 3×224×224；再使用循环遍历将 image_tmp 中的每个像素值转换为 16 位有符号整数，并将结果存储在 image_16b 数组中；接着，将处理后的图像数据再次复制回当前帧缓冲区的特定位置，用于后续显示。

调用 Xil_DCacheFlush 函数刷新数据缓存，确保数据已更新。接下来进行推断结果处理：如果变量 st_infer 的值为 1，即允许进行推断操作，则进行以下处理。首先，计算推断结果中每个类别的概率值。通过遍历 out 数组，将每个元素除以 1000 并计算其指数值（使用 exp 函数），再将所有指数值求和，得到 sum。然后，针对每个类别计算其概率值（将指数值除以 sum 并乘以 100），并通过 printf 函数打印出该类别的概率值。

输出最可能的疾病，找到概率值最大的类别（具有最大值的 out 数组元素），将其索引存储在 max_idx 中，并使用 xil_printf 函数打印出最可能的疾病类别。最后，释放内存空间，通过 free 函数释放之前分配给 out 数组的内存空间。

```
1.    short *out = (unsigned int*) malloc(sizeof(short) * num_class);
2.        memcpy(image_tmp, dispCtrl.framePtr[dispCtrl.curFrame], 3 * 224 * 224);
3.        for (int i = 0; i < 224 * 224 * 3; i++)
4.        {
5.            image_16b[i] = ((short)image_tmp[i]) << 1;
6.        }
7.
8.        memcpy(dispCtrl.framePtr[dispCtrl.curFrame]+3 * 223 * 224, image_tmp, 3 * 224 * 224);
9.
10.    Xil_DCacheFlush();
11.    if(st_infer == 1)
12.    {
13.        inference_q(image_16b, netParam, out, num_class);
14.        float max_idx = -1;
15.        int max_value = -9999;
16.        float sum = 0;
17.        float tmp = 0;
18.        for (int i = 0; i < num_class; i++){
19.            sum += exp(((((float)out[i])/1000));
20.        }
21.
22.        for (int k = 0; k < num_class; k++){
23.            float pro = 0;
24.
25.                if (out[k] > max_value) {
26.                    max_value = out[k];
27.                    max_idx = k;
28.                }
29.            pro = exp(((((float)out[k])/1000)))/sum*100;
30.            printf("The probability of %s is: %.2f %%  \n", trash[k],pro);
31.        }
32.        xil_printf("\r\n");
33.
```

```
34.        xil_printf("The most likely disease is: %s\r\n", trash[(int)max_idx]);
35.    xil_printf("--------------------------------------------------
------------------------------\r\n");
36.    }
37.    free(out);
```

8.3　任务及习题

1. 决策树是什么？在人脸口罩识别 SoC 中，决策树是如何应用的？

2. MobileNetV2 是什么？它在农作物病虫害识别 SoC 中的作用是什么？

3. HLS（高级综合）和 Block Design 是什么？它们在农作物病虫害识别 SoC 中的作用分别是什么？

4. Vitis 是什么？它在农作物病虫害识别 SoC 中的作用是什么？

5. 在人脸口罩识别 SoC 和农作物病虫害识别 SoC 的设计中，硬件加速的优势是什么？为什么选择使用 FPGA 进行实现？

6. 在使用 HLS 和 Block Design 进行 SoC 设计时，为了优化性能和提高资源利用率，需要考虑哪些因素？

7. 在农作物病虫害识别 SoC 的设计中，如何在 HLS 和 Block Design 之间进行功能划分及任务分配？

8. 在设计完整的 SoC 时，软件和硬件之间的接口设计有哪些关键考虑因素？

9. 在 SoC 的设计过程中，如何进行验证和调试以确保系统的正确性和性能？

参考文献

[1] WANG X, HAN Y, LEUNG V C M, et al. Edge AI: convergence of edge computing and artificial intelligence[M]. Singapore: Springer, 2020.

[2] SZE V, CHEN Y H, YANG T J, et al. Efficient processing of deep neural networks. in synthesis lectures on computer architecture[M]. Cham: Springer, 2020.

[3] KIM S, DEKA G C. Hardware accelerator systems for artificial intelligence and machine learning[M]. Advances in computers, vol. 122. Cambridge: Academic Press, an imprint of Elsevier, 2021.

[4] CHEN Y, XIE Y, SONG L, et al. A survey of accelerator architectures for deep neural networks[J]. Engineering, 2020, 6(3): 264-274.

[5] 尹首一，涂锋斌，朱丹等 . 人工智能芯片设计 [M]. 北京：科学出版社，2020.

[6] 戴维·A. 帕特森，约翰·L. 亨尼斯 . 计算机组成与设计：硬件 / 软件接口 [M]. 易江芳，刘先华，等译 . 北京：机械工业出版社，2020.

[7] 约翰·L. 亨尼西，大卫·A. 帕特森 . 计算机体系结构：量化研究方法 [M]. 贾洪峰，译 . 北京： 人民邮电出版社，2022.

[8] 胡振波 . RISC-V 架构与嵌入式开发快速入门 [M]. 北京：人民邮电出版社，2019.

[9] 符意德 . 嵌入式系统软硬件协同设计教程 [M]. 北京：清华大学出版社，2020.

[10] 田耘，徐文波 . Xilinx FPGA 开发实用教程 [M]. 北京：清华大学出版社，2008.